Frederic Vester

Das Überlebensprogramm

die studiengruppe für biologie und umwelt informiert

Das Überlebensprogramm

von

Frederic Vester

Dr. rer. nat., Lic. ès Sciences, Privatdozent an der Universität Konstanz

unter Mitarbeit von Michael Doman, Ph. D., B. Sc., M. Sc.

verlegt bei Kindler

© Copyright 1972 by Kindler Verlag GmbH, München
Eine Gemeinschaftsproduktion des Kindler Verlages GmbH München und
der Studiengruppe für Biologie und Umwelt GmbH München
Alle Rechte vorbehalten, auch die des teilweisen Abdrucks, des öffentlichen
Vortrags und der Übertragung durch Rundfunk und Fernsehen
Korrekturen: M. Flach
Umschlaggestaltung: H. Numberger
Gesamtherstellung: Richterdruck Würzburg
Printed in Germany
ISBN 3 463 00506 9

Inhalt

Vorwort

Im Frühjahr 1971 trat das Stadtentwicklungsreferat der Landeshauptstadt München an die »sbu« heran, mit einer verständlichen und doch fachlich untermauerten Darstellung der wichtigsten Umweltfragen eine Orientierungshilfe durch dieses entweder durch Emotionen getrübte oder nur über eine Vielfalt wissenschaftlicher Spezialgutachten zugängliche Gebiet zu geben. Ich schlug vor, diese Arbeit in einer Form abzufassen, die weniger nach den einzelnen Fachbereichen aufgebaut ist, unter denen die Umweltprobleme bisher von naturwissenschaftlicher Seite behandelt wurden, sondern vielmehr die Dynamik, das heißt die Wechselwirkungen *zwischen* den einzelnen Gebieten berücksichtigt. Daraus wurde eine »Studie über den Systemzusammenhang in der Umweltproblematik«, die wir in Teamarbeit in der Studiengruppe für Biologie und Umwelt anfertigten[1]. Der vorliegende erste Band »Das Überlebensprogramm«, der die gemeinsam mit dem Kindler-Verlag geplante Reihe von Arbeiten aus der Studiengruppe – soweit sie sich an die breite Öffentlichkeit wenden – eröffnen soll, ist durch Weiterentwicklung und umfangreiche Ergänzung dieser Studie auf der Basis bereits in mehreren meiner Vorträge und Sendungen dargelegten Gedanken entstanden.

Das Überlebensprogramm wendet sich sowohl an die mit der Umweltproblematik konfrontierten Wissenschaftler aller Fachrichtungen als auch an den Schüler, den Lehrer, die in der Bürgerinitiative tätige Hausfrau und nicht zuletzt an den Angestellten und Beamten kommunaler und staatlicher Behörden und soll dem Leser als eine Art Kompendium dienen. Weit davon entfernt, eine vollständige Faktensammlung zu sein, will es in seiner Darstellungsweise vor allem an die Wechselwirkungen erinnern, durch die wir mit der Umwelt in ständigem Zusammenhang stehen. Obwohl das Thema sehr dazu reizte, habe ich utopische Entwicklungen und Vorschläge möglichst vermieden und mich auch bei den Abhilfevorschlägen auf diejenigen Möglichkeiten beschränkt, die – zumindest schon versuchsweise – erprobt sind.

Der Aufbau des Buches wurde so gestaltet, daß es nicht unbedingt von vorne nach hinten gelesen werden muß, sondern auch einzelne Kapitel, die zunächst vielleicht besonders interessieren, herausgegriffen werden können. Dadurch mußten manche Dinge wiederholt werden. Ich habe jedoch diese Redundanz gerne in Kauf genommen, um auch ein solches Hineinlesen zu ermöglichen. Die Einführung über den Regelkreis Mensch – Biosphäre (Kapitel 1) und die schematische Darstellung des gesamten Systemzusammenhangs auf Tafel 1, aus dem heraus die einzelnen Bezüge zwischen den verschiedenen Abfallprodukten und Umweltbereichen verständlich werden, dürften als Grundlage genügen. Diese Bezüge sind mit ihren Abkürzungen neben dem Text laufend angeführt, um die außerordentliche Vernetzung der gesamten Problematik, wie sie in der Realität ja gegeben ist, vor Augen zu halten. Außer einem ausführlichen Stichwort- und Literaturverzeichnis soll ein Definitions-Glossar die verwendeten Abkürzungen und Fachausdrücke auch dem Laien zugänglich machen.

An dieser Stelle möchte ich besonders meinem Mitarbeiter Michael DOMAN, Ph.D., M.Sc., für zahlreiche anregende Diskussionen sowie für seinen aktiven Einsatz und seine Unterstützung — sowohl bei der Ergänzung und Umarbeitung der Münchner Studie als auch beim Up-to-date-Bringen der wissenschaftlichen Fakten — meinen herzlichen Dank aussprechen. Dr. Michael LOHMANN danke ich besonders für seine wertvollen Hinweise und ergänzenden Beiträge zu den Kapiteln »Boden«, »Nahrung«, »Streß« und »Raum«, Herrn Prof. Dr. H. J. REHM und Herrn Prof. Dr. H. MEYER-DÖRING für die kritische Durchsicht wesentlicher Teile des Manuskripts, Herrn Prof. Dr. G. GRIMMER für seine Stellungnahme und ergänzenden Hinweise zum Kapitel »Abgase und Stäube« und nicht zuletzt Frau NOGGERATH für die sorgfältige Gestaltung der Abbildungen.

Herrn Helmut KINDLER gebührt mein aufrichtiger Dank für das große Entgegenkommen seines Verlages, diese Reihe gemeinsam mit der Studiengruppe ins Leben gerufen zu haben, und für sein stets vorhandenes Interesse an dem Gedeihen unserer Arbeit.

München, Mai 1972   Frederic VESTER

Mensch und Biosphäre

1

Eine Einführung

Die Umwelt, in der wir leben — das heißt unser gesamter Lebensraum mit Wasser, Boden, Licht, Wärme, Luft, Pflanzen, mit der Tierwelt und den Mikroorganismen —, ist in ihrer Gesamtheit ein kompliziertes System mit unzählig vielen Bestandteilen, die alle miteinander in Wechselwirkung stehen und deren Zusammenspiel seit Milliarden von Jahren mit geradezu unglaublicher Perfektion abläuft — ein Zusammenspiel, in dem die einzelnen Glieder und Teilgebiete nach genialen Prinzipien miteinander in Verbindung stehen, sich gegenseitig regulieren und weiterentwickeln.

Verantwortlich für ein solch perfektes Zusammenspiel und seine Aufrechterhaltung ist das Prinzip der Rücksteuerung, welches das Funktionieren des gesamten irdischen Lebens seit seinem Anfang garantiert hat und welches man bis in die kleinste Einheit alles Lebendigen, die lebende Zelle, verfolgen kann. So stellte sich im Laufe der letzten Jahrzehnte heraus, daß es viele hundert ineinandergreifende große und winzig kleine Kreisläufe in einer Zelle gibt, die zusammen ein kompliziertes System der Rückkoppelung bilden (feed-back-System). Kleine Veränderungen innerhalb solcher Kreisläufe können durch die gegenseitige Verkettung sowohl zu Verbesserungen als auch zu Schäden führen.

Die Tatsache, daß man den Ursprung solcher Regelkreisprinzipien bis in die lebende Zelle zurückverfolgen kann, wo ihr Funktionieren die Grundbedingung für alles Leben und damit auch für unsere Existenz ist, sollte gleich zu Anfang betont werden, um klarzustellen, daß es sich hier um eine konkrete Verbindung zur materiellen Wirklichkeit und nicht etwa lediglich um eine »Idee« oder »Auffassungssache« handelt.

So ist es in der Tat die Verletzung des durch diese Prinzipien gesteuerten biologischen Gleichgewichts der Biosphäre, eine Verletzung, die uns Menschen plötzlich vor fast unüberwindliche finanzielle und organisatorische Schwierigkeiten gestellt hat und die uns dessen Existenz nunmehr auf recht schmerzhafte Weise bewußt macht.

Das Ziel der technisch-zivilisatorischen Bemühungen war die Verbesserung der Lebensbedingungen und des menschlichen Wohlbefindens. Durch die so motivierte konsequente Anwendung naturwissenschaftlicher Erkenntnisse auf die natürliche Umwelt (das Kriterium der Neuzeit) hat der Mensch in ihm unbekannte lebenswichtige Regelkreise eingegriffen, diese teilweise aus dem Gleichgewicht gebracht und die Biosphäre verändert. Diese Veränderungen waren bis zum Eintritt der industriellen Revolution so gering, daß ihre Rückwirkungen auf den Menschen kaum spürbar waren. Erst in unserem hochindustrialisierten Zeitalter wurde deutlich, daß bei diesen Eingriffen auch unerwünschte

Nebenerscheinungen entstehen, die zu einer Verschlechterung der Lebensbedingungen führen und somit die erreichten Erfolge teilweise wieder zunichte machen können.

Die negativen Rückwirkungen wurden durch das rapide Anwachsen der Weltbevölkerung und die dadurch zutage tretende »Endlichkeit« unseres Erdballs noch verstärkt. Die der Erde abverlangten steigenden Mengen an Sauerstoff, Wasser, Energie und Nahrung — bis vor kurzem noch als »unerschöpflich« angesehene Größen — waren plötzlich im mathematischen Sinne endlich geworden. Der bislang so erfolgreiche Ausgleich unserer Eingriffe in die Biosphäre durch die ehemals »unendlichen« Reservate von Luft, Wasser, Boden, Flora und Fauna versagt heute. Sie sind zu diesem Ausgleich nicht mehr fähig.

Aus der gleichen scheinbaren »Unbegrenztheit« gewisser Bestandteile der Biosphäre wie Licht, Luft, Boden, Wasser, Klima etc. leitete die Menschheit bis zum heutigen Tag auch deren unbegrenzte kostenlose Nutzung ab, während allgemein akzeptiert wird, daß für begrenzt verfügbare Güter ein Preis zu bezahlen ist. Auf diese Zuordnung haben sich die Wirtschaftssysteme der Menschheit im Laufe der Geschichte eingespielt.

Der Umstand der nunmehr eingetretenen »Endlichkeit« vieler bisher als unendlich angesehenen Größen zieht entsprechende Änderungen dieser Zuordnungen und andere Konsequenzen nach sich, darunter als schwerwiegendste die rigorose Verringerung und der schließliche Stop des Wirtschaftswachstums, auf die sich unsere Wirtschaftssysteme in Ost und West umstellen müssen, wenn es nicht zu Ungleichheiten mit fatalen Folgen auch für diese Systeme kommen soll (vgl. Kapitel 12 »Menschheit und Wachstum«).

Die Tatsache, daß alle schädlichen Eingriffe in die Biosphäre — lediglich mit unterschiedlicher Verzögerung — auf uns selbst zurückwirken, gelangt bei unserem normalerweise ausreichenden einfachen Ursache-Wirkung-Denken nur langsam in unser Bewußtsein. Die Wirkungen verlaufen eben oft indirekt über eine große Zahl von Zwischenstufen, sind jedoch deshalb nicht weniger real oder weniger durchschlagend.

— Der durch steigende Mengen ungenügend gereinigter Abwässer überstrapazierte Selbstreinigungsprozeß der Flüsse und Seen droht zusammenzubrechen. Unser Eingriff wirkt dabei auf den verschiedensten Wegen wieder auf uns zurück: sinkender Grundwasserspiegel, Mangel an Frischwasser, abgestorbene Gewässer, Verseuchung der Nahrung, Verlust an Erholungsgebieten usw.

— Greifen wir durch starke Luftverschmutzung in unsere Umwelt ein, bekommen wir das »feedback« über Dunstglocken, Inversionslagen, Smogkatastrophen, Klimaveränderungen und ihre Folgen für die menschliche Gesundheit zu spüren.

— Durch übermäßige künstliche Düngung schädigt der Mensch die natürlichen biologischen Symbiosen von Böden und Pflanzen. Die Rückwirkung: Verschlechterung der Bodenstruktur, Ausschwemmen von Mineralstoffen, Eutrophierung von Grund- und Oberflächengewässern, Verringerung der Sauerstofferzeugung, Belastung des menschlichen Organismus durch schädliche Stoffe in der Nahrung usw.

Solche Schadensketten lassen sich in beliebiger Art und Anzahl aufführen. Gemeinsam ist allen, daß wir nicht erkannt haben, welche Mechanismen wir durch unsere einseitig bedachten Eingriffe in das ausgeklügelte, aufeinander abgestimmte und überaus komplizierte System unserer Umwelt indirekt stoppten oder in Gang setzten, Mechanismen, die uns erst sehr viel später am eigenen Leibe erfahren und immer wieder von neuem vergessen ließen, daß jedes unsachgemäße Eingreifen in die Regelkreise der Biosphäre wieder auf den Menschen und seine Gesundheit zurückfällt und — bezieht man die Industriegesellschaft und ihre Abfallprodukte ein — einen globalen Kreisprozeß in Gang setzt, wie er stark vereinfacht in Abb. 1 dargestellt ist.

Eine optimale Steuerung dieses Prozesses verlangt in jedem Fall, Eingriffe in den Komplex »Umwelt« in allen Wechselbeziehungen zu durchdenken, d. h. die verflochtenen Regelkreise interdisziplinär zu erfassen. Denn kleine Veränderungen innerhalb von Teilbereichen können durch die gegenseitige Verkettung sowohl zu Schäden als auch zu Verbesserungen führen, die für den Betrachter isolierter Teilprobleme völlig überraschend sind. Die Untersuchung der einzelnen Systemzusammenhänge zeigt in der Tat, daß man der Problematik der Umweltschädigung nicht gerecht wird, wenn man ausschließlich direkte statt auch verzweigte Ursachenketten betrachtet (vgl. Kapitel 14 »Lücken der Forschung«). Und ähnlich wie man sich jetzt schon einig ist, daß Treibstoff und Motor für eine rationelle Forschung und Entwicklung im rein technischen Bereich als Einheit betrachtet werden müssen (es hat keinen Zweck, einen Vergaser zu entwickeln, ohne zugleich an die Entwicklung eines passenden Treibstoffs zu denken), muß man sich auch zu der Erkenntnis durchringen, daß die verschiedenen Glieder der Biosphäre eine untrennbare Einheit bilden. So ist es z. B. unsinnig, an Verkehrsproblemen herumzubasteln, ohne gleichzeitig darin Fragen der Raumordnung, Sozialordnung, Verhaltensweisen, Güter- und Energiewirtschaft, der Telekommunikation, der psychischen Gesundheit und der Wechselbeziehung mit Klima, Boden, Wasser und Luft mit einzubeziehen (vgl. Kapitel 11 »Raum«).

Die graphische Darstellung der entsprechenden Zusammenhänge (Tafel 1) versucht, die konkreten Wechselbeziehungen zwischen den verschiedenen umweltschädigenden Faktoren deutlich zu machen. Der Aufbau der folgenden Kapitel trägt diesem Schema und seinen Wechselbeziehungen Rechnung. Letztere werden unter Verwendung von Abkürzungen den Text weitgehend begleiten, um ihr oft überraschendes Vorhandensein ständig vor Augen zu führen:

AF — Abfälle
AS — Abgase und Stäube
AW — Abwässer
SL — Streß und Lärm
W — Wasser (Grund-, Oberflächen- und Trinkwasser)
B — Boden
N — Nahrung
O — Ozean
K — Klima
R — Raum (Raumordnung, Städteplanung, Verkehr)
I — Industrie (auch Industriegesellschaft)
M — Mensch (Gesundheit, Bedürfnisse, Gesetzgebung)
    → schädliche Einwirkung
    . . . günstige Einwirkung

Die vorliegende Anordnung des Systemzusammenhangs, die, in welcher Form auch immer, die Realität nur sehr simplifiziert und unvollständig wiedergeben kann, entspricht rein praktischen Erwägungen und versucht, dem Anliegen des Buches als »Überlebensprogramm«, d. h. dem vorherrschenden Bezug zum Menschen gerecht zu werden, der ein solches Überlebensprogramm schließlich in die Hand bekommen muß.

So beschreiben die folgenden 10 Kapitel die in Tafel 1 dargestellten 4 Produkte und 6 Umweltbereiche in strenger Einteilung nicht etwa als geschlossene Fachgebiete, sondern praktisch ausschließlich was ihre Wechselbeziehungen betrifft. Einer knappen Vorstellung des behandelten Themas folgen daher grundsätzlich die in dieses Gebiet einströmenden Wirkungen und daran anschließend die von ihm ausgehenden Wirkungen auf sämtliche anderen Bereiche. Die Sichtung und Auswertung des Systemzusammenhangs der jeweiligen Umweltschäden zeigte, daß für die Lösung der verschiedenen Probleme fünf Ebenen von Änderungs- und Abhilfemöglichkeiten in Frage kommen:

1. Rein technische Veränderungen (Verwendung von Filtern, Einbau von Nachbrennern, Einführung von Wasserkreislaufsystemen u. ä.)

2. Einfache behördliche Maßnahmen (Anordnungen, Sondersteuern, Prämien)

3. Höhere behördliche Maßnahmen (Internationale Vereinbarungen mit der Industrie, evtl. über WHO, FAO, Arzneimittelkommissionen u. ä.)

4. Änderungen in der Konzeption von Entwicklungsprojekten (Einbeziehung der Kenntnisse über den Systemzusammenhang zwischen Mensch und Umwelt in die industrielle und öffentliche Planung)

5. Bewußtseinsänderungen in der Bevölkerung (Öffentlichkeitsarbeit, Unterricht, Erziehung, Wissenschaftspolitik, Bürgerinitiativen)

Aus diesen Möglichkeiten sind in einem dritten Abschnitt jedes der folgenden 10 Kapitel einige Auswege, Abhilfen und Lösungen zusammengestellt, die die Richtung erfolgversprechender Ansätze aufzeigen sollen. Die Quintessenz der Gesamtsituation ist in den 6 Schlußkapiteln in ihren wichtigsten Aspekten behandelt.

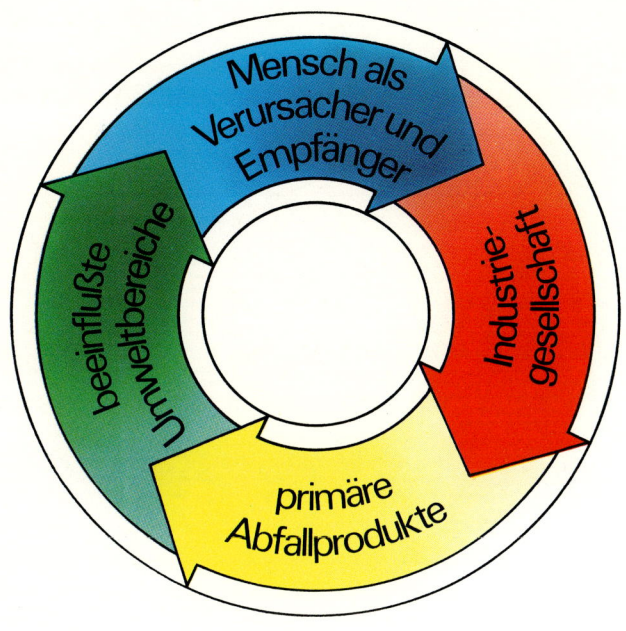

ABBILDUNG 1

**Regelkreis: Mensch — Industriegesellschaft — Abfallprodukte —
Umweltbereiche — Mensch**

Der Mensch ist zugleich Verursacher als auch Empfänger der Umweltveränderungen: er wird über die

Industriegesellschaft durch Energieerzeugung, Schwerindustrie, verarbeitende Industrie, Transportmittel, Verbrennungsmotoren, Landwirtschaft und Haushalte zunächst zum Erzeuger

primärer Abfallprodukte wie Giftstoffe, Abwässer, Abgase, Lärm, Streß und Müll. Diese führen teils in direkter Linie, teils durch Wechselwirkung miteinander zu einer Schädigung bestimmter natürlicher

Umweltbereiche wie Luft, Wasser, Boden, Klima, Nahrung. Die so veränderte Biosphäre wirkt nun wieder auf den

Menschen zurück und beeinflußt seine Gesundheit, sein Wohlbefinden, seine Leistungsfähigkeit und nicht zuletzt sein weiteres Handeln, womit sich der Kreislauf schließt.

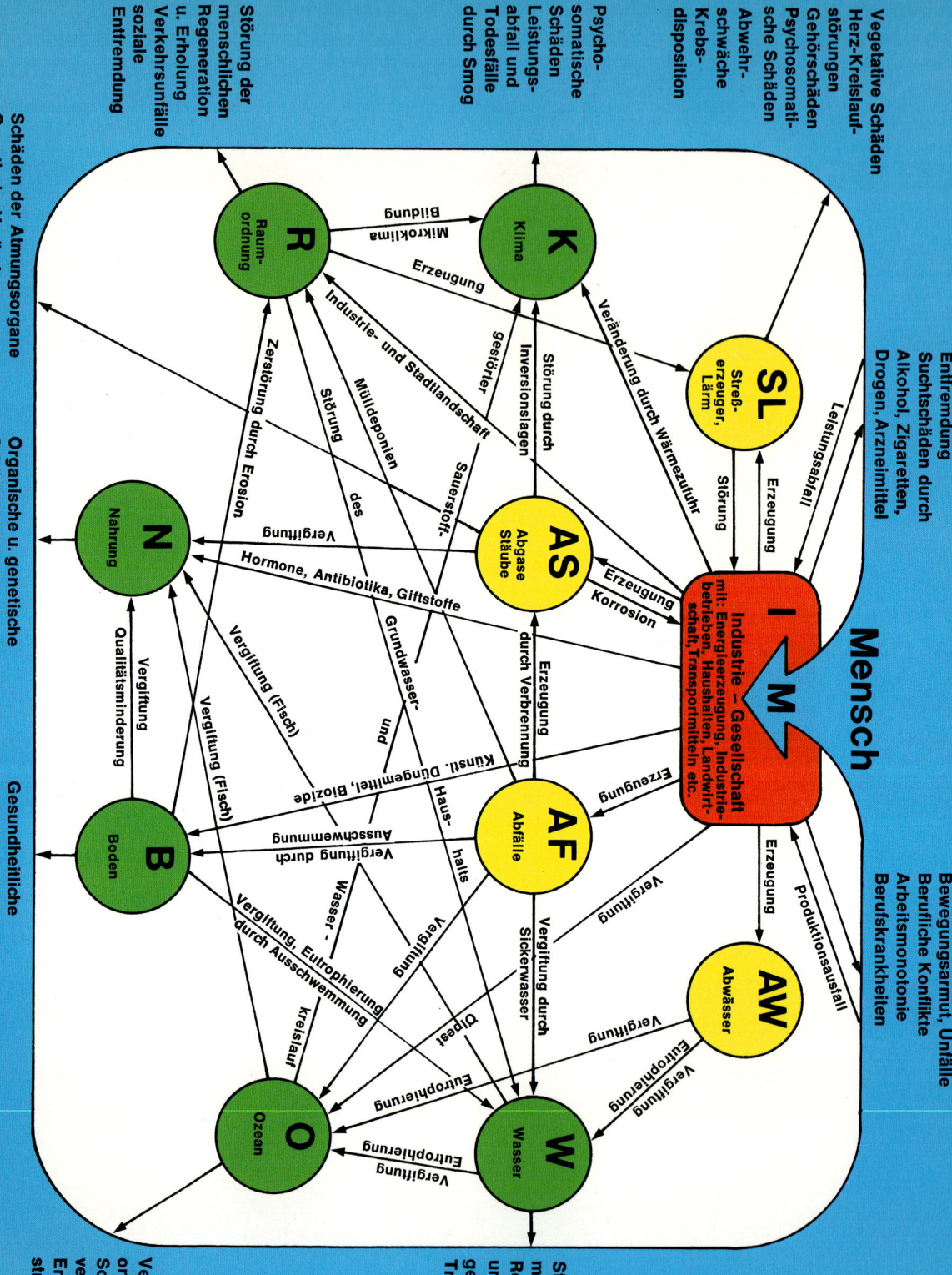

Produkt: Abfälle

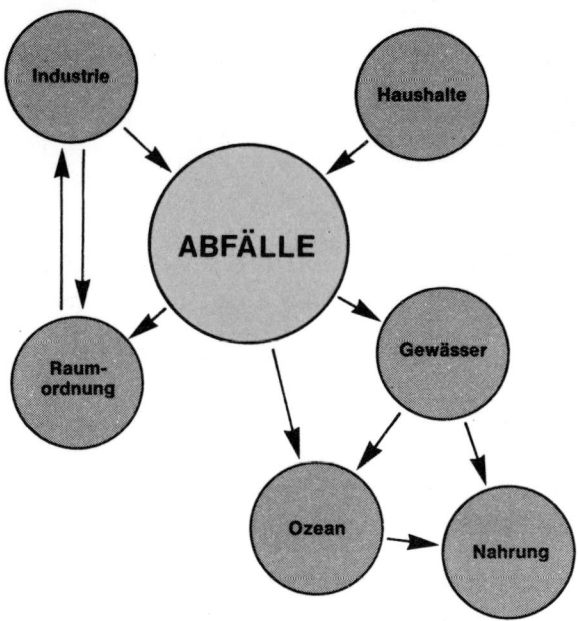

2

Viele Wohlstandsgüter sind
bereits Abfall unmittelbar
nach der Produktion.
Die Antwort ist:
Stop unnötiger Produkte,
Recycling der notwendigen,
Verwandlung statt Deponie.

Produktion und Abfallbeseitigung sind zwei untrennbare Punkte eines gemeinsamen größeren Kreislaufes. Konsumieren ist — von welcher Seite wir es auch betrachten — letzten Endes nichts anderes als das Verwandeln hochwertiger Wirtschaftsgüter in Abfälle. In diesem Sinne kommt, wie der Chemiker H. J. FROST[2] es ausdrückte, eigentlich das gesamte Sozialprodukt — abzüglich der Dienstleistungen — mit unterschiedlicher Verzögerung als Abfall wieder auf die Menschheit zu. Unter Abfällen sind hier alle nichtflüssigen Zivilisations-Endprodukte zu verstehen: Haushaltsmüll, Sperrmüll, Straßenkehricht, Rechengut und Klärschlamm aus Abwässern und Reinigungsanlagen, Schlamm aus Sinkkästen und der Kanalreinigung, Gewerbe-, Markt- und Industrieabfälle, ölhaltige Rückstände, gewerbliche und industrielle Schlämme, Autowracks, Altreifen, Bauschutt, Abfälle aus Massentierhaltung und Landwirtschaft und radioaktive Spaltprodukte (Atommüll).

Die Natur wird mit ihren eigenen Produkten dadurch fertig, daß sie nichts produziert, für das sie nicht auch ein Enzym parat hätte, welches das Produkt wieder zersetzen und in einen Kreislauf zurückführen kann. Ein Vorgang, für den die Natur die gleiche Sorgfalt aufwendet wie für den der Produktion. Die Industrie ist noch nicht soweit, denn der Mensch vergaß über der Faszination des Produzierens, daß die Story eine Fortsetzung hat. Die Fortsetzung als ebenso wichtig zu erkennen wie den ersten Teil, das Produzieren, verlangt bionische Einsichten[3]. Sie fehlten bisher. Das beließ uns arm an Methoden der Abfallbeseitigung und führte zu dem immer rascher anwachsenden Stau zwischen Konsumation und Abbau des konsumierten Produktes (Abb. 2).

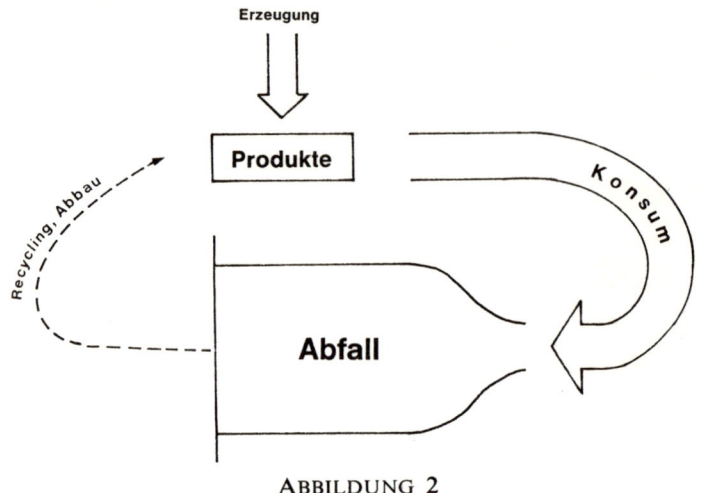

ABBILDUNG 2

**Abfallstau bei nicht-bionischem Produktionskreislauf
der heutigen Industriegesellschaft**

Vergegenwärtigt man sich die Mühen und den Erfindungsgeist, der auf den Vorgang des Produzierens verwendet wird, und vergleicht man ihn mit den spärlichen Bemühungen um Abfallbeseitigung, so sieht man, daß das heutige Umweltproblem – und besonders Abfallproblem – hierin seine Ursachen haben muß:

Der immer raschere Anstieg der Abfallmengen war bis heute nicht zu stoppen. Im Produktionsprozeß setzen sich Güter oder Verfahren durch, die zwar im *Verkaufs-Wettbewerb* Anwendungs- und Preisvorteile bieten, jedoch bis in die jüngste Vergangenheit hinein kaum solche, die dies im Hinblick auf ihre *Beseitigung* tun. Es wird einfach emittiert, weggeschmissen, verbrannt, in die Gewässer abgelassen, in der Gegend verstreut. Die Erklärung ist einfach: Güter oder Verfahren, die die Umwelt belasten, waren gerade deshalb im Vorteil, *weil* sie die Umwelt belasteten, denn damit konnten sie oft die gesamten Kosten ihrer späteren Beseitigung und oft auch einen Teil ihrer Herstellungskosten über jene bislang kostenlose Umweltbelastung auf die Allgemeinheit abwälzen. Eine zusätzliche Folge war der Trend zur Entwicklung kurzlebiger Produkte unter Steigerung der Produktion, statt, wie dies die Zukunft wieder verlangen wird, langlebiger Produkte unter Steigerung der Dienstleistung, des Service. Die unrealistische Einstellung der Vergangenheit wird sich rächen, weil Güter oder Verfahren, die zwar (scheinbar) etwas billiger sind und dafür die Umwelt und mit ihr die Allgemeinheit stark belasten, für die Gesamtgesellschaft und somit auch für die Industrie im Endeffekt doch die teuersten sind.

Art und Herkunft der Abfälle

Der oben angedeutete Mechanismus äußert sich in einer Reihe von Konsequenzen, die für die einzelnen Abfallarten sehr unterschiedlich sind.

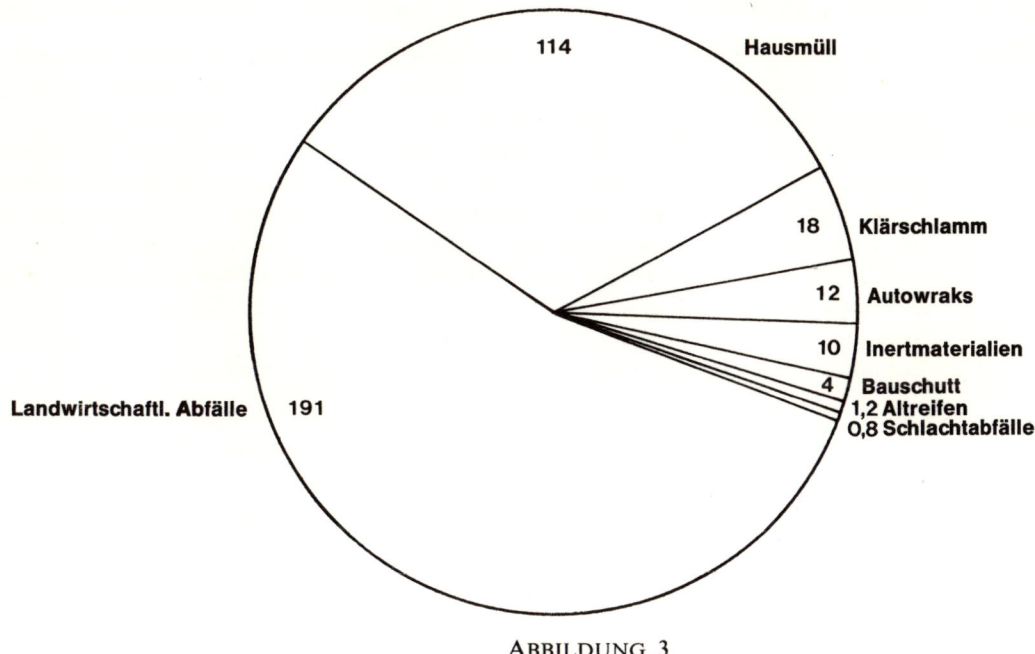

ABBILDUNG 3

Abfallzusammensetzung in der BRD 1970 in Mio. Kubikmeter (nach loc. cit. [5])

M → AF   Die Menge der jährlich in der Bundesrepublik anfallenden Abfälle aller Art ohne Abwässer ist durch die Erhöhung des Lebensstandards erheblich gestiegen. Im Bundesgesundheitsbericht 1970 wurden sie auf mehr als 200 Mio. cbm/Jahr geschätzt[4]. 1972 dürfte der Betrag 260 Mio. cbm erreicht haben. Diese Menge würde ausreichen, um eine 260 qkm große Fläche, etwa den gesamten Großraum München, einen Meter hoch im Müll versinken zu lassen. Zur Zeit werden in der BRD 90 % dieser Stoffe ohne besondere Vorsichtsmaßnahmen gegenüber der Bevölkerung oder Umgebung und ohne Rücksicht

AF → R   auf schwere Verunreinigungen von Wasser, Boden und Luft auf etwa 50 000 Müllplätzen abgelagert. Für rund die Hälfte der Bevölkerung der BRD besteht keine geregelte Müllsammlung und Müllabfuhr.

I → AF   Eine der Hauptursachen für die seit dem Zweiten Weltkrieg in der BRD angestiegene Müll-Lawine finden wir in der fast exponentiellen Steigerung der Produktion an Verpackungsmaterial und damit an Verpackungsmüll:

    1951 — 1,3 Mrd. DM
    1967 — 9,2 Mrd. DM
    1970 — 12,5 Mrd. DM

Daß die Investitionen für die *Beseitigung* von Verpackungsmüll nicht in der gleichen Weise anstiegen, versteht sich von selbst. Verpackungsmüll ist leichter Müll. Gewichtsangaben sind daher oft irreführend. So trägt der Verpackungsanteil zwar nur zu einer 1 %igen Gewichtssteigerung, jedoch zu einer 5 %igen Volumensteigerung des Gesamtmülls/Kopf/ Jahr bei.

I → AF   Parallel damit geht der Anteil der Verpackungen aus Kunststoff, der schwer zu beseitigen ist: Er stieg von 4,8 % (1955) auf 16,1 % (1966). Schätzungen eines Batelle-Gutachtens [6] erwarten bis 1980 eine Steigerung des Kunststoffmülls von heute 3 bis 4 % (davon 0,6 % PVC) auf 6 % (0,8 % PVC) des Gesamtmüllgewichts. Dies entspräche der Hälfte der zu erwartenden Kunststoff*produktion* von ca. 60 kg/Kopf/Jahr. Die wichtigsten Kunststoffabfälle sind die Polyolefine (u. a. Polyäthylen), Polyvinyl-chlorid (PVC), Polystyrol und verschiedene Zellulose-Kunststoffe, deren unterschiedliche Belastung des Menschen und der Umwelt noch zu besprechen sind. Während 1975 die Menge an umweltfreundlicher Holzverpackung die gleiche wie 1966 sein wird (650 000 cbm) und diejenige an Papier um 30 % zugenommen haben wird (auf 2,5 Mio. cbm), wird der Anfall an umweltfeindlichem Kunststoff von 200 000 auf 500 000 cbm, also um 150 % angestiegen sein [7].

I → AF   Mittlerweile haben wir die Millionengrenze der jährlich anfallenden Pkw-Wracks überschritten. Da wir auch hier mit der Beseitigung nicht nachkommen, entsteht ebenfalls ein Stau, der bald grundlegende Änderungen im Erwerb und Abstoß von Kraftfahrzeugen nach sich ziehen wird. An Pkw-Wracks sind so angefallen (aber nur zum Teil beseitigt worden):

1968 —   718 000
1969 —   850 000
1970 —   970 000
1972 — 1 130 000
(Erhebungen des Frankfurter Batelle-Instituts) [5]

AF → AS   Kaum bekannt ist ein Seitenzweig des Autoabfalls: Etwa 100 000 t jährlicher Reifenabrieb (1968: 60 000 t) belasten ständig als feinstverteilte Müllform Bodenluft und Mensch.

M → AF   Haushaltsabfälle imponieren durch ihre erdrückende Menge und ihr gewaltiges Volumen.
Der etwa halb so große Anteil des Industrieabfalls jedoch zeigt unmittelbare Gefahren
AF → M   auf, die schon bei sporadischem Auftreten andere Abfallprobleme in den Schatten stellen: Durch den Arsenschlammskandal Mitte 1971 aus dem Schlaf gerissen, decken Bürger, Behörden und selbst Industrieangehörige eine nicht abreißende Kette von äußerst bedenklichen Ablagerungen auf, die direkt oder indirekt auf das Konto einer rücksichtslosen Fahrlässigkeit von seiten der Industrie kommen. Gleichzeitig macht sich die Hilflosigkeit bemerkbar, mit der wir solchen Problemen von der Rechtslage über die anzuwendende Beseitigungstechnologie bis zum wirklichen Erfassen aller schädlichen Konsequenzen gegenüberstehen:

I → AF   ▷   4000 t hochgiftige arsen- und bleihaltige Rückstände der Zinkhütte Nievenheim wurden von einem Osnabrücker »Umweltschutz-Unternehmen« über Speditionsfirmen statt in einen vorgesehenen 800 Meter tiefen Bergwerkstollen bei Peine in nahe gelegene offene Müllkippen verfrachtet.

I → AF ▷ 200 Fässer (von wahrscheinlich insgesamt 10 000 bis 20 000 Stück) mit hochgiftigem mehrprozentigem Natriumcyanidschlamm wurden nach Hinweisen aus der Bevölkerung innerhalb weniger Stunden aus einem Bochumer Müllteich geborgen. Das Ausmaß der Verseuchung ist unbekannt.

I → AF ▷ Giftgase aus Schwelbränden in einer Müllkippe führten zur Entdeckung von 200 000 t ammoniumhaltiger Rückstände der Aluminiumproduktion, die ein Jahr zuvor auf einer Müllkippe an der Ruhr abgelagert wurden. Der Grad der Verseuchung von Grundwasser und Boden mit Ammoniumsalzen und anderen leicht löslichen Stoffen ist unbekannt.

I → AF ▷ In einer Deponie bei Geroldsheim in der Pfalz wurden außer dem vorgesehenen Hausmüll (350 000 t im Jahr) auch 15 000 t Chemiemüll abgelagert (darunter — auf Umwegen — Hexachlorcyclohexan und größere Mengen von Cyanid der Fa. Ciba). Das Ganze mit Genehmigung des Landratsamtes: Der Grad der Gesamtverseuchung ist unbekannt. Die Frühkartoffeln der angrenzenden Bauern sind ungenießbar und werden auf dem Markt nicht mehr abgenommen. Gutachten der Untersuchungsämter haben dies bestätigt.

Soweit einige Beispiele einer inzwischen um ein Vielfaches längeren Liste.

AF → O   Nachdem die radioaktive Belastung der Erde durch Atombombenversuche stark zurückgegangen ist (die Folgen waren eine Verseuchung durch Akkumulation langlebiger Spalt-
AF → N   stoffe über die Nahrungskette, die vom Plankton bis zu den Walen und den Pinguinen
AF → K   in der Antarktis reicht, soweit äußerst langlebige radioaktive Wolken oberhalb der Atmosphäre) stellt der wachsende Anfall radioaktiver Spaltprodukte aus der steigenden Zahl
I → AF   der Kernkraftwerke ein noch ungelöstes Problem dar. Dieser gefährliche Abfall kann
AF → AF   letztlich überhaupt nicht beseitigt werden. Er läßt sich nicht umwandeln, akkumuliert also ın jedem Fall. So ergibt sich hier eine ganz besondere Situation: Die jährliche Menge an Atommüll steigt erstens mit der Anzahl der Kernkraftwerke und zweitens mit der Gesamtdauer ihres Betriebs. So sind pro 1000 Megawatt Kernkraftkapazität in wenigen Jahren 100 Mio. Curie akkumulierter Spaltprodukte zu erwarten, zu denen alle bisherigen und kommenden hinzuaddiert werden müssen. Für die USA ergab eine prognostische Schätzung, daß ein Anstieg der Atomenergie-Ausbeute in den kommenden 30 Jahren auf das 70fache von einem Anstieg der Belastung mit radioaktiven Spaltprodukten um mehr als das 700fache begleitet ist (s. Tabelle 1).

I → AF   Das Problem des radioaktiven Abfalls wächst also mit zehnfacher Geschwindigkeit, gemessen an der Produktion von Atomenergie. Die anfallenden Substanzmengen dagegen sind, gemessen an anderem Müll, vernachlässigbar. — Dies jedoch nur, wenn man die konzentrierte Form der tatsächlichen Spaltprodukte berücksichtigt, die jedoch mit anderem Material außerordentlich »verdünnt« und von diesem nur schwierig, wenn überhaupt abtrennbar ist.

TABELLE 1

Radioaktiver Abfall in Relation zur Kernkraftentwicklung (USA)

	1970	1980	2000
Installierte Kernkraftkapazität (in Megawatt)	11 000 MW	95 000 MW	734 000 MW
Akkumulierte Spaltprodukte (in Megacurie)	1 200 MC	44 000 MC	860 000 MC
Akkumulierte Spaltprodukte (in Tonnen)	16 t	388 t	5 350 t

(Nach Snow, loc. cit. 9)

Wir sehen, die Quellen des Mülls sind vielschichtig wie die Art und Weise, auf die er uns und die Umwelt belasten kann. Die in Abb. 4 skizzierte Entwicklung von Menge und Zusammensetzung des Abfalls ist eine sehr vorsichtige Prognose. Die Einführung grundsätzlich neuer Überlegungen zum Abfallproblem, wie sie sich anzubahnen scheinen, mögen den Anstieg noch weiter unter Kontrolle bringen. Eine rücksichtslose Weiterentwicklung im bisherigen Stil würde die obige Prognose dagegen weit hinter sich lassen. Denn die Tendenz zur Abfallerhöhung ist zweifach:

M → AF   —   Zunehmende Urbanisierung
M → AF   —   Erhöhter Lebensstandard (American Way of Life)

Wir sehen dies deutlich an der Gegenüberstellung der jährlichen Pro-Kopf-Werte an Abfall (1970, in cbm/Einw./Jahr) [11]:

BRD, Mittelwert	1,2 m³
BRD, Ballungsraum (Hamburg)	2,4 m³
Schweden, Ballungsraum	5,6 m³
USA, Ballungsraum	6,7 m³

Allein die zunehmende Urbanisierung und ein weiterer Anstieg des Lebensstandards könnten also bei uns in wenigen Jahren zu einer Verfünffachung der heutigen Abfallmenge führen, was dann erst dem derzeitigen Stand der Pro-Kopf-Menge an Abfallstoffen in amerikanischen Städten entspräche. Nicht zuletzt bewirkt Wohlstand, abgesehen vom erhöhten Konsum, allein durch die Umstellung auf Öl, Elektrizität und Fernheizung, daß weit weniger Haushaltsabfälle im Ofen verbrannt werden, als dies unter primitiveren Bedingungen der Fall ist (was aber wegen der begleitenden Luftbelastung natürlich keine bessere Lösung bedeutet).

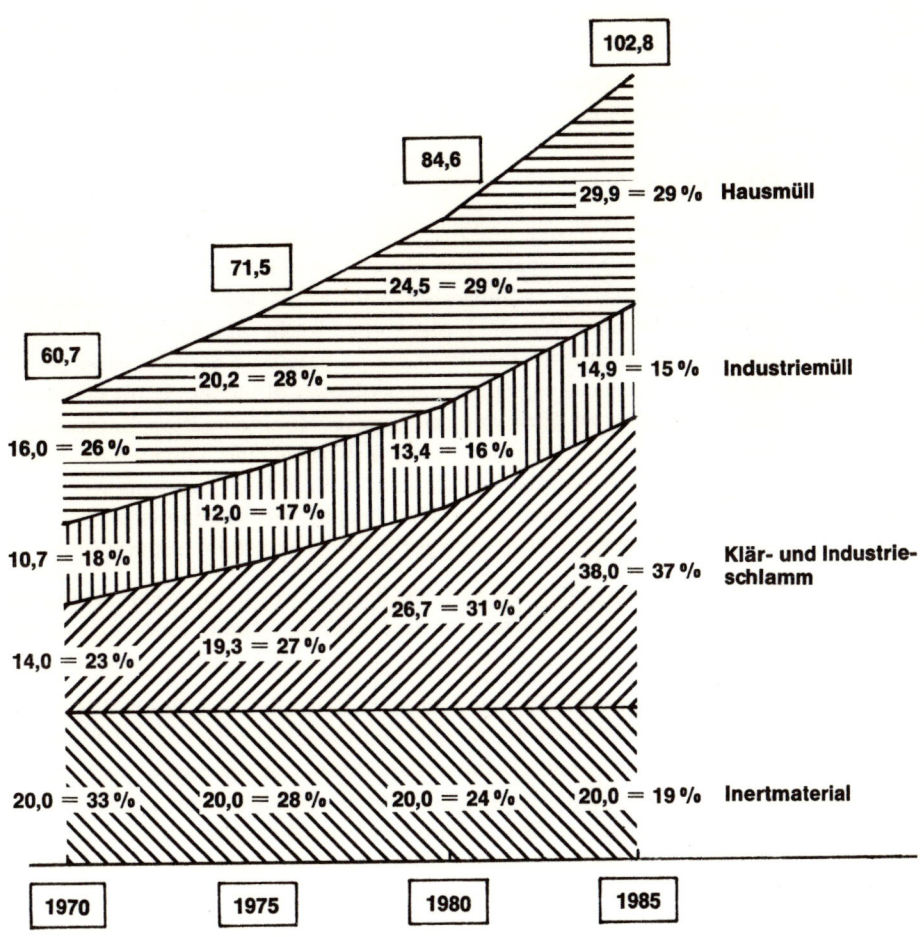

ABBILDUNG 4

Entwicklungstrend der jährlichen Abfallmengen (in Mio. t)
in der BRD, ohne landwirtschaftliche Abfälle
(nach STUCKRAD und DORSTEWITZ[10])

Auswirkungen der Belastungen durch Abfall

AF → R   Im Prinzip beruhten die bisherigen Methoden der Abfallbeseitigung darauf, den »Dreck unter den Teppich zu kehren«, d. h. Abfälle werden in den seltensten Fällen vernichtet, umgewandelt oder sinnvoll integriert, sondern lediglich von Ort zu Ort verschoben (Schutt-ablagerung, Deponien, Versenkung von Nervengasbehältern ins Meer, von Atommüll in Salzlagerstätten, Einleiten von Industrieabfällen in das Flußsystem).

DEPONIE

AF → W   So ist die am häufigsten praktizierte Form der Beseitigung von Müll die Deponie. Sie ist wohl auch die problematischste, da nur in den seltensten Fällen durch geeignete Vor-sichtsmaßnahmen das Grundwasser (ganz abgesehen von der Landschaft) ausreichend ge-schützt wird (siehe »Wasser«). Mit vollem Recht sagt REIMER: [12] »Der Abfallberg ist wie der Eisberg: die größten Gefahren lauern unterhalb der Wasserlinie.« So beginnen die ge-fährlicheren Auswirkungen der ungeordneten Mülldeponie oft erst dann, wenn Gras dar-über gewachsen ist. Eine nur um wenige Monate spätere Entdeckung der weiter oben erwähnten Arsenschlammablagerung, z. B. nach einer längeren Regenperiode, hätte durch

AF → M   die allmähliche Säuerung den Schlamm während der Lagerung weitaus wasserlöslicher ge-macht und dann zu einer echten Katastrophe führen können, wie sie aus anderen Ländern (Japan, USA) durch Ablagerung giftiger Schwermetalle bekannt sind.

AF → W   Nach Berechnungen von KARBE [13] können aus 50 Mio. cbm Hausmüll im ersten Jahr 332 000 t Salz ausgewaschen werden und in Grund- bzw. Oberflächengewässer gelan-gen.

In allen üblichen Mülldepots schreitet, abgesehen von diesen die Gewässer belastenden Auswaschungen [14] auch der Verfaulungsprozeß (im Gegensatz zur humusbildenden Ver-rottung oder Verwesung!) unter Ausschluß von Sauerstoff noch Jahre fort, auch dann

AF → AS   noch, wenn die Deponie mit Erde überdeckt wurde, um das Gelände einer neuen Ver-wendung zuzuführen. Durch diese anaerobe Zersetzung bilden sich Faulgase mit starker

AF → M   Geruchsbelästigung und selbst Explosionsgefahr (in Köln explodierte ein auf einer Müll-deponie errichteter Kindergarten durch Entzündung der Faulgase).

AF → AS   Die Selbstentzündung entstehender Faulgase führt zu langanhaltenden Schwelbränden, die in einem erheblichen Maße zur Luftverschmutzung beitragen (siehe »Abgase«).

MÜLLVERBRENNUNG

AF → AS   Abgase und Stäube aus Müllverbrennungsanlagen (wo, anders als in der Deponie, auch der Kunststoffanteil ein wichtiger Reaktionspartner ist) können andere Umweltbereiche erheblich belasten und würden mit Sicherheit zu einem Hauptproblem, wenn diese zur Zeit noch favorisierte Methode der Abfallbeseitigung allgemein eingesetzt würde. Zur Zeit wird in der BRD erst in 38 Müll- und Resteverbrennungsanlagen der Abfall von 12,5 Mio. Einwohnern, also rund einem Fünftel der Bevölkerung, verbrannt. Die Arbeits-gemeinschaft für Abfallbeseitigung [15] errechnete als Abgasmengen aus diesen Anlagen

AF → K	—	2,5 Mio. t Kohlendioxyd
AF → M	—	11 500 t Schwefeldioxyd
		(Kraftwerke: 5 Mio. t)
AF → M	—	8000 t Chlorwasserstoff
		(Kraftwerke: 8500 t)

Noch ist die durch die Müllverbrennungsanlagen somit verdoppelte Menge an Chlorwasserstoff, abgesehen von örtlichen Konzentrationen, ungefährlich. Falls jedoch der Anteil an PVC-Kunststoffen im Müll weiter ansteigt, werden die Toleranzgrenzen sehr rasch überschritten sein. Wie hoch der Anteil gefährlicher Spurengase durch die oft sehr unterschiedliche Müllzusammensetzung ist und welche Wirkungen daraus zu erwarten sind, ist ein noch unerforschtes Gebiet. Mit Sicherheit ist die Staubemission ein potenzierender Faktor, da sich Schadstoffe an den Staub anlagern. Elektrostatische Entstaubung beseitigt daher aber auch gleichzeitig größere Mengen giftiger Gase. Sie ist, zumindest in Großmüllverbrennungsanlagen, generell vorgesehen.

I → AS

I → M Verständlicherweise wehrt sich die Kunststoffindustrie gegen eine Überschätzung der Gefahren durch giftige Abgase und verteilte eine Broschüre in einer Auflage von 50 000 Stück an Abgeordnete, Ministerien, Behörden, Verbände, Unternehmen und Schulen. Auch darin wird der übliche Fehler begangen, immer nur die Einzelemission des jeweiligen Produktes anzuführen, die selbstredend unter der Toleranzgrenze liegt. Auch das Anführen anderer Schadstoffemittenten, die weit über denjenigen des eigenen Produktes liegen, können nicht als Argument dienen, da die Existenz eines Mißstandes in keinem Fall diejenige eines zweiten rechtfertigen kann, im Gegenteil ihn um so gefährlicher macht, da wir es schließlich im gesamten Umweltbereich mit sich summierenden oder gar potenzierenden Wirkungen zu tun haben. Bereits beim 8- bis 10fachen des heutigen PVC-Anfalls (und wie schnell ist eine solche Steigerung in der wirtschaftlichen Entwicklung erreicht!) wären — das gibt die Kunststoffindustrie auch zu — die höchstzulässigen Toleranzwerte allein durch Verbrennung dieses einen Kunststofftyps erreicht. Daß die heute noch fehlenden neun Zehntel der entsprechenden Schadstoffemission von anderer Seite zum Teil längst beigetragen werden, zum Teil sehr rasch hinzukommen können, wird meist übergangen (s. Kapitel »Öffentlichkeitsarbeit«).

M → I

ATOMMÜLL

Die verschwindend geringe Menge von rund 3 cbm radioaktiven Gesamtabfalls der BRD (1970), die bis 1980 auf den immer noch verschwindend geringen Betrag von 35 cbm gestiegen sein wird, täuscht über die ungeheure Konzentration der darin enthaltenen Strahlengefahr hinweg (vgl. weiter oben). Auch ist mit dieser Menge nicht die tatsächliche Menge des mit dem eigentlichen Atommüll vermischten Begleitmaterials, welches zum Teil untrennbar damit verbunden ist, berücksichtigt. Genaue Angaben hierüber können kaum erhalten werden.

AF → R Sämtliche bisherigen Deponien von radioaktiven Spaltprodukten sind Verlegenheits-
AF → M lösungen. Dazu zählen die schon 1966 in der Atomstadt Oak Ridge praktizierten Injektionen von mit Zement vermischtem radioaktiven Material in 300 m tiefe, wasserundurch-

AF → O

lässige Formationen in der Erde oder die zur Zeit praktizierte Lagerung verfestigten Atommülls in die Salzlagerstätten Norddeutschlands (Asse, Wolfenbüttel), die für 10 000 cbm den relativ geringen Betrag von 3,5 Mio. DM kostet und außerdem durch die Salzschicht gegenüber Wasser- und Luftdurchlässigkeit geschützt ist. Weit problematischer war die bisherige Lagerung in Großbritannien in Form gelöster Nitrate in Tanks oder auch die zeitweilig erwogene Versenkung nach Verschmelzen mit Borsilikaten in Form unlöslicher Glasbrocken ins Meer. Die biologischen Flüssigkeiten, deren das Meer ja genügend enthält, können jedoch auch Quarz auflösen, weshalb diese Methode grundsätzlich abzulehnen ist — obgleich von einigen Ländern sogar das sehr umstrittene Verfahren einer Versenkung von in Beton eingeschmolzenen radioaktiven Spaltprodukten in die Tiefsee immer noch praktiziert wird.

AF → M

Wie schon erwähnt, ist jegliche Art von »Aufheben«, die jedoch für radioaktive Abfälle wegen deren Unvernichtbarkeit und Unverwandelbarkeit die einzig mögliche ist, als Dauerlösung untragbar, da sie in Widerspruch zur Endlichkeit unserer Erdoberfläche und Biosphäre gegenüber dem raschen Anwachsen jeglicher Art von Abfällen steht. In allen Fällen würden lokale Katastrophen wie Erdbeben, Kriege und auch Sabotage die bisherigen Sicherheitsgarantien gegenüber Lagerung von Atommüll über den Haufen werfen.

KLÄRSCHLAMM

AF → AS
AF → R
AF → B
AF → W

Der heute noch geringfügige Anteil gereinigter Abwässer läßt — von der Allgemeinheit wenig bemerkt — an Klärschlamm bereits die doppelte Gewichtsmenge (30 Mio. t/Jahr = 400—500 kg/Kopf/Jahr) wie diejenige an Hausmüll anfallen. Hinzu kommt noch einmal die gleiche Menge an Industrieschlamm. In wenigen Jahren, wenn wir um eine Reinigung sämtlicher Abwässer nicht mehr herumkommen, wird sich dieser Betrag vervielfachen und durch Deponieren und Verbrennungsanlagen Wasser, Boden und Luft in weit stärkerer Weise belasten als der Müll — und doch hat diese Abfallart einige Vorzüge:

Frischschlamm besteht zu 90 % aus Wasser. 6—8 % der Trockensubstanz sind zur Düngung geeignete Mineralien (Phosphate, Nitrate, Kalisalze) und 80 % organische Substanzen. Diese verringern sich durch den Faulungsprozeß (Faulschlamm) schließlich auf 50 %. Der Heizwert der Trockenmasse ist mit 4000/kcal/kg etwa doppelt so hoch wie der des Mülls.

Verbrennung und Kompostierung liegen daher hier von vornherein besser im Rennen als die Deponie, die beim Müll trügerischerweise immer noch als die billigste (letzten Endes jedoch kostspieligste) Beseitigungsform Favorit ist. Selbst das Bayerische Ministerium für Umwelt- und Entwicklungsfragen brüstet sich mit finanziellen Unterstützungen zur Einrichtung weiterer Deponien, deren Anlage auf wasserfesten Kunststoffolien das Problem höchstens verschiebt, aber keinesfalls löst.

AF → K
AF → W
AF → B

Generell kann gesagt werden, daß durch Verbrennungsanlagen die allgemeine Belastung von Luft und Klima erhöht ist, durch Deponien neben der besprochenen Verseuchung von Grund- und Oberflächenwasser auch starke Eingriffe in Bodenstruktur und Raum-

AF → R   ordnung erfolgen und lediglich die Müllkompostierung und andere Arten von Recycling
AF … B   (z. B. Verschrottung des Restmaterials, Verarbeitung von Müll zu Baustoffen) auch für
die Zukunft keine nachteiligen Auswirkungen bringen.

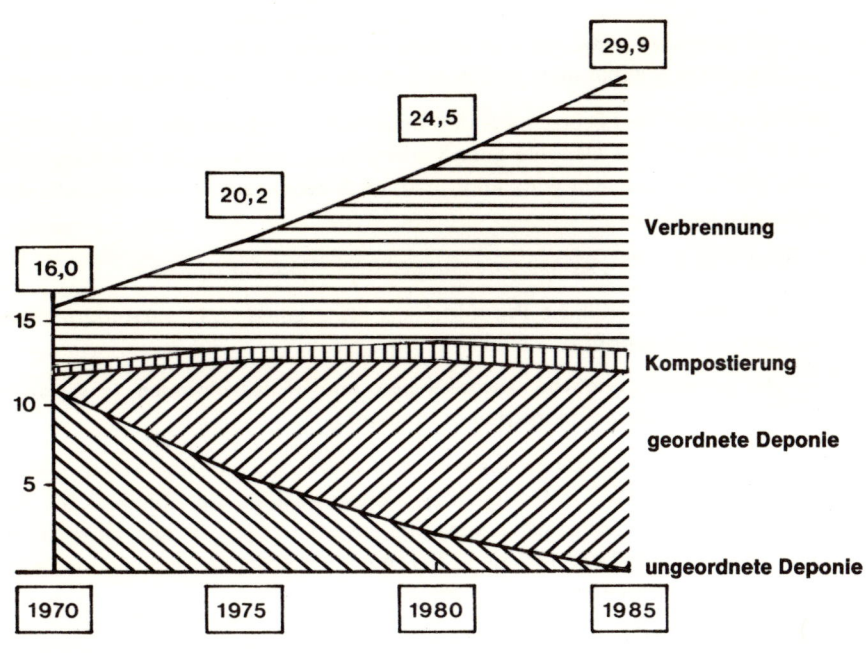

ABBILDUNG 5

Entwicklungstrend der verschiedenen Beseitigungsmethoden (nach loc. cit. [45])

Auswege – Abhilfen – Lösungen

Der Kampf gegen die steigende Menge unerwünschter Abfallprodukte ist das Grund-
problem der Umwelttechnologie. Unsere Hilflosigkeit gegenüber diesem Problem läßt
zunächst einmal danach fragen, wie die Natur mit ihren eigenen Abfällen fertig wird:
B … AF   Ihre Technologien sind mikrobielle, chemische und enzymatische Zersetzung, großflächige
Verteilung und letztlich Wiederverarbeitung, was im ganzen gesehen zu einem »Recyc-
W … AF   ling« führt. Diese Verfahren haben sich seit Millionen Jahren bewährt, denn Gewässer,
Luft und Boden blieben bis heute gesund. Daß die Industriegesellschaft ihre Abfälle ein-
I → AF   fach unbehandelt irgendwo ablagert, ist also im Grunde widernatürlich. Davon aus-
gehend sollte eine systemgerechte Umwelttechnologie

I . . . AF ▷ erstens die bereits vorhandenen Möglichkeiten der Natur benutzen (z. B. mikrobielle Prozesse weitgehend einsetzen) und

I . . . AF ▷ zweitens, analog zu diesen Vorläufern der Natur, weitere technische Recyclingprozesse selber entwerfen.

M . . . I ▷ Als dritte Lösung — für Abfälle, die diesen beiden Verwertungsmethoden nicht oder
I . . . AF nur zunächst nicht zugänglich sind — bleibt dann die Entwicklung neuer prophylaktischer Maßnahmen, mit dem Ziel, diese Abfälle gar nicht erst zu produzieren.

M . . . I In Fällen, wo eine Lösung nach den obigen drei Technologien noch in der Entwicklung ist und vorläufig auf Deponie oder Verbrennung zurückgegriffen werden muß, sollte dies jedoch unter Berücksichtigung aller, evtl. auch neuer technischer Möglichkeiten und Konsequenzen geschehen.

I . . . AF So zählt z. B. zur Prophylaxe eine zügige Umstellung der Industrie

auf umweltfreundliche Produkte und Materialien (z. B. verrottbare Kunststoffe, abgasfreie Treibstoffe)

auf umweltfreundliche Technologien und Konstruktionen (z. B. abfallfreie Verhüttungstechniken, bionischer Städtebau)

M . . . AF Es scheint übrigens so, als ob das von Mao Tse-tung gepriesene »Drei-in-Einem«-Prinzip der Chinesen, Armut — Emsigkeit — Improvisation, im Hinblick auf Methoden des Recycling und der Mehrfachverwendung bereits einiges für den Umweltschutz geleistet hat. So wurde Ende 1970 auf der 137. Tagung der American Association for the Advancement of Science (AAAS) folgendes berichtet [15]:

AF . . . I Die staatliche Brauerei in Peking erzeugt mittlerweile über ein Dutzend Nebenprodukte (Arzneimittel, Elektronikbauteile, Pestizide) aus flüssigen und gasförmigen Abfällen.

AF . . . I Die Stahlindustrie Wuhan produziert über 100 Artikel aus Abfällen, wodurch die Tonne Stahlschlacke inzwischen den gleichen Wert verkörpert wie das Hauptprodukt, d. h. wie eine Tonne Stahl selbst.

AF . . . I Hunderte von Haushaltsgemeinschaften im Chemie-Kombinat Kirin lassen die Industrieabgase, -abwässer und -abfälle in Waschküchenfabriken in Form mehrerer hundert neuer Produkte wieder in den Produktionskreislauf eintreten.

Diese Kunst, aus Abfällen Brauchbares zu machen, scheinen wir verlernt zu haben. Wir werden bald nicht mehr ohne sie auskommen — nicht weil wir zu arm wären, Neues zu produzieren, sondern weil wir das Alte ohne Schaden nicht mehr anders unterbringen. Wie können wir verhindern, daß die in Abb. 5 skizzierte Entwicklung im Verhältnis der Beseitigungsverfahren eintritt? Sehen wir uns die bisher schon bekannten Auswege daraufhin einmal an:

TABELLE 2

Einige Möglichkeiten zur Abfallbehandlung

Maßnahme	Bemerkungen
Alles liegen- und »verschimmeln« lassen	Zwar »natürlich«, aber mit unserer Lebensweise unvereinbar
Ungeordnete Ablagerung	die billigste und zugleich teuerste Methode
Geordnete Ablagerung (Deponie)	immer noch primitiv sowie Wasser, Luft und Boden belastend
Müllverbrennung	sehr teuer und noch luftbelastend, also nicht das »non plus ultra«
Pyrolyse (»Trockene Destillation«)	durch Verkauf der Produkte lohnend. Ein Weg des Recycling
Hydropulping (Maischung)	für bestimmte Müllarten geeignet, teilweises Recycling
Wieder- und Weiterverwendung, Verschrottung, Glasstraßen, Baustoffe	ein wichtiger Weg des Recycling
Flüssigkompostierung	für bestimmte Schlämme und Tierabfälle sehr geeignet
Festkompostierung	für 80 Prozent des Mülls die ökologischste Methode
Mikrobielle Schnellkompostierung	billig, ökologisch, schlägt mehrere Fliegen mit einer Klappe
Chemische Zersetzung	für Sondermüll ist hier noch Wesentliches zu holen
Enzymatische Zersetzung	bestimmt sehr lohnend, noch wenig Erfahrung
Müllabfuhr in den Weltraum (z. B. auf die Sonne)	kostet zur Zeit 10 000 bis 100 000 Dollar pro Kilo. Gefahr eines »Schmutzgürtels« und Verarmung bestimmter Ressourcen
Vermeidung von Abfallentstehung	eine Frage neuer Technologien und eines neuen Bewußtseins

Nach HORSTMANN[17] kann man damit rechnen, daß 80 % des Hausmülls zu Kompost verarbeitet werden können. Weitere 5 % sind brennbar, aber kaum zur Kompostierung geeignet (Lumpen, Kunststoffe, Gummi, Holz). Der Rest von 15 % besteht aus inerten Stoffen wie Steinen, Glas, Keramik und etwa 5 % Eisenschrott. Das Verhältnis im Einsatz der anzuwendenden Beseitigungsverfahren wäre dann optimal, wenn es dieser realen Zusammensetzung entspräche, d. h. etwa 80 % Kompostierungsanlagen, 5 % Müllverbrennung, 5 % Verschrottung und 10 % Deponie. In Wirklichkeit liegen die Verhältnisse eher umgekehrt (vgl. Abb. 5).

Wenn auch ein Kostenvergleich der einzelnen Beseitigungsverfahren für Müll mangels vergleichbarer praktischer Anlagen problematisch ist, kann doch aus Erfahrung einiges über die scheinbaren und tatsächlichen Kosten ausgesagt werden:

ABLAGERUNG

AF → M

Es besteht kein Zweifel, daß die ungeordnete Müllablagerung, obwohl scheinbar so kostengünstig, in Wirklichkeit die teuerste Abfallbeseitigung ist, da durch sie eine Reihe von Umweltstörungen hervorgerufen werden, die zwar nicht in die direkte Rechnung eingehen, jedoch große Belastungen der Allgemeinheit und damit des Sozialprodukts darstellen.

AF → B

Die etwas höheren Kosten der geordneten Deponie, die darin besteht, die Abfälle schichtenweise festzuwalzen, den Untergrund mit Zement, Schlamm oder Kunststoffolien abzudichten und Sickerwässer abzuleiten[18], schlagen sich theoretisch in einem etwas besseren Schutz von Grundwasser, Boden und Landschaft nieder, verführen jedoch, wie wir sahen, in der Praxis zu oft unverantwortlichen Ablagerungen gefährlichen Sondermülls ohne das Weiterlaufen vieler chemischer Prozesse unter der Oberfläche zu berücksichtigen.

MÜLLVERBRENNUNG

AF . . . W
AF . . . B
AF → AS

Ökologisch günstiger stehen die Verbrennungsanlagen da, obwohl auch hier eine Reihe von Problemen wie hohe Investitionskosten, rasche Korrosion der Anlagen und Luftverunreinigungen bestehen sowie die Notwendigkeit der Deponierung der zwar sterilen, aber wasserlösliche Salze enthaltenden Verbrennungsrückstände (30—50 Gewichtsprozent). Was die direkten Kosten betrifft, so ist die Müllverbrennung sogar das teuerste Verfahren der Abfallbeseitigung. Unter ökologischen Gesichtspunkten ist sie zwar der Deponie, nicht aber der Kompostierung vorzuziehen. Vor allzu großen Investitionen, wie sie sich z. B. neuerdings in den Zusammenschlüssen mehrerer Firmen zum forcierten Bau von Müllverbrennungsanlagen äußern[19], ist zu warnen, da auch hier Großinvestitionen wie in vielen anderen Fällen die Entwicklung auf lange Zeit festlegen könnten.

KOMPOSTIERUNG

Die günstigste Form der Abfallbeseitigung ist nach den vorliegenden Erfahrungen zweifellos die Kompostierung. Sie bietet das Beispiel einer umweltfreundlichen Technologie, die gleichzeitig auf verschiedene Teilgebiete positiv einwirkt.

AF...B   Der entstehende Kompost führt zu wesentlichen Verbesserungen der Bodenstruktur, Ver-
          mehrung des Humusgehaltes, Revitalisierung des Bodens und somit stark verringerter
AF...W   Notwendigkeit von Kunstdüngereinsatz, zu einer Verminderung der Erosion, durch
          gesünderes Pflanzenwachstum zu verringertem Einsatz von Pestiziden und zu einer aus-
AF...N   gezeichneten Qualität der produzierten Nahrungsmittel[20] (vgl. »Umweltbereich Boden«).

Die Vorteile der Kompostierung, vor allem der gesteuerten mikrobiellen Kurzzeit-Kom-
postierung, scheinen sich langsam durchzusetzen. Die einzelnen Verfahren der Müllkompostierung unterscheiden sich jedoch erheblich. Während die deutschen Anlagen im
allgemeinen zur Kompostierung 3 Wochen bis 6 Monate benötigen, haben sich im Ausland
Verfahren einer vollautomatisierten mikrobiellen Schnellkompostierung als äußerst rationell erwiesen.

AF...I   — In der Bundesrepublik sind zur Zeit mindestens 16 Kompostwerke in Betrieb, wovon
            sieben Anlagen zusätzlich auch Klärschlamm verarbeiten.

AF...I   — Das Kompostwerk Blaubeuren verkauft seinen Kompost zu einem Durchschnittspreis
            von DM 30,—/cbm und könnte das Zehnfache der Menge absetzen, sofern aus-
            reichende Mengen Müll und Klärschlamm zur Verfügung ständen[21].

AF...I   — Die Stadt Schweinfurt, die jährlich etwa 16 000 t Hausmüll und 19 000 t Klärschlamm
            verarbeitet, erlöst für ihren verfahrensbedingt qualitativ schlechteren Kompost im
            Durchschnitt DM 12,—/t[22].

AF...I   — Eine Moskauer Anlage, die von nur drei Leuten bedient wird, verarbeitet pro Woche
            4000 t Müll. 1000 t werden verbrannt und liefern die für den Gesamtprozeß nötige
            Energie. Die restlichen 3000 t werden nach Zerkleinern durch Magnetfilter und Grob-
            siebe von Metallen und Keramikmaterial befreit, in Gärungstürmen mit einer Misch-
            kultur spezieller Bakterien behandelt und wieder gesiebt. In 4 Tagen ergeben sie
            einen homogenen Kompost, der Bodenstruktur und Wasserhaltung wesentlich ver-
            bessert[23].

AF...I   — Eine ähnliche Großanlage steht in einem Stadtpark von St. Petersburg, Florida, und
            verarbeitet dort seit 1967 ohne Rauch und Geruchsbelästigung den Abfall von 50 000
            Einwohnern zu pathogen-keimfreiem Kompost und Schrott[24].

AF...I   — Weitere Anlagen laufen bereits seit Jahren in Auckland, Neuseeland, und an anderen
            Plätzen[25].

AF...I   — Im Großraum Paris werden bis 1975 voraussichtlich 37 Kompostierungsanlagen die-
            ser Art in Betrieb sein[26].

AF...I   — Franklin, Ohio, eine Kleinstadt im Mittelwesten der USA (10 000 Einwohner), löst
            sein gesamtes Abfallproblem durch ein komplettes Recycling. Täglich werden 150 t
            Abfall zu Kompost, Zellulosefasern, Eisen und Glas verarbeitet, deren Erlös die
            Anlage voll trägt[27].

AF...M   — ANDRES[28] stellt einen rechnerischen Vergleich zwischen Kompostierung und Ver-
            brennung für eine Stadt von 100 000 Einwohnern an. Er kommt zu dem Ergebnis,
            daß die Kompostierung zwischen 35 und 48 % billiger als die Verbrennung ist. Hier-
            bei sind noch nicht die eingesparten Kosten zur Beseitigung von Klärschlamm mit

eingerechnet. Geschieht dies, so verschiebt sich das Verhältnis weiter zugunsten der Kompostierung, da dort der Klärschlamm mit verarbeitet werden kann, während seine Verbrennung bzw. Deponie wieder problematischer ist.

N ... B — Für die Entmistung der modernen Massentierhaltungsanlagen kommt außer der Festkompostierung eine Flüssigkompostierung unter Einsatz hitzebeständiger Bakterienarten in Frage, die sich in wenigen Stunden entwickeln. Die bisherigen Versuchsanlagen ergeben einen nur leicht riechenden Flüssigdünger, der Humussäuren, Mineralsalze und andere Substanzen enthält, die in dieser Form von Pflanzen leicht aufgenommen werden [29].

I ... M — Für die Kompostierung spricht auch die außerordentlich rasche Vernichtung gefährlicher Krankheitserreger, die sich bei normaler Deponie monate- bis jahrelang halten.

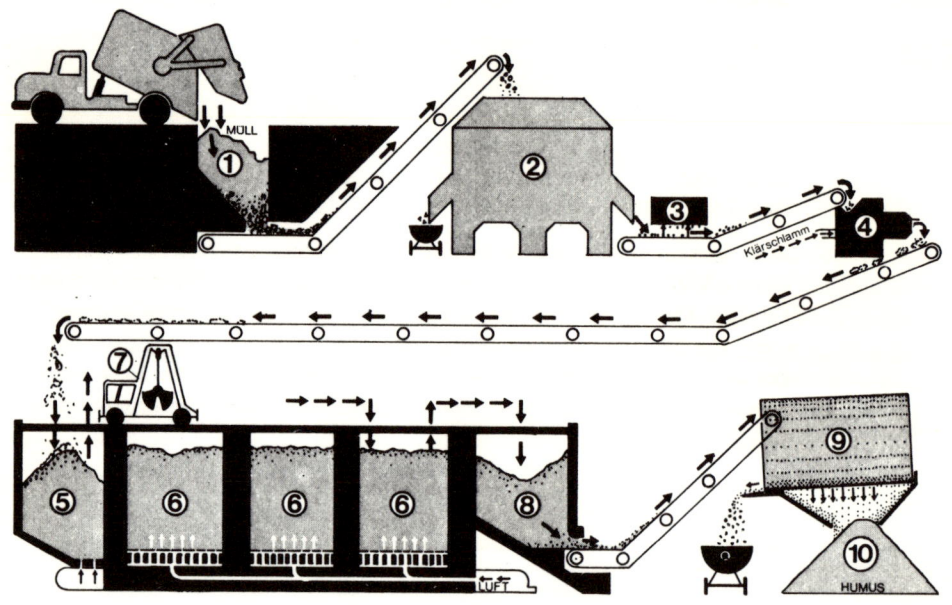

ABBILDUNG 6

Schematischer Aufbau einer Müllkompostierungsanlage [30] (vgl. hierzu auch loc. cit. [31])
(Erläuterung der Ziffern siehe Anm. [365])

KLÄRSCHLAMM

AF ... B   Weitere Methoden der Verwertung von Klärschlamm als Bodenverbesserungsmittel seien im folgenden schematisch skizziert [32].

— Erhitzung auf 60—100 Grad + Schlammasche + Flockungsmittel $\xrightarrow{\text{Filter}}$ Filterkuchen $\xrightarrow{\text{Trocknen}}$ Bodenzusatz.

Durch Abfälle und Abwässer

verursachte Umweltveränderungen und deren Rückwirkungen auf den Menschen

Mensch

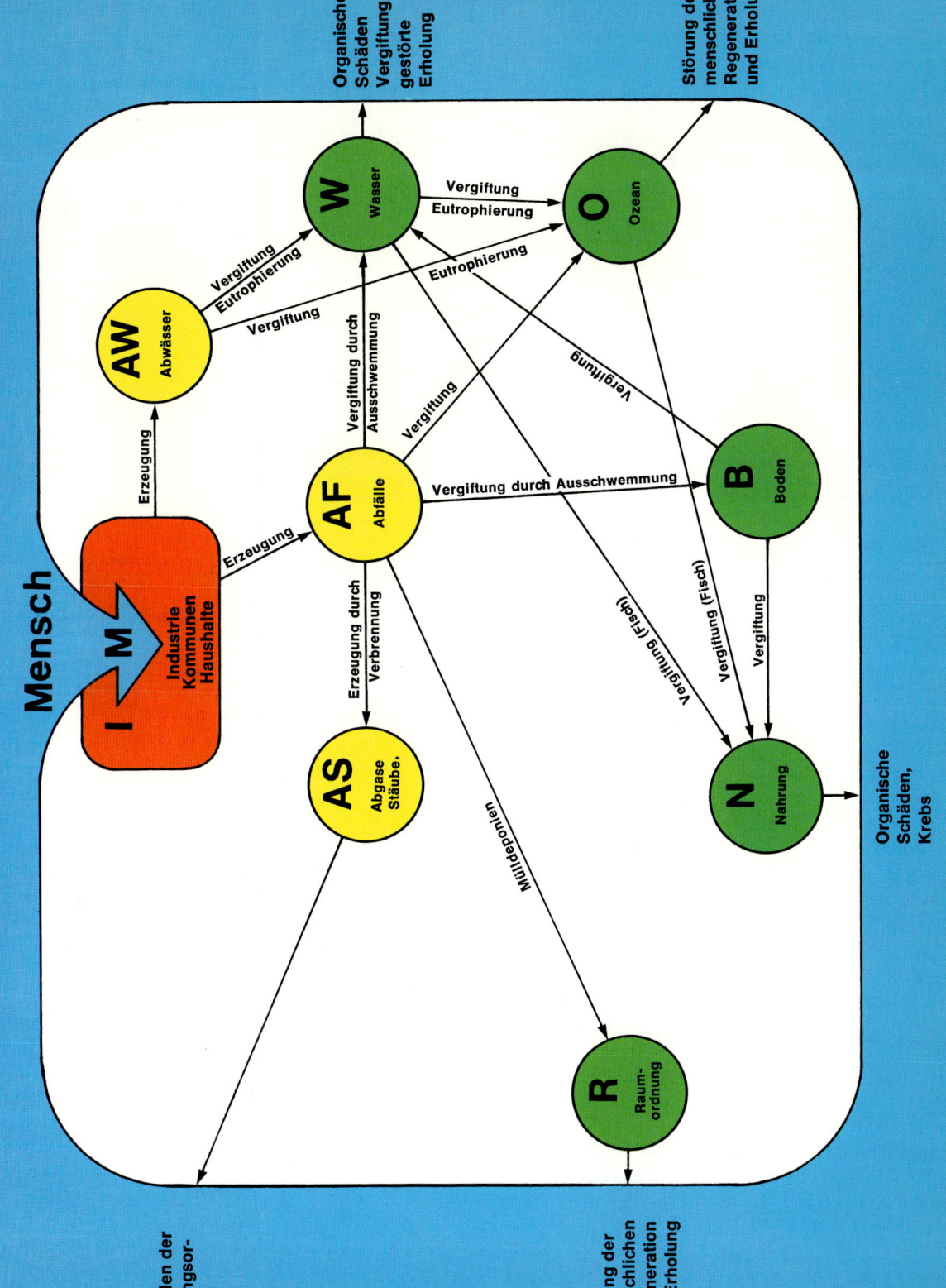

Verbesserung der Gesundheit von Umwelt und Mensch durch Recycling und Kompostierung von Müll und Klärschlamm bei biologischer Abwässerreinigung

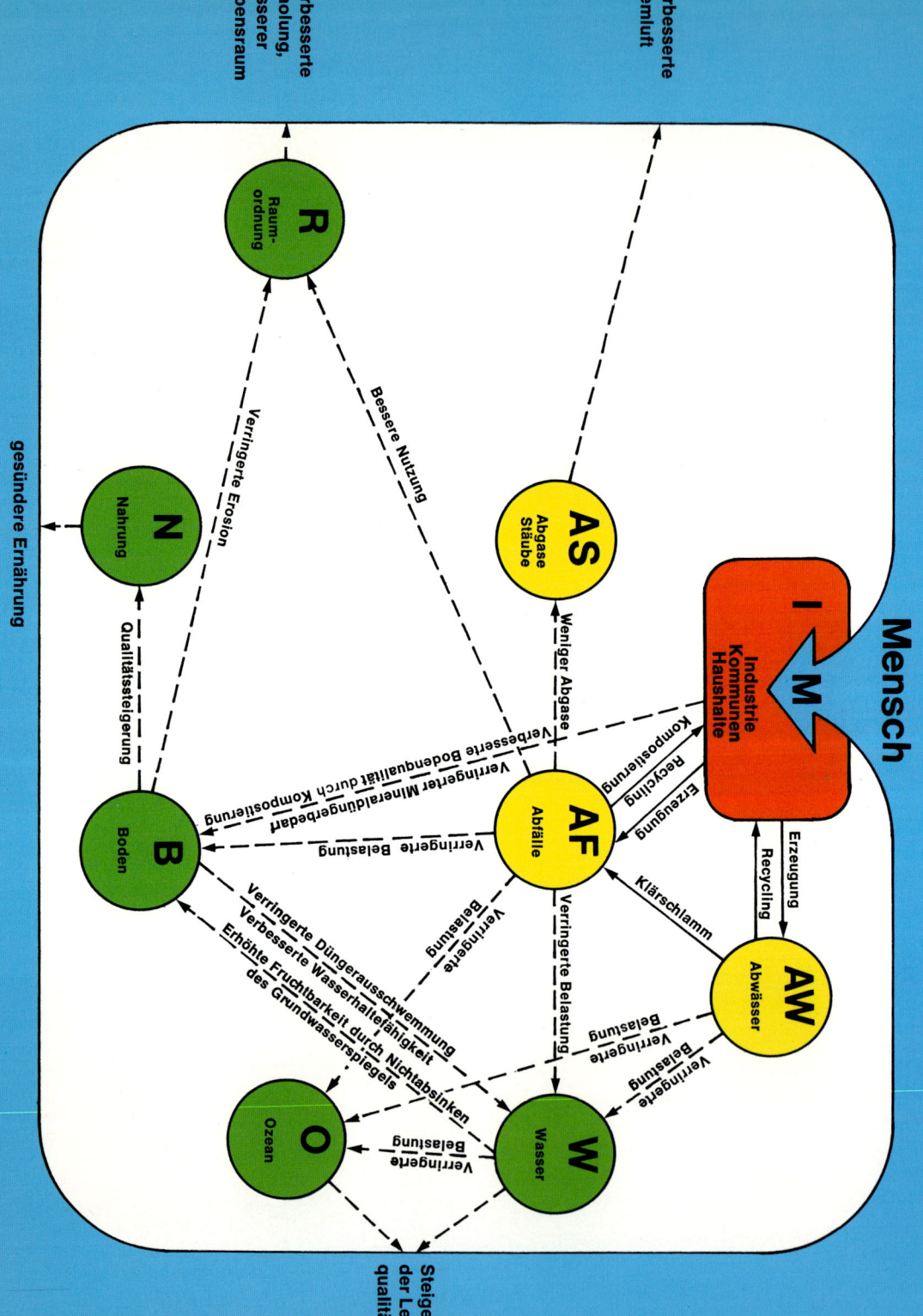

Mensch

I M
Industrie
Kommunen
Haushalte

AS
Abgase
Stäube

AF
Abfälle

AW
Abwässer

R
Raum-
ordnung

N
Nahrung

B
Boden

O
Ozean

W
Wasser

Verbesserte Atemluft

Verbesserte Erholung, besserer Lebensraum

gesündere Ernährung

Steigerung der Lebens-qualität

Weniger Abgase

Bessere Nutzung

Verringerte Erosion

Qualitätssteigerung

Verringerter Mineraldüngerbedarf
Verbesserte Bodenqualität durch Kompostierung

Verringerte Belastung

Verringerte Belastung

Verringerte Belastung

Verringerte Belastung

Verringerte Belastung

Verringerte Belastung

Verringerte Düngerausschwemmung
Verbesserte Wasserhaltefähigkeit
Erhöhte Fruchtbarkeit durch Nichtabsinken
des Grundwasserspiegels

Kompostierung

Recycling

Erzeugung

Erzeugung
Recycling

Klärschlamm

— Schlamm + Torf + Flockungsmittel $\xrightarrow{\text{Filter}}$ Filterkuchen → Kompostieren $\xrightarrow{\text{Trocknen}}$ pasteurisieren → Bodenzusatz.

— Oxydation bei 500° und erhöhtem Druck reduziert den Schlamm auf $1/20$ der ursprünglichen Masse mit einem Gehalt an 12 % organischen Bestandteilen. Tageskapazität (24-Stunden-Betrieb) 100 t, Wartung: 1 Mann. Endprodukt: Wertvoller, keimfreier Bodenstrukturverbesserer [33].

— In Japan und Schweden liefert eine neue Klärmethode ebenfalls unter Erhitzung (Pyrolyse) zwei verkäufliche Produkte: Methangas und Kompostdünger [34].

PYROLYSE

Nicht nur für Klärschlamm, auch für die gesamte Abfallbeseitigung scheint die Pyrolyse, eine Art trockene Destillation, wenn auch nicht zu einem biologischen, so doch zu einem chemischen Recycling führen zu können [35]. Amerikanische Verfahren, die zunehmend an Boden gewinnen, zeigten folgende Ausbeuten (Mittelwerte) aus 1 t Siedlungsabfall:

AF . . . I

100 kg Kohlerückstand
10 kg Teer und Pech
4 kg Leichtöl
500 cbm Gas
10 kg Ammoniumsulfat

Durch den Verkauf der Produkte können die Abfallbeseitigungskosten bei einer größeren Anlage (über 1000 t/Tag) auf 3 Dollar/t gesenkt werden.

Eine Reihe weiterer interessanter Hilfen zur Lösung des Abfallproblems sollen im folgenden aufgeführt werden, um die vielseitigen Möglichkeiten zu zeigen, die bei etwas Überlegung einem zu lange vernachlässigten technologischen Gebiet doch relativ rasch zur Verfügung stehen.

KUNSTSTOFFMÜLL

Für die Beseitigung des Kunststoffmülls (verschiedene Kunststoffe, z. B. Curasol, werden übrigens zur Verbesserung von Struktur und Wasserhaltung von Böden von der Industrie angeboten!) [38] bieten sich vor allem folgende Möglichkeiten an:

AF . . . B

— In Kombination mit der Kompostierung als Reaktionspartner des verbrennbaren Anteils,

AF . . . AS

— Selbstzersetzung in Form neuartiger ultraviolettempfindlicher Kunststoffe, die sich je nach Zusammensetzung in wenigen Tagen oder auch erst nach einem Jahr auflösen [36],

— durch Zusatz von Oxydationskatalisatoren außerdem rascher Zerfall durch Witterungseinflüsse,

AF . . . B

— Entwicklung von kunststoffverdauenden Bakterien, die jedoch (um den Kunststoff als bisher einzig unkorrigierbares Material zu erhalten) erst unter künstlich herbeigeführten Extrembedingungen ihre Zersetzungstätigkeit beginnen [37].

AF . . . AS — Alkalibehandlung vor Verbrennung chlorhaltiger Kunststoffe (PVC). Das Chlor des Plastikmülls wird an Kalium oder Natrium gebunden und bleibt in der Asche als Salz zurück. Reduktion des Salzsäureausstoßes um 90 %.

SPEZIALVERFAHREN

AF . . . I   Papier, Karton und Zelluloseabfälle können zur industriellen Alkoholgewinnung mit Säure hydrolysiert und vermaischt werden. So macht eine britische Firma durch Verarbeitung von täglich 250 t Abfall mit einem 60 %igen Papier- und Zellulosegehalt einen jährlichen Profit von rund 2 Mio. DM [39].

AF . . . R   Die Stadt Toledo (Ohio) hat bereits zwei Versuchsstraßen aus zermahlenem Glasmüll gebaut, die unter dem Namen Glasphalt einen idealen Straßenbelag abzugeben scheinen. Die Zusammensetzung (94,5 % zermahlenes Glas, 5,5 % verbindende Bestandteile) wurde von der Universität in Missouri ausgearbeitet.

AF . . . R   Mit der künftigen Verwendung von Müll als Baustoff beschäftigen sich mehrere Firmen und Behörden. Dem Verfahren läuft jedoch eine Kompostierung voraus, die bis zum Trockenkompost weitergeführt wird, der dann als Faserrohstoff feuerbeständige und schalldämpfende Bauplatten ergeben soll [40].

AF . . . O   Die Saugfähigkeit getrockneten Komposts aus Hausabfällen macht ihn in zermahlener Form zu einem ausgezeichneten Hilfsmittel bei der Beseitigung von Öllachen auf dem Meer. Die amerikanische Firma Westinghouse hat in einem Großversuch auf diese Weise mit 80 t Kompost 100 000 l Öl aufsaugen können, welches aus dem abgeschöpften Kompost sogar zurückgewonnen werden konnte.

Eine Reihe von Ergebnissen also, welche zeigen, daß die Kompostierung nicht nur im Hinblick auf die landwirtschaftliche Anwendung die Methode der Wahl ist — allerdings immer noch übertroffen von dem probatesten Mittel, nämlich der *Vermeidung* von Abfall, wie sie ja wohl vor allem auf dem Verpackungssektor durchaus möglich ist. So entsprechen

I . . . AF   allein die von der deutschen Bundesbahn über die Collico-GmbH in Solingen eingesetzten 160 000 Transportcontainer einer jährlichen Einsparung von rund 3,5 Mio. Kisten, Kartons, Kunststoffhüllen usw., die so an Müll vermieden werden.

I . . . AF   Eine Lösung des Problems der radioaktiven Abfälle läßt sich überhaupt *nur* durch Vermeidung ihrer Entstehung bewerkstelligen. Aus diesem Grunde sollte die Fusionsforschung, d. h. die Entwicklung von Reaktoren, die keine radioaktiven Abfälle abwerfen, und die technologische Entwicklung brennstoffloser Energiequellen gefördert werden, um nicht die zukünftige Energieversorgung endgültig entweder an Luftverseuchung (herkömmliche Kraftwerke) oder radioaktive Verseuchung (Atomkraftwerke) koppeln zu müssen.

BEHÖRDLICHE MASSNAHMEN

Nachdem diese Zusammenhänge erkannt sind, muß es Aufgabe der staatlichen Behörden werden, die Kosten der Müllbeseitigung wie auch diejenigen der Belastung der Umwelt (und damit der Allgemeinheit) möglichst genau zu erfassen und die betreffenden Güter

M ... AF bzw. Verfahren zu demjenigen Anteil mit einer Beseitigungssteuer (Kurzlebigkeitssteuer) zu belasten, zu dem sie der Allgemeinheit zur Last fallen. Die von ihr zu tragenden Lasten der Abfallbeseitigung müssen in den Verbraucherpreisen also schon enthalten sein, so wie dies durch eine Volksabstimmung im Schweizer Kanton Neuenburg nunmehr für die Autoverschrottung kürzlich eingeführt wurde: Die Autobestattung wird bereits im Kaufpreis erhoben und dort mit zusätzlichen 50—100 Franken vorfinanziert. Nur auf die Weise eines solchen Kostenausgleichs können sich umweltfreundlichere Verfahren und Produkte durchsetzen. Es ist interessant, daß z. Z. die Kosten für die Abfalleinsammlung etwa 80 % der Gesamtkosten betragen, dagegen die für seine Beseitigung nur 20 % [41].

M → AF Bisher waren weder die Deponie noch die anderen Beseitigungsfragen gesetzlich geregelt oder der Betrieb von Abfallbeseitigungsunternehmen von einer Kontroll- oder Genehmigungspflicht abhängig gemacht worden. Von dem neuen Abfallbeseitigungsgesetz der Bundesregierung ist daher eine spürbare Verbesserung zu erwarten, nicht zuletzt durch

M ... AF die rigorose, damit verbundene Strafgesetzgebung, die Verstöße gegen eine geordnete Beseitigung mit bis zu 5 Jahren Gefängnis oder 100 000 DM Geldstrafe ahndet. Allerdings ist eine Bevorzugung der ökologisch sinnvollen Beseitigungsverfahren gegenüber anderen wie Deponie oder Verbrennung damit noch nicht im geringsten garantiert, da dieses Gesetz noch sehr dehnbar ist.

Das Gesetz schreibt lediglich vor, Abfallstoffe so zu beseitigen, daß die Gesundheit von Menschen und Nutztieren nicht durch gefährliche Stoffe bedroht und die Fruchtbarkeit des Bodens nicht gefährdet wird. Von ökologischen Wechselwirkungen, Spätfolgen und Belastungen des Grundwassers ist hier keine Rede.

Abgesehen von umweltfreundlichen Innovationen in Maschinenbau, Fahrzeugbau und industriellen Prozessen sollte eines der wesentlichsten Kriterien der Entwicklung und Anwendung neuer Verfahren in einer ausgiebigen Testung der möglichen Wechselwirkungen

M ... I der entstehenden Abfälle mit der Biosphäre bestehen: Ähnlich, wie man bereits in der

I ... AF Computersimulation von Krankheitsverläufen oder von Tierexperimenten in der Pharmakologie die oft kostspieligen Ersterfahrungen in der Praxis vermeiden konnte, sollte man auch hier unter Nutzung von Simulationsmodellen versuchen, die Wechselwirkungen vorauszusagen. Die Entwicklung und Anwendung solcher Simulationsverfahren gehört — nicht nur im Bereich der Abfallbeseitigung — mit zu den wichtigsten Aufgaben jeder Umweltforschung und -technologie.

M ... I Es sei an dieser Stelle bereits auf die aufschlußreichen Untersuchungsergebnisse verschiedener Gruppen hingewiesen (Forrestermodell, Club of Rome, Blueprint of Survival u. a.),

I ... AF welche die Notwendigkeit eines Produktionsgleichgewichts — statt ständigen Wachstums — aufzeigen und einen Tendenzwechsel von kurzlebigen Konsumgütern wieder zu langlebigen Gütern hoher Qualität (geringere Beschäftigung in der Produktion, dafür stärkere Service-Tätigkeit) empfehlen. Auf diese volkswirtschaftlich äußerst bedeutenden Fragen wird im Kapitel 13 ausführlicher eingegangen.

Produkt: Abwässer 3

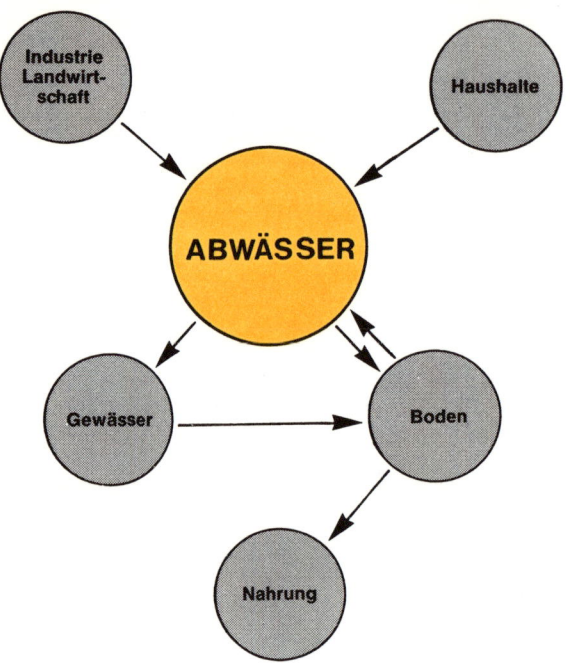

Ein Lebenselement als
Gifttransportmittel.
Die Antwort ist mehrfache
Wiederverwendung des
Wassers, Umwandlung der
flüssigen Abfälle, Nutzung
statt Zerstörung der biologischen Selbstreinigungs-
kraft.

Wasser gilt als bequemes und billiges Transportmittel für flüssige, lösliche und breiige Abfälle. Außerdem ist die Art der Entsorgung durch Rohre und Kanäle relativ einfach im Vergleich zum Mülltransport durch verkehrsverstopfende und luftverschmutzende Lkw. Der Mengenanfall ist beträchtlich: In der BRD werden jährlich ca. 400–500 kg Abwasserschlamm pro Kopf der Bevölkerung als Festprodukt der Abwässer produziert [42]. Das ist etwa das Doppelte der jährlich pro Kopf anfallenden Menge von Hausmüll.

Die im Abwasser enthaltenen Verunreinigungen sind hauptsächlich:

— Biologische Substanzen (z. B. Nahrungsreste, Fäkalien, biologisch abbaubare Chemikalien).
— Chemische Substanzen (z. B. Schwermetalle, Seifen, anorganische Düngemittel, Biozide).
— »Physikalische« Substanzen (z. B. Staubpartikel, Sand, Steinchen).
— Radioaktive Substanzen.

Das Abwasserproblem ist letztlich unter den gleichen Denk- und Wirtschaftsmechanismen zu betrachten, wie sie zu dem Abfallproblem geäußert wurden. Das Mißverhältnis im Erfindungsreichtum, der auf abwasserbelastende Produktionsverfahren (gegenüber solchen der Abwasserreinigung und Schadstoffumwandlung) verwendet wurde, dürfte hier sogar noch etwas krasser sein.

Art und Herkunft der Abwässer

Die täglich anfallenden Abwassermengen sind, wie gesagt, enorm. 1968 waren es für die gesamte BRD 14,6 Mio. cbm/Tag, 1985 werden es voraussichtlich 22,5 Mio. cbm/Tag sein [43]. Die tägliche Abwassermenge entspricht dem Rauminhalt eines Güterzugs von einer halben Million Tankwagen, der von Bonn bis Peking reichen würde.

Der Entwicklungstrend von Menge und Herkunft des Abwassers, das über öffentliche Kanalisationen in die Gewässer geleitet wird, ist in Abb. 7 zusammengefaßt.

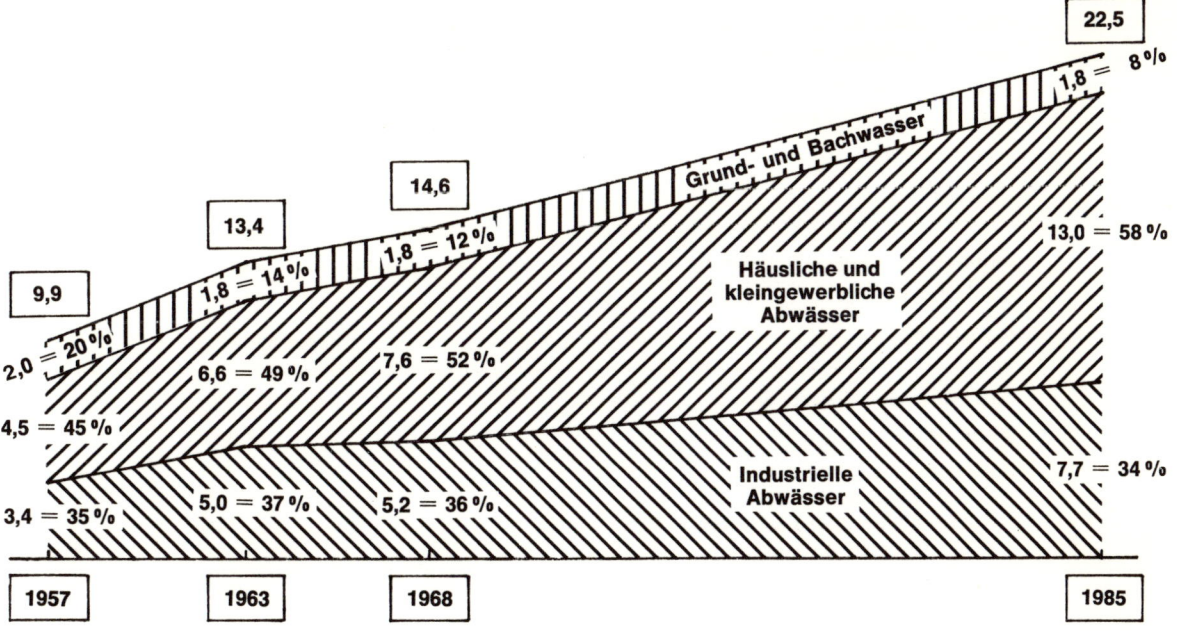

ABBILDUNG 7

Entwicklungstrend der Abwässer, die über die öffentlichen Kanalisationen an einem Tag in die Gewässer geleitet werden (in Mio. Kubikmeter) (nach loc. cit. [43])

Daraus geht deutlich hervor, daß die anfallenden Abwassermengen ständig im Steigen sind (um ca. 160 Mio./cbm/Jahr). Außerdem wird der Anteil des Grund- und Bachwassers M → AW an den Fluß- und Seezuläufen immer geringer, während der Abwasseranteil aus Haus-

I → AW

AW → AW

AW → W

halten und kleingewerblichen Betrieben im Steigen ist. Der Anteil des industriellen Abwassers, das über öffentliche Kanalisationen in die Gewässer geleitet wird, bleibt nicht zuletzt durch die zunehmende Mehrfachverwendung mit etwa 35 % der Gesamtwässer konstant. Neben der Belastung der öffentlichen Kanalisation leitet jedoch die Industrie über werkseigene Kanäle noch gut 2 Mrd. cbm jährlich (1968 = 1,92 Mrd. cbm) direkt in die oberirdischen Gewässer. Etwa 1/4 dieser Menge wird völlig unbehandelt in die Gewässer abgelassen, von den verbleibenden 3/4 sind Art und Umfang der Vorbehandlung unbekannt. Es ist bemerkenswert, daß für die Umweltverschmutzung durch ungereinigte Abwässer die statistischen Angaben über den Verschmutzer Nr. 1 — die Industrie — am unzureichendsten sind [44].

I → AW

Aus allen Bereichen der Schwer- und Leichtindustrie sowie des Gewerbes, selbst aus so harmlos anmutenden Branchen wie der Papierindustrie, strömen fortdauernd giftige Schwermetallsalze wie Cadmium, Nickel, Blei, Arsen, Quecksilber und Chrom in die Abwässer, weiter eine Reihe von Abfallprodukten der organischen Chemie (chlorierte Kohlenwasserstoffe, Aromate, Farbstoffe, Sauerstoff zehrende biologische Substanzen, beträchtliche Mengen Dünnsäure (20 %ige Schwefelsäure), Altöl und nicht zuletzt radioaktive Substanzen, soweit sie in Menge und Strahlungsintensität unter der Freigrenze liegen und daher in das Abwassersystem eingeleitet werden dürfen. Für die chemische Industrie sind in Tabelle 3 die geschätzten Gesamtwerte angegeben.

TABELLE 3

Schätzwerte einiger Schadstoffe der Abwässer aus der chemischen Industrie
(für 1970 in Tonnen pro Jahr [46])

Schadstoffe		Menge
Salze und neutralisierte Säuren	ca.	3 000 000
Fluoride	ca.	1 000
Schwermetalle (Höchstwerte)		
Ag (Photoindustrie)		1
Hg (Chloralkali-Elektrolyse)		45
Cd (Pigment-Produktion)		1
Phenole	ca.	1 000
Biologischer Sauerstoffbedarf (BSB$_5$) sauerstoffzehrender Substanzen	ca.	500 000
Organische Stoffe aus der Zellstoffindustrie	ca.	60 000

Auswirkungen der Abfälle auf Mensch und Umwelt

AW → W

Die im Jahre 1970 angefallenen rund 8 Mrd. cbm Abwasser flossen zu 45 % ungereinigt oder nur von großstückigen Verunreinigungen befreit direkt in die Gewässer [45]. Katastrophenmeldungen durch Presse, Funk und Fernsehen über Verschmutzung und Vergiftung der Gewässer legen hierfür ein beredtes Zeugnis ab.

AW → O Die Stadt Kiel — um ein besonders schwerwiegendes Beispiel zu nennen — leitet ihre gesamten Abwässer ungeklärt in die Ostsee. So werden täglich etwa 50000 cbm Schmutzwasser nur 200 m vor der Küste ins Meer abgeladen. Eine über 10 km lange »Abwasserfahne« mit Bakterien, Kopfpilzen, Phosphaten, Nitraten und festen Schmutzstoffen verbreitet Infektionsgefahr, unangenehmen Geruch und Dünger für Phytoplankton, dessen Absterben dem Meer Sauerstoff entzieht. Andere Ostseestädte geben

O → M das gleiche Beispiel, so daß dieses Binnenmeer mittlerweile zu einem der schmutzigsten der Welt »aufgerückt« ist. Weitere Folge: Die idyllische, früher stark besuchte Steilküste am Bülker Strand liegt heute auch in Zeiten des Hochtourismus verlassen da [47].

AW → O Die niederländische Kommission für Natur- und Landschaftsschutz stellte unlängst fest, daß allein durch den Rhein 3 Mio. kg Phosphor pro Monat in das Meer geleitet werden. Diese Menge reicht aus, 300 Mio. kg Phytoplankton entstehen zu lassen, nach dessen

O → N Absterben rund 400 Mio. kg Sauerstoff der Nordsee entzogen werden. Um diese gefährlichen Auswirkungen zu verhindern, wäre für eine nur 80%ige Klärung der Abwässer ein Kostenaufwand von 300 bis 400 Mio. DM notwendig [48].

B → AW Nicht alle Phosphate gelangen durch die Abwässer in die Flüsse. Sehr oft kommt der weitaus größere Teil durch ausgeschwemmten Mineraldünger aus der Landwirtschaft. (Näheres hierzu siehe Kapitel »Boden«.)

In der BRD beläuft sich der Waschmittelumsatz auf jährlich 2 Mrd. DM. Die Gesamtproduktion an grenzflächenaktiven Stoffen belief sich 1969 auf 176 000 t [49]. Die heute gebräuchlichen Grob- und Haushaltswaschmittel, insbesondere solche für Waschmaschinen, enthalten etwa 30% Polyphosphate, Einweichmittel sogar 60 bis 65% Polyphosphate [50]. Alle Waschmittel gelangen ins Abwasser. Allein in den Bodensee gelangen

I → W jährlich mit den Abwässern rund 470 t Phosphor aus Wasch- und Reinigungsmitteln [51].

AW → W Diese großen Mengen von Phosphaten tragen zur Eutrophie (Nährstoffreichtum) der Gewässer bei. Das Wachstum der im Wasser befindlichen Algen wird besonders stark angeregt. Obwohl Algen wie Pflanzen Sauerstoff produzieren können, bedeutet ihr übermäßiges Vorhandensein im Wasser Sauerstoffentzug, weil sie durch Fäulnisbakterien wieder zersetzt werden. Das Endresultat dieses Prozesses ist ein »umgekipptes« Gewässer. In dieser fauligen, übelriechenden Brühe wird die Vermehrung von Cercarien, einer Schwanzlarve der Saugwürmer, außerordentlich stark begünstigt. Diese Parasiten können

W → M in die Haut eindringen und dort zu Entzündungen führen, ja sogar in den Körper eindringen und Lungen- oder Lebererkrankungen bewirken.

Auf die ökologischen Folgen des Umkippens von Gewässern wird im Kapitel »Wasser« näher eingegangen.

Die toxischen Auswirkungen von Schwermetallen wie Quecksilber, Cadmium, Nickel, Blei, Chrom und Arsen, die zu einem großen Anteil mit den Abwässern in die Biosphäre gelangen, werden in den Kapiteln »Luft«, »Wasser« und »Nahrung« näher beschrieben.

Auswege – Abhilfen – Lösungen

Zur Reinigung der Abwässer werden oft veraltete Methoden angewendet. Man unterscheidet zwischen mechanischer, teilbiologischer und vollbiologischer Abwässerreinigung. Bei der mechanischen Behandlung werden lediglich in sogenannten Rechenbauwerken großstückige Verunreinigungen zurückgehalten. Der weitaus größte Teil der Verunreinigungen wird durchgelassen und ergießt sich in das nächste offene Gewässer, den sogenannten Vorfluter. 1970 waren es 3,6 Mrd. cbm (45 % der Gesamtabwässer der BRD), die ungereinigt oder nur mechanisch behandelt in die Gewässer gepumpt wurden. Für weitere 22 % der Abwässer war die Behandlung unbekannt [45].

In der teilbiologischen Wasserbehandlung wird das mechanisch vorbehandelte Abwasser in große Absetzbecken eingeleitet, auf deren Boden sich die im Wasser befindlichen Schwebestoffe ansammeln. Das abgestandene Abwasser bekommt aber nicht genügend Sauerstoff und ist immer noch eine stinkende Brühe. 1970 waren es 790 Mio. cbm (10 %), die auf diese Weise behandelt wurden [45].

I . . . AW   Erst bei der vollbiologischen Wasserbehandlung kann man von einer Wasserreinigung sprechen. Hier wird dem teilbiologisch vorbehandelten Abwasser noch genügend Sauerstoff zugesetzt, so daß durch Mikroben und Kleinlebewesen die im Wasser befindlichen biologischen Abfallprodukte abgebaut werden können. Das Endprodukt ist eine Lösung, die zwar nicht mehr stinkt und auch einen schlechteren Nährboden für pathogene Keime darstellt, die jedoch immer noch die chemischen Verunreinigungen enthält und vor allen Dingen reich an biologischen Nährstoffen wie Phosphaten, Nitraten, Aminosäuren und dgl. ist. Außerdem sind noch chemische und radioaktive Verunreinigungen enthalten.

AW → W   Vollbiologische Abwasserreinigung allein ist also doch nicht ausreichend, die Eutrophierung und Gefährdung der Gewässer zu verhindern. In der BRD wurden 1970 nur rund 23 % der anfallenden Abwässer vollbiologisch gereinigt [52].

Der Nachholbedarf an industriellen und öffentlichen Kläranlagen ist enorm. Der Materialienband zum Umweltprogramm der Bundesregierung [52] rechnet damit, daß erst 1985 bis 1990 90 % der Einwohner an Kanalisationen und biologische Kläranlagen angeschlos-

AW . . . I   sen sind. Das bedeutet, daß für 12 Mio. Einwohner mechanische Kläranlagen zu biologischen erweitert werden müssen, für weitere 9 Mio. Einwohner biologische Kläranlagen

I . . . AW   zu bauen sind und für weitere 13 Mio. Einwohner Kanalisationen und biologische Kläranlagen errichtet werden müssen.

— Um dieses Ziel der öffentlichen Abwasserreinigung bis 1985 erreichen zu können, müssen auf Grund der Berechnungen der Projektgruppe Wasserwirtschaft 43 Mrd. DM für den öffentlichen Bereich und 22 Mrd. DM für den industriellen Bereich, also insgesamt 65 Mrd. DM investiert werden [52]. Daraus ergibt sich eine jährliche Summe von 4,6 Mrd. DM.

— P. BÖHNKE gab auf einem Hearing über die Wasserverschmutzung am 8. März 1971 vor dem Deutschen Bundestag einen nötigen Investitionsbedarf von 158 Mrd. DM bis zum Jahre 2000 an [53]. Daraus ergibt sich ein höher liegender Wert von 5,4 Mrd. DM als jährlicher Investitionsbedarf.

Tabelle 4 gibt einen Überblick über die errechneten nötigen Gesamtinvestitionen.

TABELLE 4

Für die Abwasserreinigung in der BRD erforderliche Investitionen (in Mrd. DM)

	bis 1985 [54]	bis 2000 [53]
öffentlicher Bereich	43	85
industrieller Bereich	22	73
insgesamt	65	158
pro Jahr (ab 1971)	4,6	5,4

Wenn die benötigten Geldmittel für dieses Minimalprogramm nicht investiert werden (allein die Summe des derzeitigen Waschmittelumsatzes von rund 2 Mrd. DM deckt zahlenmäßig schon den von der Industrie zu investierenden Aufwand!) wird die ökologische Belastung der Gewässer bis zu deren Umkippen ansteigen. Wenn die benötigten Geldmittel nur von den Gemeinden aufgebracht werden sollen, wird deren finanzielle Belastung noch schneller ansteigen, bis zum sozialen »Umkippen«. Der Ausweg aus diesem Dilemma erscheint ohne finanzielle Unterstützung des Bundes und damit der Steuerzahler nicht möglich. Ein Ausweg, der durchaus gerecht erscheint und auch dem Verursacherprinzip entspricht. Trotzdem ist er insofern keine Lösung, als durch ihn nur das Übel behandelt, aber nicht die Ursachen der Phänomene erfaßt werden. Diese Ursachen wären dann erfaßt, wenn der Verursacher, anstatt für seinen Schmutz mehr zu bezahlen, weniger Schmutz produzieren oder ihn selber wieder in einem Recycling-Verfahren verarbeiten würde.

Für das Beispiel der Waschmittel hieße »weniger Schmutz« die Entwicklung eines neuen umweltfreundlichen Reinigungsmittels oder dessen Wiederverwendung, z. B. das Zurückgewinnen des Waschmittels aus dem Waschwasser durch eine hypothetische Wasserfilteranlage. Hierbei ist die erste Möglichkeit für die Waschmittelindustrie allerdings viel attraktiver (Waschmittelumsatz rund 2 Mrd. DM jährlich!), weshalb auch entsprechende Versuche unternommen wurden, die sich von Nitrilotriessigsäure (NTA) über Äthylendiamintetraessigsäure (EDTA) bis zu Enzymen erstreckten. Allerdings ohne viel Erfolg.

— EDTA und NTA sind starke Komplexbildner, d. h. sie können mit giftigen Metallen wie Cadmium und Quecksilber wasserlösliche Verbindungen eingehen und damit zur Trinkwasserverseuchung beitragen. Cadmium bewirkt die qualvolle, knochenerweichende Itai-Itai-Krankheit [54] und kann ebenso wie Quecksilber [55] tödliche Folgen haben.
— Enzyme wiederum können zwar die Waschkraft dadurch erhöhen, daß sie den Abbau von Fett und Eiweiß sehr erleichtern, wurden aber in den USA wieder aus dem Handel gezogen, weil es sich herausstellte, daß sie bei manchen Hausfrauen Hautallergien erzeugten und in der Lunge von Versuchstieren Blutungen durch den Abbau der Lungenbläschen hervorriefen.

M ... I   Die zweite Möglichkeit, die Waschmittel durch einen Recycling-Prozeß aus dem Waschwasser wieder zurückzugewinnen, wäre biologisch gesehen am sinnvollsten, aber wirtschaftlich schwer durchführbar, weil wohl der Widerstand der gesamten Waschmittelindustrie zu überwinden wäre. Ihre Anstrengungen in Richtung ökologisch unbedenklicher Waschmittel — vielleicht unter dem Slogan: »Zurück zum friedlichen Grau« — dürften sich daher im eigenen Interesse empfehlen.

AW ... AW   Und doch ist Recycling von Abfallstoffen, d. h. das Zurückführen in den natürlichen Stoffkreislauf, die einzig gangbare Lösung. Daß die Wiederverwertung von industriellen Abwässern dazu noch profitabel sein kann, wird immer mehr bekannt. So verbreitet sich
AW ... I   in den USA in zunehmendem Maße eine Wiederverwertungsindustrie, die z. B. aus Raffinerieabwässern chemische Produkte wie Phenol und alkylierte Phenole herstellt [56]. Auch das Verbrennen von flüssigen Abfällen zu einer neutralen Schlacke, die zur Befestigung von Wegen verwendet werden kann, gilt als krisenfeste, also weitgehend konjunkturunabhängige Einnahmequelle [57]. Da die Recyclingindustrie noch ganz am Anfang steht, ist mit manchen neuen Entwicklungen in den nächsten Jahren zu rechnen.

M ... I   Das sollte jedoch nicht über den Ernst der Wasserverschmutzung durch Industrie und Gemeinden hinwegtäuschen. Im Gegenteil: Strenge Gesetze und Maßnahmen, die es mit dem Verursacherprinzip wirklich ernst nehmen, sind als Zwischenlösung besonders nötig. Außerdem sollte die Entwicklung von neuen Recycling-Verfahren durch Bund und Länder viel mehr als bisher unterstützt werden. Das gilt besonders auch für die Weiterbehandlung von biologisch geklärten, nährstoffreichen Abwässern, die nicht direkt in die Flüsse geleitet werden können, sondern denen der Nährstoff entzogen werden muß, um eine weitere Eutrophierung der Wässer zu verhindern. Hier bietet sich die
N ... AW   Möglichkeit an, mit dem nahrungsreichen, geklärten Abwasser Algen oder Wasser-
AW ... N   pflanzen zu züchten, die als Proteinquelle oder Viehfutter weiterverwendet werden können. Das auf diese sinnvolle Weise weiter gereinigte Wasser kann über ein System von kleinen Seen wieder in die Flüsse geleitet werden, ähnlich wie es von der University of Michigan und der Stadt East Lansing in den USA praktiziert wird [58].

Produkt: Abgase und Stäube

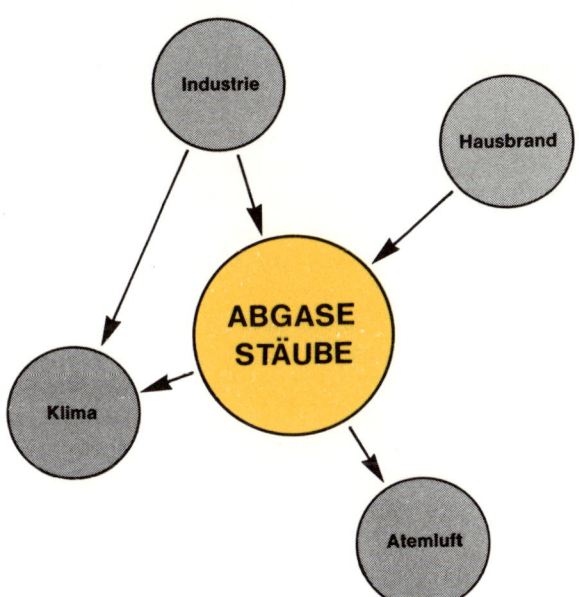

4

Millionen Tonnen Gifte werden jährlich in die Luft abgesetzt: Wieweit vergiften sie uns wirklich? Ihre Eindämmung kostet einen Bruchteil der Belastung durch Krankheit, Leistungsabfall, Produktionsausfall und Korrosion. Das System: Klima-Luft-Raumordnung schreibt die Lösung vor.

Luftverunreinigende Stoffe verändern die Zusammensetzung unserer natürlichen Atmosphäre. Eine Zusammensetzung, die sich über einen Zeitraum von vielen hundert Millionen Jahren aus einer brodelnden Hexenküche giftiger Gase wie Methan und Ammoniak zu derjenigen der heutigen Biosphäre entwickelt hat – zum Teil während und mit der Entwicklung von Mikroorganismen, Pflanzen, Tieren und Menschen. Diese für uns natürliche Luft besteht etwa zu vier Fünftel aus dem chemisch trägen Stickstoff und zu einem Fünftel aus dem chemisch aktiven Sauerstoff. Dazu kommen geringe Anteile von Edelgasen, Wasserdampf, Kohlendioxyd und Wasserstoff (s. Tabelle 5).

TABELLE 5

Zusammensetzung der atmosphärischen trockenen Luft
(nach loc. cit. [59])

	Stickstoff	Sauerstoff	Argon	Kohlendioxyd
Vol.-%	78,09	20,95	0,93	0,03
Gew.-%	75,5	23,15	1,28	0,046
Dichte	1,2507	1,4293	1,78	1,9772

Durch das Ein- und Ausatmen der Luft sind wir auf das engste mit dem das Tier- und Pflanzenreich umspannenden Stoffkreislauf zwischen Sauerstoff und Kohlendioxyd verbunden. So atmet der Mensch an einem Tag etwa 20 cbm Luft, also den Rauminhalt eines kleinen Zimmers, ein und aus. Davon wird etwa ein halber cbm Sauerstoff verbraucht und als Kohlendioxyd an die Atmosphäre wieder abgegeben. Schon ein Mittelklassewagen (VW) verbraucht in der gleichen Zeit im Stadtverkehr 400 cbm Sauerstoff, also soviel wie 800 Menschen. Ein kleines Heizkraftwerk verbraucht mehr Sauerstoff als eine Million Menschen. Während der Mensch nur das ungiftige Gas Kohlendioxyd in die Natur abgibt, stoßen Autos, Wohnhäuser, Fabriken und dgl. noch zusätzlich riesige Mengen an Giftstoffen in die Luft aus. Allein in der Bundesrepublik werden täglich über 20 Millionen cbm Giftgas in die Luft gepufft, eine Menge, die größenordnungsmäßig an die von den gesamten Einwohnern der BRD eingeatmete Sauerstoffmenge heranreicht; schon diese Giftgasmenge in konzentrierter Form würde genügen, täglich einmal die gesamte Erdbevölkerung auszulöschen [60]. Ökologisch gesehen ist damit der Mensch des Industriezeitalters das allergiftigste Tier, denn bereits ohne giftig sein zu wollen (Atombomben und Giftgase könnten seine Gefährlichkeit umgehend vervielfachen) produziert er – allein schon durch seine Gegenwart – für jeden Liter Sauerstoff, den er einatmet, etwa die gleiche Menge an tödlichen Abgasen.

Eine besondere Problematik der Abgase liegt weiterhin darin, daß sie, einmal an die Umwelt abgegeben, praktisch nicht wieder zurückgeholt werden können. Abfälle können gesammelt werden und an dafür vorgesehenen Orten deponiert, verbrannt oder kompostiert werden; Abwässer gehen durch ein Röhrensystem und könnten im Prinzip vollkommen gereinigt werden. Abgase jedoch vermischen sich – eben wegen ihrer Gasnatur – sofort und in jedem Verhältnis mit der Atmosphäre, an die sie abgegeben werden. Diese besondere Eigenschaft der Abgase bedingt, daß:

▷ Luftverunreinigungen oft so schnell verdünnt werden, daß sie in vielen Fällen nahezu unschädlich sind,

▷ die vermeintliche Unschädlichkeit der Luftverunreinigungen schnell beendet ist, wenn die Luft durch klimatische Einflüsse, Inversionslagen oder Stadtklima zum Stehen kommt,

▷ wirksame Luftreinhaltung nur dann möglich ist, wenn Abgase erst gar nicht an die Luft abgegeben werden,

▷ Luftverunreinigungen nicht vor nationalen Grenzen haltmachen und sie deshalb auf internationaler Ebene überwacht werden müssen.

Wodurch die Luft belastet wird

I → AS

In der BRD wurden 1970 rund 20 Mio. t (Tonnen, nicht cbm!) Abgase und Stäube in die Luft gestoßen (ohne Kohlendioxyd) [22]. Das ergibt etwa eine Menge von 320 kg/Kopf der Bevölkerung, also überraschenderweise mehr, als jeder Bundesbürger im Jahr an Hausmüll (1972 ca. 260 kg) erzeugt. Die größte Luftverunreinigung ist mit 8 Mio. t

AS → M

(40 %) das atmungsblockierende tödliche Kohlenmonoxyd (CO), es folgt das u. a. lungen-

AS → I

zersetzende und materialkorrodierende Schwefeldioxyd (SO_2) sowie Staub, Ruß und Feinstäube mit je 4 Mio. t (20 %), weiter die zumindest Smog und Krebs erzeugenden Stickoxyde und Kohlenwasserstoffe zu je 2 Mio. t (10 %) pro Jahr [63] (siehe Tabelle 6).

Außerdem gibt es noch eine große Anzahl von Schadstoffen, die zwar mengenmäßig nicht so stark in Erscheinung treten, aber trotzdem entscheidend zur Luftverseuchung beitragen. Dazu gehören Fluorverbindungen, Bleiaerosole, Chlorwasserstoff, Quecksilber, Ozon, Insektenbekämpfungsmittel und andere Schadstoffe. Über 500 weitere chemische Verbindungen sind bekannt, die ungewollt als Nebenprodukt auftreten und deren an lokale Industrien gebundenes Vorkommen in der Luft und die daraus folgenden schädlichen Wirkungen örtlich oft von großer Bedeutung sind. Eine weitaus größere Zahl chemischer Stoffe mit schädlichen Wirkungen ist überhaupt noch nicht erfaßt.

Die Bedeutung der einzelnen Abgasquellen kann von Ort zu Ort recht unterschiedlich sein; statistische Angaben über Herkunft der Luftverunreinigungen sind nicht immer gleich. Im groben ergibt sich etwa folgende Situation:

I → AS

Luftverschmutzer Nr. 1 ist das Auto (mindestens 50 %). Dann folgen Feuerungsanlagen von Kraftwerken und Haushalten (39 %) und übrige Produktionsanlagen (11 %). Eine interessante Tatsache ist, daß die Verbrennung von festem Abfall (Müll) durch Produk-

AF → AS

tion von gasförmigem Abfall (Luftschadstoffe) nicht unerheblich (zu 3 %) mit zur gesamten Luftverschmutzung beiträgt [10].

Art und Herkunft der größten Luftverunreinigungen sind in Tabelle 6 zusammengefaßt.

Es zeigt sich folgendes Bild:

M → AS

KOHLENMONOXYDemissionen stammen fast ausschließlich vom Kraftfahrzeugverkehr.

I → AS

SCHWEFELOXYDE entstehen besonders bei der Verbrennung fossiler Brennstoffe, aber auch im Abgas von Erz-Sinteranlagen, Dieselmotoren und Schwefelsäurefabriken.

I → AS

STICKOXYDE stammen größtenteils zu etwa gleichen Teilen aus Feuerungsanlagen und dem Kraftfahrzeugverkehr sowie zu einem kleineren Teil aus industriellen Produktionsanlagen.

I → AS

KOHLENWASSERSTOFFE sind zu etwa gleichen Teilen der erdölverarbeitenden Industrie und dem Kraftfahrzeugverkehr zuzuschreiben sowie ein viel kleinerer Teil den Feuerungsanlagen.

I → AS

KREBSERZEUGENDE KOHLENWASSERSTOFFE mit 3,4-Benzpyren, einem der am besten untersuchten Cancerogenen dieser Klasse, entstehen in unterschiedlichen Mengen bei der Verbrennung von Kohle, Heizöl und Erdgas sowie in den Auspuffgasen von Dieselmotoren und Ottomotoren. 1969 waren es rund 280 t Benzpyren, die durch die Abgase fossiler Brenn- und Kraftstoffe in die Luft gepumpt wurden.

STÄUBE, FLUGASCHE, RUSS, FEINSTÄUBE stammen in erster Linie aus Feuerungsanlagen der Kraftwerke und Haushalte, aber auch aus Produktionsanlagen der Industrie, wie Stahlwerken (feinstäubige Eisenoxyde) und Zementfabriken. Aber auch der Verkehr als solcher ist ein wenngleich relativ geringerer Stauberzeuger: Allein durch Reifenabrieb werden jährlich 60 000 t schwarze Teilchen erzeugt [55].

TABELLE 6

Luftverunreinigungen — Schadstoffe und Quellen (nach loc. cit. 62)

Schadstoffe (in 1000 t/Jahr)	Kohlen- monoxyd CO	Schwefel- dioxyd SO_2	Stick- oxyde NO_x	Kohlen- wasserstoffe C_nH_m	Stäube
Verursacher Kraftwerke, Haushalts- und andere Feuerungsanlagen	—	3600	900	100	3200
Sonstige Produktionsanlagen	—	300	200	900	800
Verkehr	ca. 8000 [1]	100	900	1000 [1]	—
Gesamtemission 1969/70	ca. 8000	4000	2000	2000	4000
Gesamtemission 1980 [2]	8000	4500 [3]	4000	3500	2000

[1] Meßdaten beziehen sich auf Alt- und Neufahrzeuge
[2] geschätzt
[3] bei Annahme günstiger Einflußfaktoren

TABELLE 7

Erzeugung von 3,4-Benzpyren in Abgasen fossiler Brenn- und Kraftstoffe
(berechnet nach Loc. cit. 64, wobei der Cancerogen-Gehalt von Kraftstoffabgasen noch kaum erforscht ist und mit Sicherheit zu niedrig liegen dürfte)

	Kohle	Heizöl	Erdgas	Benzin	Dieselöl
Gesamtverbrauch in der BRD 1969	204 Mio. t	66,8 Mio. t	53 Mrd. m³	13,9 Mio. t	7,45 Mio. t
Benzpyren im Abgas (mg/t, mg/1000 m³)	1300	128	4,65	95	128
Gesamtemission Benzpyren	266 t	8,6 t	0,25 t	1,32 t	0,96 t

Nach Tabelle 7 könnte man annehmen, daß die Verbrennung einer Tonne Kohle zehnmal soviel Benzpyren erzeugt, wie die Verbrennung einer Tonne Heizöl oder Dieselkraftstoff und etwa 13mal soviel wie Ottokraftstoff. Bei der Verbrennung von 1600 cbm Erdgas, dem Heizwert einer Tonne Steinkohle, entstehen »nur« 7,4 mg Benzpyren, was auf der Basis gleichen Heizwertes weniger als 1 % der Benzpyren-Erzeugung von Kohle ausmacht. Es handelt sich hier jedoch lediglich um die ersten groben Schätzungen, besonders was die geringen Absolutwerte für Kraftstoffe angeht, die noch kaum untersucht sind. Darüber hinaus dürfte die Gefährlichkeit der Benzpyrenerzeugung im Stadtverkehr allein

R → AS   aufgrund der hohen Verkehrsdichte und der starken Abgaskonzentration in Bodennähe ganz erheblich über derjenigen aus Kaminabgasen liegen.

Prognosen über die Weiterentwicklung der Staub- und Abgaserzeugung in den nächsten 10 Jahren können nur als Schätzdaten gegeben werden. Obwohl es verfahrenstechnisch durchaus möglich wäre, durch verbesserte Verbrennung, Einbau von geeigneten Filtern, Nachbrennern und Absorptionsvorrichtungen die gesamte Schadstoffemission um 90 %

I . . . AS   zu reduzieren (was wäre auch dies wieder im Vergleich zu der ungeheuren technischen Raffinesse einer Mondlandung!), sind sich Experten darüber einig, daß, wenn der jetzt bestehende Trend gesetzlicher und technischer Maßnahmen fortbesteht, mit einem entscheidenden Rückgang der jährlich erzeugten Abgasmengen kaum zu rechnen ist [10, 63, 66].

I → AS   Im Gegenteil: Wie Tabelle 6 zeigt, ist bis 1980 sogar mit einer Verdoppelung der Stickoxyde zu rechnen, während Kohlenwasserstoffe um mehr als das Anderthalbfache ansteigen werden. Lediglich bei Grobstäuben ist mit einem Rückgang auf die Hälfte des jetzigen Wertes zu rechnen. Die Emissionen der gesundheitlich so schädlichen Feinstäube werden dagegen noch zunehmen [67].

Sollte sich diese düstere Prognose wirklich bewahrheiten, so ist mit Sicherheit mit einer immer kostspieligeren physischen und psychischen Belastung, d. h. mit einer ruinösen Vergiftung von Mensch und Umwelt zu rechnen.

Auswirkungen der Luftbelastung auf den Menschen

Die in der Luft gelösten Schadstoffe können direkt (d. h. durch die Atemwege) auf den Menschen schädigend einwirken und indirekt, indem sie zuerst Umweltbereiche wie Pflanzen, Tiere, Nahrung, Sachgüter oder das Klima negativ beeinflussen, die dann in geschädigter Form die menschliche Gesundheit weiter negativ beeinflussen.

AS → M   Die durch Luftverunreinigungen verursachten gesundheitlichen Schädigungen äußern sich hauptsächlich durch:

akute Erkrankungen, oft mit Todesfolge

chronische Erkrankungen wie Bronchitis und Emphysema

Schwächung der körpereigenen Abwehr, erhöhte Infektionsanfälligkeit, erhöhte Krebsanfälligkeit

genetische Veränderungen

physiologische Veränderungen, verringerte Lebenserwartung (besonders stark bei Neugeborenen [68])

toxische Langzeitwirkungen

psychische Belastungen, Streß.

AS → K
K → M

Es gibt eine große Zahl statistisch gesicherter Smogkatastrophen, bei denen oft Hunderte bis Tausende von Menschen einer Stadt binnen kurzer Frist ums Leben kamen.

▷ 1968 veröffentlichte der amerikanische Senat eine Tabelle aller Smogkatastrophen, von 1873 bis 1966 [69]. Allein bei 10 Katastrophen zwischen 1930 und 1963 wirkte die Smoglage auf insgesamt 8500 Menschen tödlich.

▷ In der ersten Dezemberwoche 1930 litten im Maastal während einer Inversionsperiode eine große Anzahl Menschen und Tiere unter Vergiftungserscheinungen des Atemtraktes, an deren Folgen etwa 60 Menschen starben. Die Symptome der Erkrankungen bestanden in Brustschmerzen, Husten, Kurzatmigkeit und Reizung von Augen und Atemwegen, Wirkungen, die auf die inversionsbedingte Ansammlung von Schwefeldioxyd-Schwefelsäureaerosolen zusammen mit anderen Stoffen zurückgeführt werden konnten [70].

▷ Ähnliche Ursachen führten im Oktober 1948 in Donora (USA), dann 1953 in New York und dem östlichen Teil der USA sowie 1955 in New Orleans und anderen Städten zu Erkrankungen des Atemtraktes großer Teile der Bevölkerung [70].

▷ Zwischen dem 5. und 9. Dezember 1952 war der größte Teil Englands mit Nebel bei gleichzeitiger Temperaturinversion bedeckt. Während dieser Zeit erkrankten ungewöhnlich viele Menschen an chronischer Bronchitis, Lungenentzündung und Herzversagen. Allein in London starben in dieser Zeit zwischen 1000 und 1500 mehr Menschen als normal [70, 71].

Das größte Problem bei der Erforschung der schädlichen Auswirkungen von Luftverunreinigungen ist, daß sie in der Luft nie einzeln, sondern immer zusammen mit anderen Schadstoffen vorkommen. Jede dieser Komponenten, wie Kohlenmonoxyd, Schwefeldioxyd, Schwefelsäure, Ozon, Stickoxyde, Feinstäube, Aerosole etc. hat, einzeln auf den Menschen angewendet, eine konzentrationsabhängige Wirkung. Unser Wissen ist zwar über solche Einzelwirkungen auf Pflanzen, Tiere und den Menschen relativ vollständig [61, 72–76], über Zusammenwirkungen verschiedener Schadstoffe aber noch sehr lückenhaft (vgl. Kapitel 14 »Lücken der Forschung«).

Die Toxizität *einzeln* einwirkender Komponenten der Stadt- und Industrieluft setzt im allgemeinen erst bei höheren Konzentrationen ein als sie in Wirklichkeit vorliegen. Da sich jedoch aus der Addition verschiedener Substanzen, die in der Wirklichkeit ja nie allein auftreten, auch unterhalb ihrer Toxizitätsschwelle toxische Effekte ergeben können, sind die zur Zeit gültigen Toleranzgrenzen daher völlig unrealistisch. Denn aus einem unter dieser Grenze liegenden Meßwert kann niemals geschlossen werden, daß diese Substanzmenge in Wirklichkeit harmlos ist. Theoretisch sind folgende Wirkungen bei Anwesenheit mehrerer Komponenten denkbar [71]:

— antagonistische Effekte
(reduzierte Gesamtwirkung)

— additive Effekte
(Summe der Einzelwirkungen)

— synergistische Effekte
(über Addition der Einzelwirkungen hinaus verstärkte Effekte)

— potenzierende Effekte
(synergistische Effekte, wobei jedoch eine der Komponenten einzeln wirkungslos ist)

Die Simulierung an Hand eines Modells der toxikologischen Verhältnisse der Realität von Stadt- und Industrieluft ist ungleich schwieriger und aufwendiger als die Messung von Einzelwirkungen, da mehrere Parameter gleichzeitig variiert werden müssen. Darüber hinaus bestehen noch zwei weitere Schwierigkeiten, die tatsächlichen Verhältnisse zu erfassen:

AS → M   — die Wirkung auf bestimmte prädisponierte Gruppen, wie sehr alte, sehr junge und gesundheitlich geschädigte Menschen sind aus den Wirkungen auf den »normalen« Menschen nicht ableitbar.

AS → M   — Fast gar nichts ist bekannt über die Langzeitwirkungen geringer Konzentrationen, die zwar im Kurzzeittest keine toxischen Wirkungen aufweisen, aber über Jahre hinweg für eine Reihe schwerer Gesundheitsschäden verantwortlich sein mögen.

Da es wenig nützt, vor gefährlichen Luftverunreinigungen zu warnen, wenn man nicht sagen kann, was diese Schadstoffe im Körper tun, soll die Wirkung auf den menschlichen Organismus im Folgenden kurz umrissen werden:

AS → M   KOHLENMONOXYD (CO) ist so giftig, weil es sich 200mal stärker als Sauerstoff mit dem Hämoglobin des Blutes — und zwar im Gegensatz zu Sauerstoff — irreversibel verbinden kann. Daher genügen schon geringe Mengen CO (0,001 %), um einen großen Teil der Sauerstoffversorgung des Menschen auszuschalten. Außerdem hat sich in jüngster Zeit herausgestellt, daß CO noch zusätzlich eine Hemmung auf die Aktivität von Enzymen wie Cytochrom A3, P450 und Hydroxylase verursachen kann [77].

AS → M   Die ersten Symptome einer CO-Vergiftung sind Kopfschmerzen, verringerte Lichtempfindlichkeit der Augen, Gleichgültigkeit und Abnahme der Reaktionsfähigkeit. Da das Gehirn rund 20 % des Sauerstoffbedarfs des menschlichen Körpers hat, wird es in erster Linie geschädigt. Personen mit Kreislaufbeschwerden und Arteriosklerose sind wegen der schlechten Sauerstoffversorgung besonders gefährdet sowie ältere Menschen, bei denen primäre Schädigungen des Gehirnkreislaufs bereits vorhanden sind [70, 78-80].

In der BRD wird seit 1967 als höchstzulässiger Wert über 8 Stunden 16 ppm CO diskutiert. Auf Grund neuerer Forschungsergebnisse wurden 1971 in den USA die Grenzwerte für die Außenluft auf

9 ppm als Mittelwert über 8 Stunden

35 ppm als Mittelwert über 1 Stunde

festgelegt [81].

Wie sieht nun die Wirklichkeit aus?

AS → M In der Paul-Heyse-Unterführung in München wurden Mittelwerte von 73 ppm CO mit Spitzenbelastungen bis über 500 ppm (!) gemessen. Schon ein viertelstündiger Aufenthalt in einer 200 ppm Kohlenmonoxyd enthaltenden Atmosphäre verursacht eine ernsthafte Beeinträchtigung geistiger Funktionen und erhöht die Unfallgefahr beträchtlich. Geringere Konzentrationen rufen nach entsprechend längerer Zeit die gleichen Veränderungen hervor: 2 Stunden in einer 50 ppm enthaltenden Atmosphäre (dem nur doppelten Wert der Münchner Innenstadt) beeinträchtigen ebenso stark wie 15 Minuten in einer Luft mit 200 ppm Kohlenmonoxyd [78].

M → AS Die Grenzwerte von CO in der Außenluft werden jedoch nicht nur im Stadtverkehr fortwährend überschritten (Großstadtmittelwert tagsüber 10—20 ppm [82]), sondern auch in durch Zigarettenrauch verqualmten Innenräumen (oft 50 ppm und mehr). Bei Rauchern, bei denen normalerweise schon etwa 5 bis 18 % des Hämoglobins durch Kohlenmonoxyd aus Zigaretten-CO blockiert sind, addiert sich die Wirkung des Kohlenmonoxyds der Stadtluft und kann schon bei Konzentrationen von 30 ppm bei empfindlichen Menschen zu akuten Gefährdungen führen [70]. Die Belastung durch Kohlenmonoxyd erhöht sich daher bei Auto fahrenden Rauchern beträchtlich [83].

AS → AS In Tierversuchen wurden weiterhin starke synergistische Wirkungen zwischen Kohlenmonoxyd und Stickstoffdioxyd festgestellt, allerdings bei Konzentrationen, die weit über denen der Stadtluft lagen [71]. Diese Daten können nur als Hinweise auf mögliche Gefährdungen angesehen werden. Das gleiche gilt für die möglicherweise sehr hohe gegenseitige Verstärkung der Giftwirkung bei Anwesenheit von Spuren des Enzymgiftes Blei.

AS → M SCHWEFELOXYDE (SO$_x$) UND SCHWEFELSÄUREAEROSOL sind Schadstoffe, die seit Jahrzehnten erforscht werden. Die bisher umfangreichste Studie über Schwefeloxydwirkungen ist von der US-Regierung unter dem Titel »Air Quality Criteria for Sulfur Oxydes« im Jahre 1969 herausgegeben worden [72]. Die besondere Gefährlichkeit der Schwefeloxyde liegt darin, daß sie sehr wasserlöslich sind und deshalb in Flüssigkeitströpfchen gelöst als Aerosole eine größere Lungengängigkeit und damit erhöhte Wirksamkeit haben [84]. Die synergistische Wirkung von Schwefeldioxyd und lungengängigem Staub gilt als medizinisch gesichert [68, 85].

AS → AS Die Umwandlung von Schwefeldioxyd (SO$_2$) in Schwefeltrioxyd (SO$_3$) wird durch Luftfeuchtigkeit und Katalisatoren wie Ruß und Schwermetalloxyde (beides Komponenten des Stadtluft-Staubes) gefördert. Durch Umsetzung mit der Luftfeuchtigkeit entsteht aus SO$_3$ das 5mal toxischere Schwefelsäureaerosol. Bei Versuchen mit Kaninchen und Meerschweinchen konnte gezeigt werden, daß insbesondere junge Tiere extrem empfindlich auf geringe Konzentrationen Schwefelsäureaerosol reagieren [83].

AS → M Bei Mensch und Säugetieren verursacht Schwefelsäureaerosol eine Zunahme des Atmungswiderstandes und akute Reizungen der oberen Atemwege. Gemische von Schwefeldioxyd und Schwefelsäureaerosol sind besonders gefährlich wegen ihrer synergistischen Wirkung: Bei Versuchspersonen, die entweder 0,12 mg Schwefelsäure pro cbm oder 0,62 ppm Schwefeldioxyd allein inhaliert hatten, wurden keine Veränderungen der Puls- und Atemfrequenzen beobachtet. Ein Gemisch beider Stoffe führte dagegen bei gleichen Konzentrationen zu einer deutlichen Frequenzzunahme und zur Abnahme der Atemtiefe [84].

In Göteborg, der zweitgrößten Industriestadt Schwedens, war der durch Luftverunreinigungen insbesondere durch Schwefeloxyde verursachte krankheitsbedingte Arbeitsausfall 65 % höher als in der Nachbarprovinz Alsborg, was auf die Schwächung des Infektionswiderstandes des Atmungssystems zurückgeführt wird. Allein für die 3 größten Städte Schwedens schätzt man die verursachten Kosten des Arbeitsausfalles auf 120 Mio. skr im Jahr [86].

AS → I

Die Wirkungen gehen jedoch über die Schädigung der Atmungsorgane hinaus. So verzögerte sich bei jungen Ratten das Knochenwachstum bei permanenter Einatmung des Schwefeldioxyd-Schwefelsäure-Aerosols beträchtlich. Darin ist wahrscheinlich auch die Ursache zu finden, daß die Knochenreifung bei Kindern, die in der Industrieatmosphäre Gelsenkirchens aufwuchsen, im Vergleich zu Kindern aus Westerland deutlich verzögert war. Weitere Angaben über Wirkungen des schädlichen Schwefeldioxyds sind in Tabelle 8 zusammengefaßt.

TABELLE 8

Toxische Wirkungen von Schwefeldioxyd [85]

Schwefeldioxydkonzentration in Luft (μg/m³)	beobachteter Effekt
1500 als 24-Std.-Mittel und gleichzeitig hoher Staubgehalt	erhöhte Mortalität (Ergebnis aus den USA)
ca. 715 (und höher) als 24-Std.-Mittel und 750 μ Staub/m³	erhöhte tägliche Todesrate (Ergebnis aus England)
ca. 500 als 24-Std.-Mittel und niedriger Staubgehalt	erhöhte Mortalität (Ergebnis aus Holland)
300-500 (24-Std.-Mittel) und niedriger Staubgehalt	vermehrte Aufnahme alter Personen in Krankenhäusern und häufigeres Fernbleiben von der Arbeitsstelle, insbesondere von älteren Personen (Ergebnisse aus Holland)
ca. 715 (24-Std.-Mittel) und erhöhter Staubgehalt	starker Anstieg der Erkrankungsrate bei Patienten über 54 Jahre mit schwerer Bronchitis (USA)
ca. 600 (24-Std.-Mittel) und Rauchkonzentrationen von ca. 300 μg/m³	ausgeprägte Symptome bei Patienten mit chronischen Lungenkrankheiten (England)
105-265 als Jahresmittel und Rauchkonzentrationen von 185 μg/m³	häufigere Erkrankungen der Atemwege und der Lunge (Italien)
ca. 120 (Jahresmittel) und Rauchkonzentrationen von 100 μg/m³	häufigere und schwerere Erkrankungen der Atemwege bei Kindern (England)
ca. 115 (Jahresmittel) und Rauchkonzentrationen von ca. 160 μg/m³	erhöhte Mortalität bei Bronchitis und Lungenkrebs (England)

STICKOXYDE ist der Sammelbegriff für Stickstoffmonoxyd (NO) und Stickstoffdioxyd (NO$_2$), die sich in der Atmosphäre ineinander umwandeln können [87]. Sie spielen hauptsächlich bei der gefürchteten Smogbildung eine besondere Rolle. Die dabei ablaufenden komplexen photochemischen Reaktionen erzeugen außerdem noch Ozon und eine Reihe

AS → AS

oxydierter Kohlenwasserstoffe wie Peroxyde, Aldehyde und Ketone [88]. Das Endresultat ist eine mit Schadstoffen und sichtbaren Verunreinigungen durchsetzte Atmosphäre, die

AS → K

sich über industriellen und städtischen Ballungsräumen bildet und zu Luftstagnation und Inversionslagen führt. Bei Anwesenheit dieses photochemisch erzeugten Smogs in der

K → M

Atemluft wurde die Anfälligkeit von Tieren gegenüber Infektionen und ihre Mortalität deutlich erhöht, möglicherweise durch die Bildung des schon in geringen Konzentrationen stark toxischen Ozons [71].

AS → M

Die gesundheitsschädigenden Wirkungen der Stickoxyde werden nicht angezweifelt, jedoch sind darüber Forschungsergebnisse wesentlich spärlicher als beispielsweise für Schwefeldioxyd; nicht zuletzt mangels Standardverfahren zu ihrer Bestimmung [89] (charakteristisch ist z. B. das Fehlen jeglicher Gewebe-Reaktion unterhalb einer kritischen Grenze [71]). In den üblicherweise in der Industrie- und Stadtluft enthaltenen Konzentrationen (unter 3 ppm) reichen die direkten Wirkungen von NO$_2$ über Geruchbelästigung, Reizung der Nase und der Augen nicht hinaus [71, 88]. Trotzdem genügen 5 ppm NO$_2$ in der Atemluft von Tieren schon, um eine Beschleunigung des Wachstums von Lungentumoren herbeizuführen. Auch weisen an Infektionskrankheiten leidende Tiere schon bei geringen NO$_2$-Mengen in der Atemluft eine deutlich höhere Sterblichkeit auf, offenbar auf Grund einer dadurch geschwächten körpereigenen Abwehr [71].

Schließlich gibt es Hinweise, daß Stickoxyde bzw. die aus ihnen durch die Luftfeuchtigkeit entstehenden Säuren (Salpetersäure und salpetrige Säure) Mutationen und andere Veränderungen der Erbsubstanz hervorrufen können [90].

KOHLENWASSERSTOFFE (C$_n$H$_m$) tragen vor allem zur Smogbildung bei. Außerdem ent-

AS → AS

steht durch die äußerst komplexen photochemischen Prozesse [91] eine beträchtliche Zahl verschiedenartiger organischer Substanzen, deren schädliche Gesamtwirkung auf den Menschen noch nicht erforscht ist. Sie sind chemisch gesehen überwiegend unbiologisch. Da sie auch eine ganze Reihe polyzyklischer Verbindungen mit krebsauslösender Wirkung

AS → M

enthalten, dürfte der Verdacht verstärkter Krebsgefährdung durch die in der Luft enthaltenen Kohlenwasserstoffe begründet sein. Aus Tierversuchen weiß man, daß die in der Stadtluft enthaltenen Ruß-, Staub- und Feinstaubpartikel sowie Asbestteilchen die krebserzeugende Wirkung solcher Kohlenwasserstoffe, die auch im Zigarettenrauch enthalten sind, stark unterstützen, weil sie sie an sich binden und somit länger in der Lunge halten.

AS → M

Folgende Ergebnisse sprechen eine deutliche Sprache: Krebsauslösende Substanzen fanden sich in organischen Filtraten von Stadtluft. Im Tierversuch konnte gezeigt werden, daß sie nach subkutaner Injektion lokale Sarkome erzeugen [92]. Ebenso wurden bösartige Lungentumore im Tierversuch durch Inhalation erzeugt, wenn Benzpyren — wie im Staub der Stadtluft — an feste, besonders aber metalloxydhaltige Teilchen absorbiert war [85, 93, 94]. Benzpyren, das an Staub absorbiert war, blieb außerdem bis zu 9mal länger in der Lunge von Versuchstieren, als wenn es allein verabreicht wurde [92].

R → AS
AS → M

In der Tat ist die Zahl der Krebstoten (Nichtraucher) in den Städten 2,27 bis 3,8mal so hoch wie auf dem Lande [95]. Es wurde festgestellt, daß der erhöhte Verbrauch von Heizöl und Benzin und der vermehrte Bau von Asphaltstraßen (alle drei geben Kohlenwasserstoffe an die Luft ab) parallel geht mit der Erhöhung der Todesfälle durch Lungenkrebs [96]. Umfangreiche epidemiologische Untersuchungen von H. O. HETTCHE [97] sehen eine ähnliche Korrelation zwischen Kraftfahrzeugdichte und Mortalitätsrate an Lungen-

I → AS
AS → M

krebs im Ruhrgebiet, wobei die in den Auspuffgasen enthaltenen Kohlenwasserstoffe für die hohe Sterblichkeitsquote verantwortlich gemacht werden. Allerdings kann daraus nicht gefolgert werden, daß Stadtluft ein ebenso großer oder gar noch größerer ätiologischer

M → AS
AS → M

Faktor bei der Entstehung des Bronchialkarzinoms ist, wie das Zigarettenrauchen [95]. Die Beweislast für das Zigarettenrauchen als Hauptursache dieses Krebstyps bleibt weiterhin erdrückend [98—101].

Die wissenschaftlichen Untersuchungen über stadtluftverursachte Krebserzeugung sind jedoch noch im Fluß. Neue und interessante Entdeckungen werden fortlaufend gemacht. So konnte z. B. unlängst bei mit Leukämievirus infizierten Ratten-Embryo-Kulturen [102]

AS → M

gezeigt werden, daß Smog-Extrakte eine 600mal stärkere Wirkung auf die Erzeugung von Tumoren haben als reines Benzpyren. Ein erschreckendes Beispiel für die ungeheure, jedoch noch kaum erforschte Bedeutung synergistischer Effekte.

DIE WIRKUNG DER STÄUBE läßt sich meistens aus ihrer Herkunft ablesen. Die in der BRD jährlich erzeugten rund 4 Mio. t Stäube sind von unterschiedlichster Art: Ruß,

I → AS

Asche, Asbestteilchen, Koks-, Zement-, Eisenoxyd-, Karbid-, Kalk- und Zementstaub, Arsen, Cadmium, Beryllium, Quecksilber und organische Substanzen enthaltende Schwebeteilchen sind nur einige aus dem riesigen Staubarsenal, das von Kraftwerken, Stahlwerken, Gießereien, Kokereien, Zementwerken, Steinzeugwerken, Brikettfabriken und anderen erzeugt wird.

Von ausschlaggebender Bedeutung sowohl für die gesundheitsschädliche Wirkung der Stäube als auch für ihre Verweilzeit in der Luft ist zunächst einmal unabhängig von ihrer Art die Partikelgröße (Korngröße). Feinstaub (Korngröße $< 5 \, \mu m$) ist am gefährlichsten, weil er erstens durch seine im Vergleich zum Grobstaub (50—500 μm) eine über tausendmal geringere Fallgeschwindigkeit [103] und somit viel längere Verweilzeit in der Luft besitzt, zweitens durch seine geringe Größe besonders leicht in die Lunge eindringt [131] und drittens bei gleicher Menge eine vielhundertmal größere aktive Oberfläche als Grobstaub besitzt. Erschwerend für das Staubproblem ist die zu erwartende erhebliche Zunahme der Feinstauberzeugung in der BRD im Laufe der nächsten Jahre [67].

AS → AS

Chemisch gesehen besteht die große Gefährlichkeit der Stäube darin, daß sie andere in der Luft gelöste Substanzen absorbieren. Das bewirkt dreierlei:

— An der Oberfläche absorbierte Substanzen werden durch katalytische Vorgänge in

Giftstoffe umgewandelt, die an die Luft wieder abgegeben werden können oder mit den Staubteilchen in die Lunge eingeschleppt werden,

— dadurch, daß mit Staubpartikel in die Lunge eingedrungene chemische Substanzen an der Oberfläche der Teilchen anhaften, können sie die Lunge nur sehr langsam verlassen, was die Toxizität eines Schadstoffmoleküls ganz erheblich erhöht.

— Die Oberflächenwirkung (Katalysatorwirkung) des Staubteilchens kann auch in der Lunge die biochemische Reaktionsfähigkeit des an die Oberfläche gebundenen Schadstoffmoleküls noch zusätzlich gewaltig steigern.

AS → M   Aufgrund dieser die Giftigkeit von Luftverunreinigung potenzierenden Wirkungen von Staubteilchen nimmt es nicht wunder, daß bei den verschiedenen eingangs erwähnten tödlichen Smogkatastrophen neben Giftgasen wie Schwefeldioxyd auch immer Staub mit im Spiel war:

▷ Chemische Analysen der Luftverunreinigungen bei der Katastrophe von 1930 nim Maastal wiesen 30 Komponenten nach [69].

▷ Nachträgliche Analysen von Rückständen auf Luftfiltern während der Zeit der Katastrophe von Donora (USA) im Jahre 1948 ergaben einen hohen Gehalt an Zinkammoniumsulfatstaub [104].

▷ Auch karzinogene (krebserzeugende) Stoffe sind, wie schon erwähnt, vorwiegend an Staubpartikel gebunden, und zwar ausschließlich an Feinstaub. Das gilt besonders für 3,4 Benzpyren, Methylcholanthren, Dimethylbenzanthrazen und andere polyzyklische, aromatische Kohlenwasserstoffe. Seit 1962 durchgeführte chemische Luftanalysen zeigen deutlich, daß die Konzentrationen in den letzten Jahren anstiegen, wobei erhebliche örtliche Unterschiede bestehen [82].

▷ Untersuchungen während der letzten 10 Jahre haben weiterhin gezeigt, daß die an Staub gebundene Konzentration des Benzpyrens im Winter besonders hoch ist [82].

AS → M   BLEIVERBINDUNGEN kommen heute überall in der Natur vor. Ihre gesundheitsschädigenden Wirkungen bei hoher Konzentration im Körper sind intensiv erforscht [105]. In den Knochen kann Blei in inaktiver Form stark angereichert werden. Sobald die Bleidepots aber durch irgendeine Erkrankung des Organismus mobilisiert werden, kann eine akute Vergiftung eintreten. Besonders stark betroffen wird das Enzym Delta-aminolävolinsäure-dehydrogenase, das an der Bildung des sauerstofftransportierenden Hämoglobins beteiligt ist. Bei akuter Bleivergiftung können zusätzlich noch Gehirnschäden eintreten [105].

Die bei Großstadtbewohnern bestimmten durchschnittlichen Bleigehalte des Blutes liegen zwischen 50 und 400 μg/l, es kommen aber auch relativ häufig Werte von 800 und 1000 μg/l vor. Bei »normalen« täglichen Bleiaufnahmemengen von 300 μg durch die Nahrung und ca. 50 μg durch die Atemluft können keine Wirkungen beobachtet werden. Bei höheren Aufnahmemengen kommt es zu folgenden Erscheinungen [105]:

AS → M   ▷ Die Synthese von Hämoglobin, dem sauerstoffübertragenden Pigment des Blutes, wird durch Blockierung von funktionellen Gruppen der Enzyme durch Blei geschädigt. (Synergistische oder additive Wirkungen mit Kohlenmonoxyd der Auspuffgase, die ebenfalls die Sauerstoffversorgung des Körpers beeinträchtigen, sind denkbar.)

AS → M   ▷   Bei akuter Bleivergiftung wird die Nierenfunktion beeinträchtigt. Die betroffenen Zellen verbrauchen mehr Sauerstoff als normal, was darauf hindeutet, daß ihr Stoffwechsel beeinträchtigt ist. Diese reversible Erscheinung tritt erst ab 1500 μg Blei/l Blut auf.

AS → M   ▷   Bei Kleinkindern können Bleigehalte von über 600 μg/l Blut bleibende Gehirnschäden, die von Lernschwierigkeiten bis zu Epilepsie und Geistesgestörtheit reichen, hervorrufen.

I → AS   Bleiverbindungen wie Tetramethylblei und Tetraäthylblei werden den Kraftstoffen als Antiklopfmittel zugegeben. Beim Verbrennungsprozeß wird Blei zum größten Teil zersetzt und gelangt hauptsächlich als Oxyd in Form von Feinstaub (Teilchengrößen von weniger als 0,125 μm) in die Lunge, wo man zu etwa 55 % mit ihrer Ablagerung rechnen muß [106].

I → M   Die »Harmlosigkeit« des Bleis in der Stadtluft wird häufig von der Bleiindustrie propagiert. Es wird angeführt,

— daß Bleiverbindungen als Bestandteil von Kraftfahrzeugabgasen keine Auswirkungen auf die menschliche Gesundheit hätten,

— daß ihre Reduzierung durch verringerten Bleigehalt (laut Bleigesetz maximal 0,4 g Blei/l Benzin ab 1. 1. 1972; 0,15 g/l ab 1. 1. 1976) kaum zur Verbesserung der Umweltsituation beitrüge,

— daß dieser Bleigehalt sowieso außerordentlich gering sei im Vergleich zu der maximal zulässigen Arbeitskonzentration (MAK-Wert) von 200 μg/m³, in der Industriearbeiter 8 Stunden am Tag arbeiten dürften, ohne schädliche Auswirkungen befürchten zu müssen [106].

Solche Vergleiche sind aber irreführend, weil Blei in der Stadtluft praktisch vollständig in lungengängigem Feinstaub enthalten ist und außerdem mit einer Reihe synergistisch wirkender Schadstoffe wie Kohlenmonoxyd, Schwefeldioxyd, Stickoxyden und Benzpyren, das bekanntlich in Kontakt mit Schwermetalloxyden besonders atemschädigend und cancerogen wirkt, zusammen auftritt.

AS → M   Untersuchungen lassen vermuten, daß das aus Auspuffgasen stammende Blei unmittelbar krebsauslösend sein kann [108, 109].

AS → M   In Tierversuchen wurden schädigende Einflüsse des Bleis auf Stoffwechsel und Zellstruktur, wie auch Chromosomenbrüche bei bleibehandelten Ratten festgestellt [110]. Ein Einfluß des Bleis auf die Vermehrungsfähigkeit, bzw. das Auftreten von Erbschäden, kann ebenfalls nicht ausgeschlossen werden [111].

AS → M   So wurden im Genetischen Institut in Erlangen 20 Tankwarte auf Schädigungen der Chromosomen untersucht mit dem Ergebnis, daß die Zahl der Chromosomenveränderungen um das Dreifache höher war als bei einer Vergleichsgruppe. Da der mittlere

Bleigehalt des Blutes bei den Tankwarten fast dreimal so hoch war wie bei den Vergleichspersonen, wird vermutet, daß Blei im Benzin der auslösende Faktor ist [112].

AS → M   Ein Beschluß des 13. Internationalen Konvents für Vitalstoffe, Ernährungs- und Zivilisationskrankheiten stellt fest, daß die im Blutserum als tolerierbar angesehene Menge von 350 μg Blei pro Liter zu einer Vergiftung mit folgenden unspezifischen Symptomen führen könne: »Kopfschmerzen, Schlafstörungen, Darmbeschwerden, Appetitlosigkeit, rheumatische Beschwerden, Muskelschwäche, Akkommodations- und emotionelle Störungen« [113].

AS → M   OLSCHOWY [114] berichtet, daß spektrometrisch untersuchte Blutproben von 5000 Menschen der BRD zeigten, »daß bei jedem vierten Untersuchten eine Anreicherung mit Schwermetall im Blutserum und bei jedem neunten eine Bleivergiftung festgestellt wurde.«

AS → N
N → M   Abgasblei kann auch über die Nahrung auf den Menschen einwirken. Am gefährdetsten sind Anbaugebiete und Weideflächen in der Nähe von dicht befahrenen Straßen. 1 bis 2 m neben der Autobahn enthält das Gras ca. 100 ppm Blei in der Trockensubstanz. Erst nach 30 m sinkt der Bleigehalt auf ca. 20 ppm ab. Im Ruhrgebiet wurden selbst in autobahnfernen Gebieten 20 ppm Blei im Gras gemessen (Normalwert: 9 ppm) [109].

AS → N   Der besonders von der Bleiindustrie propagierten Behauptung, bleihaltiger Staub ließe sich von Pflanzen leicht abspülen, stehen Versuchsergebnisse gegenüber, die zeigen, daß cancerogene Kohlenwasserstoffe, wie z. B. das Benzpyren, die sich gemeinsam mit Bleirückständen auf Pflanzen niederschlagen, auch durch mehrmaliges Waschen nicht vollständig von Obst und Gemüse entfernen lassen [106].

A → N
N → M   Auch die Behauptung, daß hohe Bleikonzentrationen im Viehfutter nicht schädlich seien, weil das Vieh mehr Blei verträgt, ist irreführend, da schließlich Viehprodukte und auch das Vieh selbst wieder vom Menschen gegessen werden [107].

ANDERE SCHADSTOFFE DER LUFT
Die Liste der durch den Menschen erzeugten Luftverunreinigungen, die wieder schädlich auf ihn zurückwirken, ist noch nicht zu Ende. Eine ausführliche Beschreibung würde den Rahmen dieses Buches sprengen. Erwähnt werden sollen lediglich noch die Knochenkrankheiten verursachenden Wirkungen von Fluor-Emissionen, die örtliche Bedeutung erlangt haben [115, 116].

Auswirkungen der Luftbelastungen auf andere Bereiche als die menschliche Gesundheit

Die schädliche Beeinflussung der verschiedenen Umweltbereiche durch Abgase und Stäube werden in den Kapiteln Wasser, Boden, Nahrung, Ozean, Raumordnung und Klima eingehender beschrieben. Hier lediglich einige Beispiele:

AS → W
AS → R
AS → N   Stickoxyde können erheblich zur Eutrophierung von Binnengewässern beitragen. Schwefeldioxyd bewirkt das Absterben von Pflanzen unter Nekrosen. Erhöhter Fluorgehalt der Luft hat Knochenkrankheiten bei Kühen zur Folge gehabt. Durch die Erzeugung steigen-

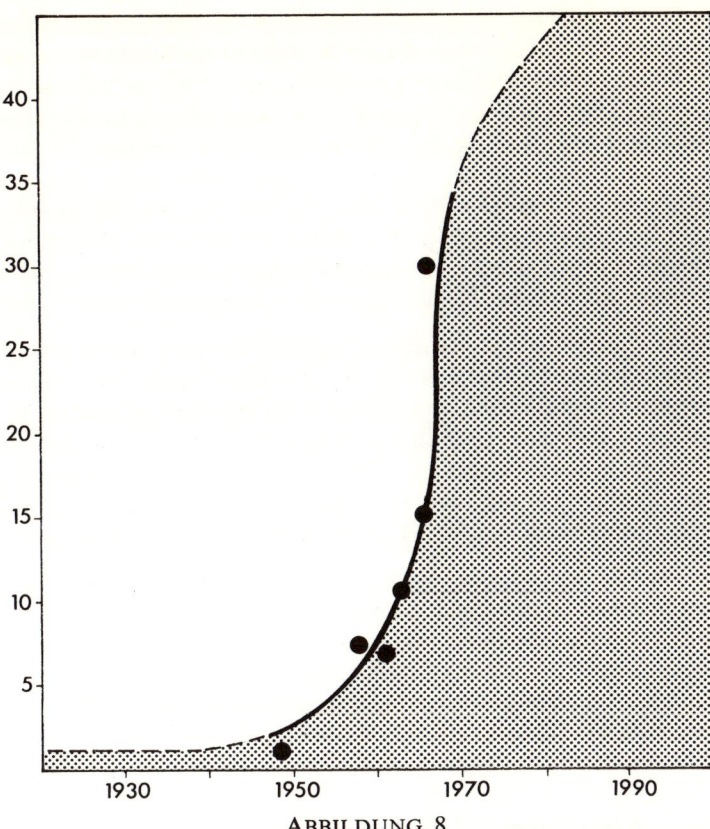

ABBILDUNG 8

Volkswirtschaftliche Verluste (ohne Gesundheitsschäden!)
durch Luftverschmutzung in den USA aufgrund unabhängiger
Untersuchungen aus den Jahren 1949—1967
in Mrd. US-$ pro Jahr (nach loc. cit. [117])

AS → K   der Mengen von Kohlendioxyd durch industrielle Prozesse wird über die veränderte Infrarotabsorption der Wärmekreislauf der Luft gestört, was zu globalen Klimaveränderungen führt, und der Staubgehalt der Luft führt zu erhöhter Reflexion der Sonneneinstrahlung und dadurch zu lokalen und globalen Temperaturerniedrigungen sowie durch die Riesenzahl ständig vorhandener Kondensationskeime zum heute typischen diesigen

AS → O   »Waschküchenwetter«. 9 Mio. t Kohlenwasserstoffe gelangen schätzungsweise jährlich über die Luft ins Meer. Das entspricht etwa dem 50fachen der durch Schiffsunglücke ausgeschütteten Ölmenge!

Interessant erschienen uns auch die direkt auf Materialien und somit auf Industrie, Technik und Volksvermögen wirkenden Schäden, welche die jährlich für Luftreinhaltungsmaßnahmen aufzubringenden — in der Tat enormen — Kosten in einem ganz anderen Licht erscheinen lassen: Viel höher als diese liegen jene durch Luftverschmutzung ver-

AS → I   ursachten Schäden. Eingehende Studien in den USA zeigen, daß die volkswirtschaftlichen Verluste am Materialwert, die durch Abgase und Stäube verursacht werden (ohne Berücksichtigung der menschlichen Gesundheit) seit 1950 um mehr als das Fünfzehnfache gestiegen sind. Die einzelnen Untersuchungsergebnisse sind in Abb. 8 zusammengefaßt:

AS → I   Waren es 1950 noch an die 2 Mrd. US-Dollar, so stiegen die Kosten bis 1963 schon auf 11 Mrd. Dollar und bis 1967 sogar auf 30 Mrd. Dollar an (letzteres basierend auf den Werten für die Region New York — New Jersey). Das ergibt einen Jahresverlust von 200 Dollar pro Kopf allein für diesen einen Sektor [117]. Vorsichtige Gesamtschätzwerte für die BRD liegen zwischen 3 und 6 Mrd. DM jährlich [118], was sich bei einer eingehenderen Untersuchung wahrscheinlich als recht tief angesetzt herausstellen wird.

AS → R   Über die materialzerstörenden Wirkungen der Luftverunreinigungen legt auch der immer stärker werdende Verfall wertvoller Kunstwerke, die bisher Jahrhunderte, ja sogar Jahrtausende überdauerten, ein beredtes Zeugnis ab. So sind z. B. in Venedig (ein öfters zitiertes, aber auch gut belegtes Beispiel) bereits mehr als ein Drittel der Gebäude und Skulpturen durch aggressive Lufteinwirkungen ernstlich beschädigt [119]. Man schätzt, daß die Zerstörung jährlich mit 5 % weitergeht. Bei diesem Trend kann sich jeder ausrechnen, wann freistehende Kunstschätze durch die Luft aufgefressen sein werden.

AS → I   Es ist bezeichnend, daß das Kostenverhältnis von Aufwendungen für Luftreinhaltungsmaßnahmen zu den durch Luftverunreinigungen verursachten Schäden mit durchschnittlich 1:7 über eine Reihe von Jahren relativ konstant geblieben ist [120—122]. Daraus zieht

I ... AS   WOHLERS [123] den nicht zu widerlegenden Schluß, daß zwischen 70 und 90 % der durch Luftverschmutzung verursachten Kosten eingespart werden könnten, wenn nötige und

AS ... I   ausreichende Schritte bei der Luftreinhaltung unternommen würden.

Auswege – Abhilfen – Lösungen

Luftverunreinigungen können effektiv nur beim Erzeuger bekämpft werden. Gefilterte Klimaanlagen, Gasmasken, ja selbst »Staubsaugertürme« [565] gehen am Problem vorbei, weil sie nur Symptome und nicht die Ursache selbst kurieren. Sie können höchstens als Übergangslösungen für akute Fälle gelten.

I ... AS   Technisch gesehen ist das Problem der Abgasreinigung durchaus lösbar. Die Erklärung dafür, daß seit der Erfindung der elektrostatischen Entstaubung im Jahre 1907 durch COTRELL kein größerer technologischer Durchbruch mehr stattfand, ist nicht etwa in grundsätzlichen technologischen Schwierigkeiten der Abgasreinigung zu suchen, sondern darin, daß es — kurzsichtig gesehen — bisher billiger war, Abgase und Stäube einfach in die Luft zu lassen. Bezieht man aber die bisher nicht im Kalkül berücksichtigten gesamtvolkswirtschaftlichen Kosten wie Unterminierung der Gesundheit, Materialzerfall und negative Einflüsse auf andere Umweltbereiche mit ein (external social costs), so zeigt es sich, daß der Aufwand an Filteranlagen und anderen Abgastechnologien in jedem Falle

AS ... I   profitabel ist.

So zeigten CROCKER und ANDERSON [124], daß für die Städte St. Louis, Kansas City und Washington eine 5- bis 15%ige Luftverschmutzung mit durchschnittlicher Wert-

minderung der Grundstücke von 300 bis 700 Dollar zusammenhing. Das ergab für
85 ausgesuchte amerikanische Städte eine Gesamtsumme von 621 Mio. US-Dollar
im Jahre 1965. Die Air Pollution Administration rechnete dann aus, daß selbst noch
im Jahre 1972 die Kosten der Luftreinigung nur 609 Mio. US-Dollar betrügen, also
weniger als die durch Luftverunreinigungen verursachte Wertminderung der Grundstücke. Allein schon diese einfache Rechnung, die einzig und allein die Wertminderung der Immobilien berücksichtigt, zeigt, daß die Verbesserung einer Umwelt-
qualität (hier der Luft) selbst für diejenigen, die die Kosten dafür aufbringen würden,
durchaus profitabel sein könnte. In Wirklichkeit ist der Gewinn noch viel höher, weil
durch reinere Luft außerdem noch andere Bereiche, wie menschliche Gesundheit
und Lebensbedingungen, verbessert werden. Das Beispiel wurde deshalb gewählt,
weil es auf einer detailliert untersuchten Studie beruht.

Allerdings kommt es hier auf die Verteilung der Kosten an, denn die Industrie, die in
diesem Falle neben den Privatleuten aufgerufen wäre, ebenfalls Maßnahmen zu ergreifen,
hätte in erster Hinsicht keinen Vorteil von der Steigerung der Grundstückspreise. Des-
wegen würde sie auch von sich aus, d. h. ungezwungen, keine Maßnahmen ergreifen. Sie
würde dies aber tun, wenn sie für jeden m³ giftigen Abgases eine Gebühr zahlen müßte,
die höher wäre als der Einbau von Abgasfiltern. So ist also das Luftverschmutzungs-
problem nicht ein technisches, sondern ein verwaltungstechnisches, volkswirtschaftliches
und juristisches.

Über die Antwort auf die Frage, wann Luft als reine Luft gilt, oder besser, wie hoch die
einzelnen Luftverunreinigungen sein dürfen, ohne Mensch und Umwelt zu schädigen, ist
man sich nicht im klaren. Dazu fehlen zur Zeit noch die nötigen wissenschaftlichen Grundlagen, besonders auch was additive, synergistische und Langzeit-Effekte betrifft. Sicher-
M ... AS heitshalber müssen daher die maximalen Immissionswerte (MIK-Werte) niedrig angesetzt
werden. Der Einwand, solche niedrigen Werte seien unbegründet, muß so lange als
belanglos gelten, bis dies wirklich wissenschaftlich bewiesen ist.

Die gesetzliche Verankerung von MIK-Werten und der damit verbundenen zulässigen
Abgasmengen kann jedoch in ein zusätzliches Dilemma führen. Darf z. B. eine Fabrik
in einer bestimmten Gegend nicht mehr gebaut werden, weil dort der MIK-Wert schon
AS → R erreicht ist, so wird sie zwangsweise in einer Region entstehen, wo die Luft noch rein
ist — um sie auch dort zu verschmutzen. Einen Ausweg aus diesem Dilemma bietet
offenbar nur eine Gesetzgebung, die MIK-Werte mit Aspekten der Raumordnung ver-
R ... AS bindet. Danach müßten z. B. in einem Freizeit- oder Erholungsgebiet die MIK-Werte
weit unter denjenigen von Industriegebieten liegen.

I ... AS Zur Überwachung der Einhaltung von MIK-Werten ist ein groß angelegtes Netz von
verläßlich arbeitenden Meßgeräten nötig. So wurde an der Rheinmündung, dem größten
Ballungszentrum der Niederlande, vor zwei Jahren ein solches Netz von 31 Meßstellen
(mit einer Computerzentrale in Schidam) errichtet [115]. Die im Volksmund »Schnüffel-
pfähle« getauften Meßstellen analysieren die Luft bisher nur auf ihren SO_2-Gehalt; Anlagen für Stickoxyde und Ozon sollen 1973/74 hinzukommen. 250 weitere Stationen für
die SO_2-Messung sollen in diesem und dem nächsten Jahre folgen. Auch ist man dabei,
mit den Nachbarländern Absprachen zu treffen, wo solche und ähnliche Systeme ebenfalls

AS → B

erstellt werden müssen. Es sei hier nur an die schwedischen Klagen über aus der BRD kommende SO_2-haltige Luftmassen erinnert, die angeblich den dortigen Boden (der weit weniger kalkhaltig ist und somit das saure SO_2 kaum neutralisieren kann) besonders stark schädigen.

Neuartige Analysegeräte für Luftverunreinigungen werden bereits entwickelt und mit Sicherheit in Zukunft vereinfacht und verfeinert werden. Leider gehen in der BRD diese Forschungs- und Entwicklungsarbeiten noch weitgehend unkoordiniert vor sich. Verschiedene Gruppen arbeiten oft an dem gleichen Problem, ohne voneinander zu wissen. Das trifft zum Beispiel für das neuartige Laser-Lidar-Meßverfahren [125] zu, das staubförmige Emissionen mißt und registriert, ja mit Exaktheit finden kann, aus welchem Schornstein entsprechende Abgase stammen.

AS → N

N . . . AS

Neben oft hochkomplizierten elektronischen Meßapparaten können auch einfache biologische Organismen wie Flechten und Bryophyten die physikalisch-chemische Luftanalyse z. B. auf Schwefeldioxyd und Fluorabgabe unterstützen und erweitern [115]. Es besteht eine beträchtliche Zahl von Untersuchungen über die Wirkungen von Gasen auf Pflanzen, die bei entsprechender Auswertung dieser Erfahrungen zum Aufbau einer wirksamen bionischen Meßtechnologie genutzt werden können [127].

M → AS

I . . . AS

M . . . AS

AS → K

Während sich Luftgroßverschmutzer mit dem entsprechenden meßtechnologischen Aufwand im Prinzip noch durchaus überwachen lassen, ist dies für die unübersehbare Menge der Kleinerzeuger (die in ihrer Gesamtzahl aber ein Hauptverschmutzer sind) nicht mehr durchführbar. Bei privaten Heizanlagen bestehen außerdem kaum Möglichkeiten zur Reinigung der Abgase. Da die Verbrennung von Kohle, Briketts und Koks die stärksten, Erdgas die geringsten Verunreinigungen hervorruft, sollte eine Umstellung auf Erdgas in jedem Fall gefördert werden. Ölheizungen belasten die Luft zwar weniger stark als Kohleheizungen, emittieren jedoch immer noch beachtliche Mengen Schwefelverbindungen. Hier könnte, wie in einigen Städten der USA, die Umstellung auf fast schwefelfreie Ölsorten durch behördliche Maßnahmen erzwungen werden — dies allerdings unter Steigerung der Betriebskosten. Die andere, bereits beschrittene Möglichkeit ist die zügige Verlagerung der Energie- und Wärmeerzeugung auf zentrale Anlagen mit hohen Auflagen für die Abgasreinigung. Trotz möglicher Verbesserungen an Feuerungsanlagen [128] sind auch hier gewisse Grenzen gesetzt — ganz abgesehen von der in keinem Fall verminderten Abgabe des zwar untoxischen aber klimabeeinflussenden Kohlendioxyds an die Luft (siehe Klima). Die Verbesserung gegenüber der privaten Energieerzeugung ist jedoch eindeutig.

Die Energieerzeugung aus fossilen Brennstoffen ist selbst bei einer (utopischen) 100 %igen Abgasreinigung auf lange Sicht keine Lösung. Die Öl-, Gas- und Kohlevorräte der Welt sind nicht unerschöpflich und wären auch — als einzige Kohlenstoffquelle — für bessere Zwecke zu gebrauchen als verbrannt und in die Luft gejagt zu werden.

I . . . AS

I → AF

Verstärkter Einsatz von Kernkraftwerken ist ebenso problematisch. Auch hier sind die Brennstoffvorräte begrenzt, und es entstehen radioaktive Abfallprodukte, die praktisch nie mehr zu beseitigen sind. Die langfristig günstigste Form der Energieerzeugung liegt abgesehen von der Nutzung brennstoffloser Energiequellen (Wasser-, Sonnen-, Gezeiten-

und geothermale Kraftwerke) ausschließlich in der kontrollierten Kernfusion, da hierbei
I . . . AS sowohl der Brennstoffvorrat praktisch unerschöpflich ist als auch keine radioaktiven
I . . . AF Abfallprodukte entstehen [126] (s. Tabelle 9). Doch selbst mit Kernfusionskraftwerken, die
I → W wie alle Kraftwerke, große Mengen an Kühlwasser benötigen, die nicht ohne besondere
Maßnahmen in die Flüsse zurückgeleitet werden dürfen (in den USA 1980 ca. 20 % des
gesamten Frischwasserbedarfs [129] s. Kap. »Wasser«), ist das mit dem steigenden Energie-
bedarf plötzlich aufgetauchte universelle Problem des »Wärme-Abfalls« nicht gelöst. Hier
M . . . I hilft letzten Endes nur radikale Drosselung des bislang stürmisch ansteigenden Pro-Kopf-
Energiebedarfs.

Bei den Kraftfahrzeugen ist ebenfalls eine neue Art der Energiegewinnung bzw. -um-
wandlung unumgänglich. So ist es technisch durchaus möglich, noch vor 1980 mit nahezu
I . . . AS kohlenmonoxydfreien Motoren zu fahren (eine Entwicklung, die schon vor 10 Jahren
hätte eingeleitet werden können). Selbst dann gäbe es noch genügend Fahrzeuge mit herkömmlichen Motoren, um das CO-Problem, wenngleich verringert, auch weiterhin
bestehen zu lassen. Für die anderen Schadstoffe gilt ähnliches. Laut dem Materialienband
M → AS zum Umweltprogramm der Bundesregierung ist bis 1980 mit einem stetigen Ansteigen
der durch Autos produzierten Abgase zu rechnen [130]. Auch hier bietet sich als langfristige
Lösung (auch im Hinblick auf die zu erwartende Erdölknappheit) nur die Verwendung
einer neuen Grund-Energiequelle an. Im einzelnen sind brennstoffzellen- oder batterie-
betriebene Autos durchaus eine Lösungsmöglichkeit für einen fast lautlosen abgasfreien
Straßenverkehr. Was die schon seit vielen Jahren erprobten Prototypen vor allem amerikanischer und japanischer Firmen davon abhält, zum großtechnischen Einsatz zu kommen, können nicht nur Entwicklungs- und Fertigungsprobleme sein! In der BRD wurde
die Verwendung von Elektroautos bisher durch Gewichtbesteuerung (hohes Gewicht der
Blei-Akkus!) und durch einen zusätzlichen »Elektroführerschein« künstlich zurückgehalten.
M . . . I Diese unsinnigen und umweltfeindlichen Gesetze könnten umgehend in solche geändert
werden, die die Verwendung von Elektroautos etwa durch begrenzte Steuerfreiheit (wie
es in anderen Ländern schon längst der Fall ist!) fördern.

Andere Lösungen zur Entgiftung der Luft in Städten, wie das Errichten von Zonen, die
R . . . AS für den privaten Individualverkehr gesperrt sind, sind in den entsprechenden Kapiteln,
vor allem im Kapitel »Raumordnung« besprochen.

TABELLE 9

Mögliche Maßnahmen zur Verringerung der Luftverschmutzung bei der Energie- und Wärmeerzeugung

		Maßnahme I	Maßnahme II	Maßnahme III	Maßnahme IV
Art der Maßnahme		geeignetes Heizöl und Erdgas statt Kohle und Briketts	Fernheizung durch Heizkraftwerke (Erdgas, Kohle u. Heizöl mit Abgasfilterung)	Elektroheizung (wie II, zuzüglich brennstoffloser Energiequellen)	Elektroheizung in Verbindung mit Kern- und Fusionskraftwerken
Ansatzebene		technisch und öffentlich: weniger verschmutzende Brennstoffe (Verordnungen)	technisch: Wärme-Erzeugung m. zentraler Verbrennung	technisch und organisatorisch: zentrale Energieversorgung im Verbundnetz	technisch: Energie-Erzeugung ohne Verbrennung
Welcher Bereich bzw. welches Produkt wird damit	wesentlich verbessert	—	AS	AS	AS, N, K
	graduell verbessert	AS, K, N	K, N, SL	K, N, SL, R, W	SL, R, W, O
	bleibt unverändert	R, SL, N	R, O, W	O	—
	verschlechtert	W (größerer Ölbedarf) O (Ölpest)	—	—	—
Mit welchen Maßnahmen läßt sich die eventuelle Verschlechterung beheben?		strengere Überwachung verbesserte Technologien	—	—	—
Technische Realisierbarkeit	zu erwartender Zeitraum	kurzfristig	mittelfristig	mittelfristig	langfristig
	voraussichtliche Kosten	verhältnismäßig gering	erhebliche Investitionen, geringere Betriebskosten	erhebliche Investitionen, weit geringere Betriebskosten	große Investitionen
Sonstige Bemerkungen				Einsparung fossiler Brennstoffe; weniger Abfallwärme	Einsparung fossiler Brennstoffe; nukleare Probleme

Produkt: Streß und Lärm

5

Zivilisationsstreß. Ursprung von 20 bis 70 Prozent der Gesamterkrankungen: durch Verschiebung des Hormonhaushaltes – Belastung des vegetativen Systems – Stoffwechselstörungen – Infektionsanfälligkeit – Konzentrationsschwächen – Aggressivität und Neurosen. Abhilfe: Einsicht in die Zusammenhänge und Prophylaxe des einzelnen wie auch der Gesellschaft.

Streßerkrankungen gehören in allen überbevölkerten, vor allem aber in den hochtechnisierten Ländern, zu den häufigsten Erkrankungen. Eine Umfrage ergab, daß jeder zweite Bundesbürger im Alter zwischen 14 und 70 unter Streß leidet [132]. Und doch ist Streß keine Krankheit, für die es einen »Erreger« im klinischen Sinne gäbe. Der Begriff bezeichnet vielmehr die durch einen – ursprünglich und in freier Wildbahn recht sinnvollen – biologischen Verteidigungsmechanismus hervorgerufene, angespannte Reaktionslage des Körpers unter der Einwirkung verschiedener äußerer Reize, wie Verletzungen, Infektionen, Lärm und Überanstrengung, aber auch innerer Belastungen wie Enttäuschungen, Verkrampfungen, Entscheidungsschwierigkeiten. Die Folge dieser Reize kann entweder eine hormonelle, innersekretorische Anpassung des Körpers sein (Adaptationssyndrom) oder auch ein Erlahmen der körpereigenen Abwehr, die bis zum Tode führen kann.

Die Symptome des Streß sind dabei so vielfältig, daß die Medizin von unspezifischen Krankheitsbildern spricht. Je nachdem, ob die Streßsituation eine natürliche Reaktion erlaubt oder nicht, sollte man zwei Arten unterscheiden:

1. Streß durch geistige und körperliche Überanstrengung. Durch ihn werden auch bis zur Leistungsgrenze keine Schäden verursacht.

2. »Konflikt«-Streß, bedingt durch Ausweglosigkeit, weiterhin durch Verzerrung der Leistungsmöglichkeit aufgrund zusätzlicher Belastungen und Störungen. Hier sind gesundheitliche Schäden nachgewiesen.

Die Belastungen unserer Leistungsgesellschaft durch solche Schäden gab auch harten kommerziellen Rechnern zu denken und führte in vielen Ländern zur Errichtung von Streßforschungsinstituten. H. SCHÄFER[133] gibt den Anteil der Krankheiten, die mit Sicherheit keine organischen Ursachen haben, mit zwischen 20 Prozent und 70 Prozent der Gesamtkrankheiten an. Diese Zahl findet sich nicht in den Statistiken der Krankenkassen oder Versicherungsanstalten, da das Versicherungsrecht keine anderen als »befundbedingte« Krankheiten als Versicherungsfall zu deklarieren erlaubt. Ein großer Teil dieser Krankheiten wird mit Sicherheit durch Streß verursacht. Und diese können durch Maßnahmen verhindert werden, die geeignet sind, die Umwelt-Situation auch im Hinblick auf sozialpsychologische Faktoren zu verbessern.

Streßentstehung und Stressoren

Die Ursachen für Streß, auch Stressoren genannt, sind sehr vielfältig. Charakteristisch für sie ist ihr Wirken im physisch-psychischen Grenzbereich. Am Anfang der Skala finden sich solche Stressoren, die in erster Linie direkt auf die menschliche Physis einwirken: Verletzungen, Wunden, Schmerzen, Lichtreize, Töne und Gerüche. Das Ausmaß der Störung oder Schädigung hängt unmittelbar mit der (meßbaren) Intensität des Reizes zusammen. Genannt sei hier vor allem der Lärm.

LÄRM

Die Zusammenhänge zwischen Lärmintensität und physiologischer Reaktion werden in Phon und neuerdings in Dezibel gemessen. Ein Normalton von 1000 Hertz wird bei 0 Phon gerade unhörbar (Hörschwelle), bei 130 Phon so laut, daß nur noch Schmerz empfunden wird (Schmerzschwelle). Die folgende Tabelle gibt die Schallpegel einiger Geräuschquellen wieder.

I → SL   Die wichtigsten Lärmerzeuger sind Industriegeräusche, insbesondere Industrien der Metallver- und -bearbeitung sowie Baustellenlärm, Straßen- und Luftverkehr.

R → SL   Ein Haupterzeuger von Stadtlärm ist ohne Zweifel der Verkehr. Über dieses Problem wurde auf der Bonner Verkehrslärmtagung diskutiert[135]. Wie zu erwarten, entsteht der Hauptlärm auf den Straßen durch die in der Kfz-Typenprüfung nicht erfaßten Anfahr- und Beschleunigungsgeräusche, wozu vor allem der »Kavalierstart« an der Ampel zählt. Getriebeautomatik produziert gegenüber dem sportlichen Autotyp mit Handschaltung bedeutend weniger Lärm.

T<small>ABELLE</small> 9

Überblick über die von verschiedenen Lärmquellen verursachten Geräusche [134].

Geräuschart	Din/phon	Dezibel
Hörschwelle	0	0
Flüstersprache, Blätterrauschen	10—20	10—20
Mittlere Wohngeräusche	40	40
In eine ruhige Wohnung von außen eindringender Lärm bei geschlossenem Fenster	40	40
Unterhaltungssprache	50	50
Büro bei geschlossenem Fenster	40—75	40—70
Verkehrsstraßen im Großstadtzentrum	70—85	70—80
Motorfahrzeuge	80—90	80—85
Baustellen mit Preßlufthämmern	85—95	85—90
Flughafenverkehr im Umkreis von einigen Kilometern	70—110	70—100
Preßlufthämmer in zwei Meter Entfernung	120	90—100
Düsenmotor eines Flugzeuges im Prüfstand	140	110

SL . . . M
SL → M

M → SL

Aber auch Lärm ist nicht ausschließlich von physikalischer Wirksamkeit auf die menschliche Gesundheit. Verschiedene Geräusche werden individuell sehr verschieden gewertet und empfunden, z. B. laute Beatmusik entweder als angenehme Stimulans oder als erhebliche Störung. Entsprechend verschieden sind die physiologischen Reaktionen. Selbst weniger laute, jedoch als Störung empfundene Musik kann durchaus Symptome von Streß hervorrufen.

ÜBRIGE STRESSOREN

Noch schwieriger ist die wissenschaftlich-objektive Erfassung jener Stressoren, die überwiegend oder ausschließlich zuerst im psychischen Bereich wirken und erst danach physiologische Reaktionen (Krankheitssymptome) zeitigen. Es seien hier tabellarisch einige solcher Stressoren genannt:

R → SL   —   räumliche Enge, Gedränge

M → SL   —   zeitliches Drängen, Eile, Hetze

I → SL   —   optische Überreizung, z. B. Werbung, Fernsehen, Illustriertenflut

R → SL   —   häßliche Umgebung wie Industrieanlagen, heruntergekommene Stadtviertel, verunstaltete Landschaften

M → SL   — Konflikte, etwa zwischen individuellem Wollen und gesellschaftlichem Müssen

I → SL   — Zwänge, wie Leistungszwang oder technische Zwänge, z. B. Fließbandarbeit

M → SL   — Ängste, etwa vor Vorgesetzten oder anderen Machtausübenden

SCHÄFER und andere [136] stellten fest, daß heutzutage nicht mehr die Muskelarbeit mit ihren Kreislaufbelastungen es ist, die die Mühsal ausmacht, sondern eine Mischung von Verhaltensanomalien und geistiger Belastung durch Monotonie oder durch Konfliktsituationen. Die moderne Arbeitssituation dränge den Menschen (stärker als früher bei schwerer Körperarbeit) zur Resignation und zur Behauptung, krank zu sein. Das läßt sich aus dem Streßmechanismus erklären. Wie schon angedeutet, basiert Streß letzten Endes auf einem automatischen Verteidigungsmechanismus, der in alle Lebewesen eingebaut ist und der über zentrale Hormonsteuerung, also instinktiv, alle verfügbaren Energiereserven für eine extreme Muskelleistung mobilisiert und so den Körper in kritischen Situationen auf bestimmte Reize hin zum plötzlichen Angriff oder zur plötzlichen Flucht befähigt. In der Tat scheint Krankheit der Ersatz für die frühere Fluchtreaktion zu sein, die durch den Streßmechanismus ursprünglich ermöglicht werden sollte. Für das Individuum bedeutet also Krankheit ein Verhalten, in welchem der Zwang zu einer Tätigkeit, deren Sinn nicht immer klar erkennbar ist, endlich durch die Möglichkeit ersetzt wird, sich seinen Motiven, seiner Neigung, seiner Laune, seiner Stimmung wenigstens vorübergehend zu überlassen.

R → SL
AS → SL
W → SL
M → SL

Während sich diese Aussagen wesentlich auf sozialpsychologische Faktoren außerhalb unserer Betrachtungen beziehen, werden die Streßsituationen durch Faktoren wie Raumaufteilung, Verkehr, Lärm, Abgase und selbst den Wasserhaushalt (verringerter Erholungswert) sehr verstärkt und führen über die gleichen Mechanismen zu einer Verschärfung der Konfliktsituationen, in denen sich der moderne, vor allem der in der Großstadt lebende Mensch befindet. Es sei nur daran erinnert, daß sich viele Autofahrer, sobald sie hinter dem Lenkrad sitzen, sozusagen auf dem Kriegspfad befinden, wo jedes Überholmanöver zu Verdoppelung oder Verdreifachung des Herzschlags und oft zu einer Verzehnfachung der Ausscheidung von Streßhormonen führt [137].

Auswirkungen auf den Menschen

Schon 1935 stellte der ungarisch-kanadische Forscher Hans SELYE bei Ratten ein unter den verschiedensten Reizbedingungen immer wiederkehrendes Krankheitsbild fest: eine Reizung der Nebennierenrinde, eine Verkleinerung (Atrophie) der Thymusdrüse und der Lymphknoten sowie Magen-Darm-Geschwüre. Er prägte für dieses Phänomen das Wort »Streß« und untersuchte in der Folge unter dem Sammelbegriff »Adaptationssyndrom« weitere Zusammenhänge solcher Mechanismen [138]. Die Streßforschung hatte ihren Anfang genommen.

SL → M

Heute weiß man, daß sich im Organismus bei Angst oder Erregung zur blitzschnellen Vorbereitung auf Kampf oder Flucht folgendes abspielt: Die Hirnanhangdrüse (Hypophyse) wird angeregt, andere Hormondrüsen, vor allem die Nebenniere, zur Ausscheidung ihrer Hormone zu stimulieren. Augenblicklich werden die Streßhormone Adrenalin und Nor-Adrenalin (Catecholamine) in den Kreislauf geschickt. Adrenalin (Flucht-hormon) mobilisiert Traubenzucker aus dem Glykogenvorrat der Leber, verengt die Blut-gefäße, fördert die Blutgerinnung und unterdrückt Immunreaktionen. Nor-Adrenalin (Angriffshormon) mobilisiert die Fettreserven des Körpers und beschleunigt Herzschlag und Kreislauf. Dieser ursprünglich sinnvolle, ja oft lebensrettende Streßmechanismus wird jedoch für den heutigen Menschen über die durch die modernen Umwelteinflüsse laufend

M → SL   mobilisierten — aber ungenutzten — Energiereserven zum Feind des eigenen Organismus.
SL → M   Die Auswirkungen werden verständlich, wenn man danach fragt, was mit diesen unge-nutzten Reserven geschieht.

— Durch die übermäßige Ausschüttung der Catecholamine werden überhöhte Mengen an Kohlenhydraten, vor allem an Fettsäuren, mobilisiert, die den Bedarf eines kör-perlich wenig arbeitenden Menschen weit überschreiten. Dieser Überschuß wird nach Umwandlung in Cholesterin direkt in die Gefäßwände eingebaut und führt zur Arteriosklerose.

— Auf diese Weise treibt allein das Autofahren im heutigen Stadt- und Landverkehr die Catecholamine im Blut um einen Mehrbetrag von 80 % bis 100 % in die Höhe, wobei schnelles, überholreiches Fahren wie erwähnt sogar einen Anstieg bis auf das Zehnfache des Normalwertes bewirken kann.

— Zur Erlebnisdramatik des Tages addiert sich mit gleicher Wirkung das suchtartige Fernsehen am Abend.

— Unsicherheit und Nervosität regen über einen ähnlichen Mechanismus den Magen zu erhöhter Salzsäureproduktion an und den Darm zu oft kolikartigen Bewegungen. Magen- und Darmgeschwüre sind mit der Zeit die Folge.

— Mit den streßbedingten Verschiebungen des Hormonhaushaltes entstehen Belastun-gen des vegetativen Nervensystems, die weiterhin den Kreislauf — unter Erhöhung des Infarktrisikos — schädigen.

— Herzerkrankungen, verminderte Immunabwehr und dadurch Infektionsanfälligkeit, Stoffwechselstörungen, Konzentrationsschwäche, Aggression und Neurosen sind die Hauptfolgen.

M → M   Die psychologische Streßforschung hat ergeben, daß selbst rein emotionaler Streß vege-tative und biochemische Reaktionsmuster auslöst. Nach HAUS [139] ist chronischer emotio-neller Streß ein bedeutender Risikofaktor für die Entstehung der Arteriosklerose. Die amerikanischen Forscher ROSEMAN und FRIEDMAN [137] haben 3000 amerikanische Arbei-ter aus dem gleichen Unternehmen mit auch sonst sehr ähnlichen Rauch-, Eß- und Lebens-gewohnheiten in zwei Gruppen eingeteilt: Frühaufsteher mit aggressiver Tendenz und Langschläfer mit ruhesuchender Tendenz. Das Untersuchungsergebnis war eindeutig: Die Gruppe der aggressiven Frühaufsteher wies sechsmal so viele Fälle von Herzinfarkt auf wie die andere Gruppe. In der Tat ein überwältigender Beweis für die Richtigkeit der psychosomatischen Basis der Herz-Kreislauf-Krankheiten.

I → SL   HOCHREIN und SCHLEICHER [140] folgern sogar, »daß die Zunahme des Herzinfarktes nicht Folge einer ständig zunehmenden vorzeitigen Arteriosklerose sei, sondern Ausdruck einer

I ... SL

Anpassungskrise an nahezu übergangslos veränderte Bedingungen in fast allen Lebens- und Aktionsbereichen. Die lange Arbeitszeit sei dagegen das geringste Coronar-Risiko (Herz- und Herzkranzgefäße betreffend). Die Gesundheit des Berufstätigen der Zukunft müsse daher wieder aus der Erfüllung am Arbeitsplatz erwachsen und dürfe nicht von der Freizeit allein erwartet werden.«

SL → M

Die hier angesprochenen, zum größten Teil streßbedingten psychosomatischen Leiden sind nicht nur langwierig, sondern darüber hinaus oft bösartig. Die Beziehung psychischer Belastungen zu krebsartigen Krankheiten wurde erstmals eingehend auf der Tagung »Psycho-physiological Aspects of Cancer« der amerikanischen National Academy of Science diskutiert [141] und dürfte heute keinem Zweifel mehr unterliegen.

DIE SPEZIELLE WIRKUNG VON LÄRM

Ebensogut, obgleich noch immer nicht ausreichend, sind inzwischen die Wirkungen von Lärm auf die menschliche Gesundheit untersucht. Man unterscheidet zwei Wirkungen: die aurale Wirkung, die zu einer irreversiblen Schädigung der Sinneszellen, des Gehörs und damit zur Lärmschwerhörigkeit führt, und die extraaurale Wirkung, die zu Veränderungen im vegetativen und motorischen Nervensystem mit psychisch-emotionellen Reaktionen führt.

SL → M

Die erstgenannte Lärmschwerhörigkeit verläuft in mehreren Phasen. Nach einer etwa einjährigen Anpassungszeit treten Beschwerden wie Ohrensausen, Druckgefühl im Kopf, Depressionszustände auf. Darauf folgt eine mehrjährige Phase der Verträglichkeit oder Kompensation ohne wesentliche Schäden mit nur geringer Zunahme der Beschwerden, anschließend die sich über zwei bis drei Jahre erstreckende Phase des Zusammenbruchs, die bei rascher Zunahme der Schwerhörigkeit zum weitgehenden Hörverlust führt [139].

I → SL

Von 44 342 untersuchten österreichischen Lärmarbeitern wiesen 4,63 % starke Lärmschwerhörigkeit auf [142]. Im einzelnen ergaben sich je nach Branche und durchschnittlichem Schallpegel folgende Werte [139]:

Industrie	Lärmschwerhörigkeit	Durchschnittlicher Schallpegel in Dezibel
Bergbau	7,53 %	98,7
Papier	6,66 %	95,0
Steinbearbeitung	6,19 %	91,9
Metall	5,32 %	92,3
Textil	2,37 %	89,4

In einer Aktion des Deutschen Grünen Kreuzes wurde festgestellt, daß 60 % von 86 000 Testpersonen nicht ausreichend hören konnten [143]. Diese Zahlen geben eine Vorstellung vom Ausmaß der auralen Wirkungen von Großstadtlärm und Lärm am Arbeitsplatz mit

SL → M

ihren durchschnittlichen Schallpegelwerten von 70 bis 85 Dezibel. Besonders gehörschädlich sind impulsartige Geräuschspitzen, wenn die Impulse länger als 2,4 Sekunden auseinanderliegen, der Mittelohrmuskel sich also wieder entspannt hat und die Schallenergie jedesmal unvermindert die Sinneszellen des Gehörs erreichen kann [139].

SL → M

An extraauraler Lärmwirkung wurden beim Menschen wie auch bei Tieren eine Fülle verschiedener Veränderungen des vegetativ-hormonalen Systems beobachtet: Hemmung der Magenperistaltik und Speichelsekretion, erhöhter Stoffwechsel, Erweiterung der Pupillen, Ansteigen des Blutdrucks, Minderung der Hautdurchblutung durch Gefäßverengung, vermehrte Ausscheidung von Catecholaminen und Ketosteroiden [139].

SL → M

Alle diese Phänomene werden als Folgen einer durch die Schalleinwirkung verursachten Verschiebung der Regelkreise zwischen dem Hypothalamus des Gehirns und der Nebenniere aufgefaßt und als Streßreaktion gedeutet [144]. Es wurden Herz-Kreislauf-Symptome und bestimmte vegetative Beschwerdebilder gefunden, die von mehreren Autoren auf Lärmeinwirkungen zurückgeführt werden konnten [145].

SL → M
R → SL

Häufige Schlafstörungen durch Lärm können als Krankheitsursachen angesehen werden, da am nächsten Tag eine vermehrte Catecholaminausscheidung und ein erhöhter vegetativer Erregungszustand beobachtet werden können. Einschlafstörungen durch Lärm tragen außerdem mit Sicherheit zu dem hohen Schlafmittelkonsum bei (in der BRD etwa 5000 t für mehrere Milliarden DM pro Jahr). Bei Schallpegeln, wie sie in Wohnungen in der Nähe von Verkehrsstraßen auftreten [146], wurden in Laboruntersuchungen 23 % (bei 35 dB [A]), 42 % (bei 45 dB [A]) und 80 % (bei 60 dB [A]) der Versuchspersonen geweckt [139].

SL . . . M

Bei Anwohnern von stark befahrenen Straßen, Flugplätzen und Industriebetrieben kann andererseits eine gewisse Gewöhnung an Lärm eintreten. Diese hängt jedoch stark von verschiedenen Faktoren wie der psychovegetativen Konstitution und sozialen Determinanten ab und wird durch psychische Beeinflussung, z. B. durch erneuten Hinweis auf den Lärm, wie bei Antilärmpropaganda, wieder rasch aufgehoben [139]. Gewöhnung schützt hier nicht vor Schäden, vor allem nicht bei zusätzlicher Belastung durch andere Stressoren.

M → SL

Umgekehrt können auch sehr geringe Lärmemissionen bereits emotionellen Streß auslösen. Die Menschen fühlen sich lärmkrank oder fürchten es zu werden. Es bestehen aggressiv gefärbte Lärm-Konflikte, ebenso wie Frustrations-Erlebnisse [144]. Für diese negativ-emotionellen Erlebnisse und damit den emotionellen Streß liegt die untere Lärmpegelgrenze dort, wo der gewohnte Grundgeräuschpegel überschritten wird oder besondere Frequenzbänder herausgehört werden (spielende Kinder, Radiogeräusche, Flugzeuglärm, Toilettendruckspüler, Schnarchen etc.) [139]. Diese Form des Lärms, die zu psychogenem Streß führt, ist eindeutig gesundheitsgefährdend und kann zu behandlungsbedürftigen Krankheiten führen [144].

SL → M

AS → SL
SL → M

Da sich Luftverunreinigungen, insbesondere Kohlenmonoxyd (s. Abgase und Stäube) vor allem auf Herz, Kreislauf und arteriosklerotisch geschädigte Menschen ungünstig auswirken, kann man folgern, daß auch der nicht mehr wahrgenommene Stadt- und Berufslärm in Verbindung mit durchschnittlichen Luftverunreinigungen langfristig synergistisch schädigend wirkt. Verstärkt wird dieser Mechanismus beim nicht-körperlich arbeitenden Menschen ebenfalls wieder durch emotionalen Streß.

Auswege – Abhilfen – Lösungen

I → SL
Es lassen sich zwei große Bereiche von Streßursachen unterscheiden. Der eine ist der Bereich der Technik, und zwar überall dort, wo Technik nicht in erster Linie den biologischen und psychologischen Gegebenheiten des Menschen angepaßt, sondern nach sonstigen Kriterien entwickelt wurde (ein typisches Beispiel ist die außerordentlich teure Entwicklung von Überschallpassagierflugzeugen [SST], die anstelle der z. B. längst erforderlichen Entwicklung von geräusch- und abgasarmen Düsenmotoren betrieben wurde). Die andere Gruppe von Stressoren kann dem sozialen Bereich zugeordnet werden.

M → SL
Hier sind es vor allem solche Faktoren, die mit hoher Bevölkerungs- und Wohndichte, mit industrieller Arbeitsteilung, mit wirtschaftlichen und politischen Strukturen zu tun haben. Entsprechend gliedert sich das Spektrum möglicher Abhilfen in solche technisch-finanzieller und psychologisch-politischer Art.

VERRINGERUNG VON LÄRM

I ... SL
Lärm gehört überwiegend zu den Stressoren des technischen Bereiches. Der Hauptlärmfaktor in der Stadt ist der Kraftfahrzeugverkehr, der Flugverkehr und der Baulärm. Für alle drei Lärmquellen gibt es technische Möglichkeiten der Lärmminderung. Das Problem ist hier kein technisches, sondern ein wirtschaftlich-finanzielles. Es ist freilich insofern auch ein gesellschaftlich-politisches, als Fortschritte auf diesem Gebiet ganz wesentlich davon abhängen, ob sich die Lärmgeschädigten gegen die Lärmverursacher durchsetzen können. Denn nicht nur von den technischen Möglichkeiten her, sondern auch von der wirtschaftlichen Leistungsfähigkeit her steht fest: Wir können humanere Lebensbedingungen schaffen, sobald der Druck der Öffentlichkeit dies verlangt (s. Kap. 16, »Öffentlichkeitsarbeit«).

M ... SL

R ... SL
Weiterhin ist Lärm auch ein Problem der Raumordnung und des Städtebaus, womit sich weitere Ansätze zur Abhilfe anbieten. Mit Bäumen bestandene Grünanlagen verbessern in den Städten nicht nur Klima und Luft, sondern wirken auch schalldämmend, während enge Häuserschluchten durch ihre schallreflektierende Wirkung einen ungünstigen Einfluß ausüben. Durch entsprechende Trennung von Wohnung und Erholung einerseits und Durchgangsstraßenverkehr, Flughafenverkehr und Industrielärm andererseits kann ebenfalls viel erreicht werden, was jedoch wieder mit der aus anderen Gründen anzustrebenden Einheit von Wohnen, Leben und Arbeiten in Einklang gebracht werden muß. Auch sind z. B. Umgehungsstraßen zur Lärmverminderung dann keine Lösung, wenn ihnen ausgedehnte bewachsene Grünflächen zum Opfer fallen, die selbst wieder sowohl für die Lärmverminderung als auch für die Lufterneuerung wichtig sind. Jedenfalls darf es als raumordnerischer und städtebaulicher Skandal bezeichnet werden, wenn in einem Land mit dem materiellen Wohlstand der Bundesrepublik von 1972 noch immer Wohnblocks in unmittelbarer und ungeschützter Nähe von Durchgangsstraßen, Autobahnen und Einflugschneisen gebaut werden.

R → SL

R → SL

I ... SL
Der Hauptlärmfaktor in der Stadt ist der Individualverkehr. Maßnahmen zu seiner Einschränkung verbessern automatisch das Lärmproblem. Unabhängig davon können durch technische Verbesserung der Schalldämpfung beachtliche Wirkungen erzielt werden.

H. KAZDA untersuchte die Ursachen des Lärms aus Baustellenkompressoren und diskutiert die Möglichkeiten, diese Lärmemission einzuschränken [147]. Hauptfaktor des Baustellenlärms ist der Dieselmotor. Nach KAZDA ist es technisch durchaus möglich, den Geräuschpegel dieser Anlagen im Dauerbetrieb unter Vollast unterhalb 70 Phon zu halten, jedoch müsse mit Mehrkosten bis zu 20 % der Normalanlagen gerechnet werden.

M ... SL Besonders H. SCHMIDT [148] forderte verschärfte Maßnahmen gegen Lärmerzeugung. Die deutschen Vorschriften seien auf Drängen der Automobilindustrie und infolge Unkenntnis der Behörden über die Möglichkeiten, leiser laufende Motoren zu konstruieren, gelockert statt verschärft worden. Auch er findet, daß es möglich ist, lärmärmere Motoren zu entwickeln, durch die sich der Straßenverkehrslärm um 5 Phon verringern ließe, falls die Regierung dafür die richtigen gesetzlichen Maßnahmen einsetze.

Die bisherige VDI-Richtlinie 2058 enthält für Schallemissionen *am Arbeitsplatz* folgende Richtwerte:

— 50 dB (A) bei Arbeiten mit überwiegend geistiger Beanspruchung
— 70 dB (A) bei einfachen Büroarbeiten und vergleichbarer Tätigkeit
— 90 dB (A) bei sonstigen Arbeiten

Für *Nachbarschaftslärm* werden folgende, weitaus niedrigere Richtwerte für den Dauerschallpegel angegeben:

Ort	Zeit	Dezibel
Reine Gewerbebetriebe	tags	70
	nachts	70
vorwiegend gewerbliche Mischgebiete	tags	65
	nachts	50
Mischgebiete	tags	60
	nachts	45
Mischgebiete mit vorwiegend Wohnungen	tags	55
	nachts	40
reine Wohngebiete	tags	50
	nachts	35
Kur- und Krankenhausgebiete	tags	45
	nachts	35

R ... SL Eine bessere Schall-Isolierung im Wohnungsbau führt natürlich zu einer wesentlichen Verbesserung der Streßsituation in großen Wohnblocks. Sie sollte jedoch nicht als Maßnahme gegen den Stadtlärm betrachtet werden, da dieser letztlich nur beim Erzeuger bekämpft werden kann.

M ... I   Innerhalb von Betrieben selbst kann eine Verbesserung des Lärmproblems durch etwa 15stündige Lärmpausen zwischen zwei Arbeitsschichten mit maximal zulässigen Pausen-
I ... SL   pegeln von 70 Dezibel erreicht werden. Durch eine weitere Senkung des Pausenpegels unter 70 Dezibel kann noch ein beträchtlicher Erholungsgewinn erzielt werden [139].

Es ist sicher, daß nach entsprechenden weiteren Untersuchungen einiges an dieser Situation, vor allem die direkten Einwirkungen von Streß und Lärm durch einschneidende technische Verbesserungen und durch gesetzliche Erlasse abgestellt werden kann. Die indirekten Auswirkungen dagegen, vor allem diejenigen anderer Stressoren als Lärm, sind durch solche äußeren Maßnahmen nicht zu beeinflussen. Für sie gibt es keine tech-
M ... SL   nischen, sondern nur gesellschaftspolitische und verhaltenspsychologische Abhilfen.

BEKÄMPFUNG ALLGEMEINER STRESSOREN

Die wesentlichsten Hinweise auf Abhilfemöglichkeiten ergeben sich hier aus den Ursachen selbst. So resultieren viele Belastungen durch Streß zum großen Teil daraus, daß uns die technische Entwicklung mit ihren Möglichkeiten überrollt hat:

> Als Spiegel jener technischen Gesamtentwicklung, im Laufe derer viele Menschen die Übersicht über Sinn und Zweck ihrer technischen Umwelt verloren haben und sich nur noch vom Zufall der jeweiligen momentanen Anforderungen steuern lassen, seien lediglich einmal die Produktionszahlen synthetischer Materialien genannt, mit denen wir uns umgeben und die wir — gerade weil sie so unbiologisch sind — zum Teil nicht mehr loswerden (während die Natur, wie schon erwähnt, nur Stoffe produziert, für deren Zersetzung sie immer auch entsprechende Enzyme parat hat). Die Tendenz in Richtung einer immer künstlicheren Welt, die uns ohne die so lebensnotwendige Symbiose mit der Biosphäre allmählich aus dieser herauslöst, kann man hier direkt ablesen:

> So stieg die Weltproduktion organischer Chemikalien, die in Wirklichkeit sehr unorganisch sind, von 7 Mio. t (1950) auf 63 Mio. t (1970) und wahrscheinlich auf 250 Mio. t (1985), wobei immer mehr Produkte entstehen, die nicht in der Natur vorkommen und deren weiteres Schicksal aufmerksam verfolgt werden muß. Produkte, von denen über die Hälfte unkorrodierbare Kunststoffe, also gar keine Chemikalien im üblichen Sinne mehr sind, und von denen ein Drittel unverändert in die Umwelt geht.

Dies nur als eine von vielen Tendenzen der zivilisatorischen Entwicklung. Die Folge ist
I → M   ein unkontrolliertes Ausgeliefertsein — oft bis zum Exzeß — an jene schädlichen Wirkun
M → SL   gen der technischen Umwelt. Als letzte Möglichkeit reagiert dann der Körper mit schweren psychischen und selbst krebsartigen Erkrankungen [141]. Man kann zwar aufklären und die Zusammenhänge aufzeigen, die Konsequenzen für sein Verhalten muß in diesem Bereich der einzelne, sei er Bürger, Staatsmann oder Industrieller — selber ziehen. Einige dieser
M ... SL   Möglichkeiten seien im folgenden genannt:

R ... SL   ▷   Die räumliche Enge, das Gedränge vieler Menschen, kann durchaus durch bevölkerungspolitische und raumordnerische Maßnahmen gemildert werden. In der Bundesrepublik sollte vor allem der Tendenz zu weiteren Bevölkerungsballungen durch Schaffung von Unter-Zentren entgegengewirkt werden.

M ... SL   ▷   Die Eile und Hetze des modernen Menschen kann jedoch nur durch eine Über-prüfung der allgemeinen und individuellen Wertvorstellungen und Prioritäten ver-mindert werden.

M ... SL   ▷   Die unerwünschte optische Überreizung durch Reklame wiederum sollte durch Gesetze eingeschränkt werden.

M ... SL   ▷   Häßliche Umgebung läßt sich oft mit geringen Mitteln (z. B. Farben) vermeiden. In anderen Fällen sind allerdings grundlegende Maßnahmen gesetzlicher und organi-satorischer Art notwendig, um etwa wilde Müllkippen, Autofriedhöfe u. dgl. zu beseitigen.

M ... SL   ▷   Ein Großteil der physiologischen Streßwirkung und der dadurch akkumulierten Stoff-wechselreserven (Blutzucker, Fettsäuren, Ablagerungen) wie auch Gefäßverengung und -sklerose ließen sich durch körperliche Bewegung und Übungen als Ersatz der natürlichen (jedoch nicht eingetretenen) Flucht- bzw. Angriffsreaktionen kompen-sieren — ähnlich wie die übermäßige Lautstärke in Beatlokalen von den Tanzenden im Gegensatz zu sich nicht bewegenden Zuhörern in ihrer Streßwirkung größtenteils kompensiert wird. Einrichtungen wie der von der Münchner Volkshochschule vor-geschlagene »Gesundheitspark« auf dem Olympiagelände in München, die sowohl aufklären als verwirklichen, können von einem unschätzbaren Wert sein.

M ... SL   ▷   Das gleiche gilt für die psychischen Folgen wie Frustrationen und Verhaltensstörun-gen, die sich schon durch etwas künstlerische, kreativ spielende oder gestaltende Betätigung prophylaktisch als auch therapeutisch verringern lassen. Auch hier dürften sich durch Anregung und Anleitung die Aufwendungen dafür geschaffener öffent-licher Einrichtungen in der volkswirtschaftlichen Bilanz mehr als bezahlt machen.

M ... SL   Individuelle und gesellschaftliche Konflikte können darüber hinaus durch eine adäquate Vorbereitung der Menschen auf die zu erwartenden Anforderungen erheb-lich vermindert werden (bessere Ausbildung, aufgabenorientierte Berufsstruktur).

I ... SL   ▷   Zwangssituationen durch auferlegte Verhaltens- und Leistungsnormen werden sich nur teilweise vermeiden lassen. Grundsätzlich sollte man nicht länger von einer Anpassung des Menschen an technische und gesellschaftliche Fixgrößen, sondern umgekehrt von einer Anpassung dieser Größen an den Menschen ausgehen.

M ... SL   ▷   Die Problematik der Angst hängt in unserer Gesellschaft in starkem Maße mit bestehenden Herrschafts- und Besitzstrukturen zusammen. Ein Abbau dieser hier-archischen Strukturen sollte daher ständiges politisches Ziel sein.

Ein Katalog von Forderungen an die Allgemeinheit und den einzelnen, der unerfüllbar scheint und vor allem — so könnte man annehmen — doch wohl kaum der Wirtschaft, den Gemeinden und dem mit ganz anderen Sorgen belasteten Staat mehr als ein müdes Lächeln abringen dürfte. Denn für wen würde sich schon ein solcher Einsatz lohnen?

SL → I   Eine einfache Rechnung zeigt, daß der Schein trügt und daß der zu erwartende volkswirt-schaftliche Nutzen angesichts der insgesamt 400 Mio. Betriebskrankentage pro Jahr in der Bundesrepublik einigen Ersatz wert sein sollte:

Ein großer Teil der sogenannten Zivilisationskrankheiten wird nachweislich durch Streß bedingt. H. SCHÄFER [61] errechnete für 1970 einen Betrag von 13 Milliarden Mark, der allein bei den Krankenversicherungen einzusparen sei, wenn der Durchschnittsarbeitnehmer in der Bundesrepublik von 100 Arbeitstagen nur 4, statt 5,5 Tage krank wäre —

SL → I

ganz zu schweigen von den Einsparungen durch die Vermeidung von Leistungsabfall und Produktionsausfällen. Ein wesentlicher Teil des obigen Forderungen-Katalogs würde sich

M . . . SL

im Endeffekt allein dadurch selbst finanzieren. Zudem könnten gerade die durch Streß bedingten Krankheiten durch Maßnahmen verhindert werden, die gleichzeitig geeignet

SL . . . M

sind, die Umweltsituation auch im Hinblick auf sozial-psychologische Faktoren zu verbessern und somit weitere Sozialbelastungen abzubauen.

Die rund 1,2 Mio. Erwerbstätigen Schwedens haben es 1971 auf 60 Mio. Krankentage gebracht — das sind für jeden durchschnittlich 1 Arbeitstag pro Arbeitswoche —, davon

SL → I

allein 1 Mio. Krankentage aufgrund von Magengeschwüren. Kostenpunkt für die schwedische Volkswirtschaft (8 Mio. Einwohner) allein durch Arbeitsausfall: 3 Mrd. Schwedenkronen.

In ähnlicher Weise können staatliche Behörden nur von kurzsichtigem Profitdenken im Hinblick auf die Genußsteuer (Tabak, Alkohol) geleitet sein, wenn sie sich immer noch

M → M

weigern, ein Verbot der Zigaretten- und Alkoholreklame auszusprechen. Die volkswirtschaftlichen Verluste durch Produktionsausfall, Leistungsabfall und Krankenkosten durch den nachgewiesenermaßen durch Zigarettenkonsum erhöhten Prozentsatz an Lungenkrebs, Herz- und Kreislaufkrankheiten übersteigen um ein Vielfaches die durch solche Steuereinnahmen erzielten Gewinne.

Was den einzelnen betrifft, so empfiehlt der schwedische Streßforscher L. LEVI [149] als

M . . . SL

einfachstes Antistreßmittel Atemübungen und Gymnastik. Der ursprüngliche Verteidigungsmechanismus war darauf ausgerichtet, daß die erzeugte Anspannung durch Muskelkraft gelöst wird. Gymnastik, Sport und Spiel können diese Rolle besser als jede Tablette übernehmen und die freigesetzten Fettreserven durch Muskelbetätigung umsetzen. Atem- und Bewegungsübungen verhindern das Absetzen unverbrauchter Stoffe in den Gefäßen, bringen das verschobene Hormonsystem wieder ins Gleichgewicht, bauen Ängste und Zwänge ab und verhindern so die allmähliche Selbstzerstörung des Organismus durch Streß.

Somit kostet auch den einzelnen seine Antistreßtherapie nichts: außer Überwindung der Eitelkeit (sich amüsieren, statt sich angegriffen fühlen, wenn man beim Autofahren überholt wird), Überwindung von Süchten (Fernsehen, Rauchen, Prestigesucht) sowie dem Einsatz von etwas Muskelkraft — alles Dinge, die sich ganz nebenbei auch für die Ent

M . . . M

wicklung der Persönlichkeit lohnen.

Unsere Betrachtungen zeigen, daß Maßnahmen zum Abbau von Stressoren sich selbst finanzieren. Unabhängig davon sollte es auch das humanitäre Ziel eines jeden einzelnen und einer jeden Regierung sein, die in so großer Zahl und überall vorhandenen streßbewirkenden Faktoren zu verringern, wo immer es geht. Dazu ist es allerdings auch notwendig, daß sich Naturwissenschaft, Medizin und Psychologie stärker als bisher mit dem Thema »Streß« und mit dem Bereich psychosomatischer Krankheiten befassen.

Umweltbereich: Wasser

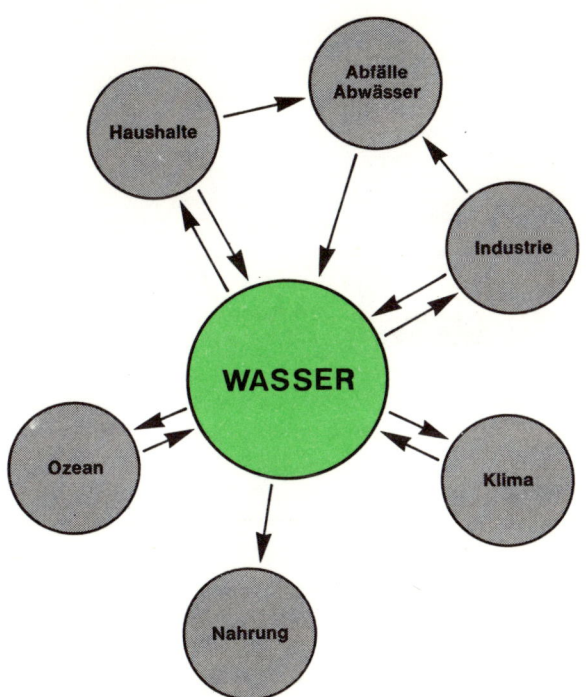

6

In unserer Industriegesellschaft verdoppelt sich der Wasserverbrauch alle zehn Jahre. Doch die Niederschlagsmenge bleibt gleich. Erste Möglichkeit: Wasser wird so teuer, daß wir auf unseren Lebensstandard verzichten müssen.

Zweite Möglichkeit: Sofortmaßnahmen zum Bau von Kreislaufsystemen, Einführung mehrerer Sorten Wasser je nach Verwendungszweck und großtechnische Meerwasserentsalzung.

Mehr Menschen benötigen mehr Wasser. Erhöhter Pflanzenanbau benötigt mehr Wasser. Vervielfachte Tierhaltung benötigt mehr Wasser. In 20 Jahren werden wir, nicht zuletzt durch das Anwachsen der chemischen Industrie, den doppelten Wasserbedarf haben wie heute, bedeutend mehr, als dem reinen Bevölkerungszuwachs entspricht.

Wasser ist also eines der wichtigsten lebenserhaltenden Elemente auf unserem Planeten. Der globale Wasserkreislauf hält dieses Element ständig in Bewegung: Etwa 875 Milliarden cbm verdunsten jeden Tag vom Meer in die Atmosphäre, fallen zum größten Teil (775 Milliarden cbm) als Regen wieder auf den Ozean zurück, während die restlichen 100 Milliarden cbm von den Winden auf die Landgebiete verweht werden. Dort fallen sie zusammen mit 175 Milliarden cbm, die täglich von der Landoberfläche aufsteigen, als Regen nieder. Schließlich wandern davon wiederum 100 Milliarden cbm mit den Flüssen ins Meer zurück (s. Abb. 9).

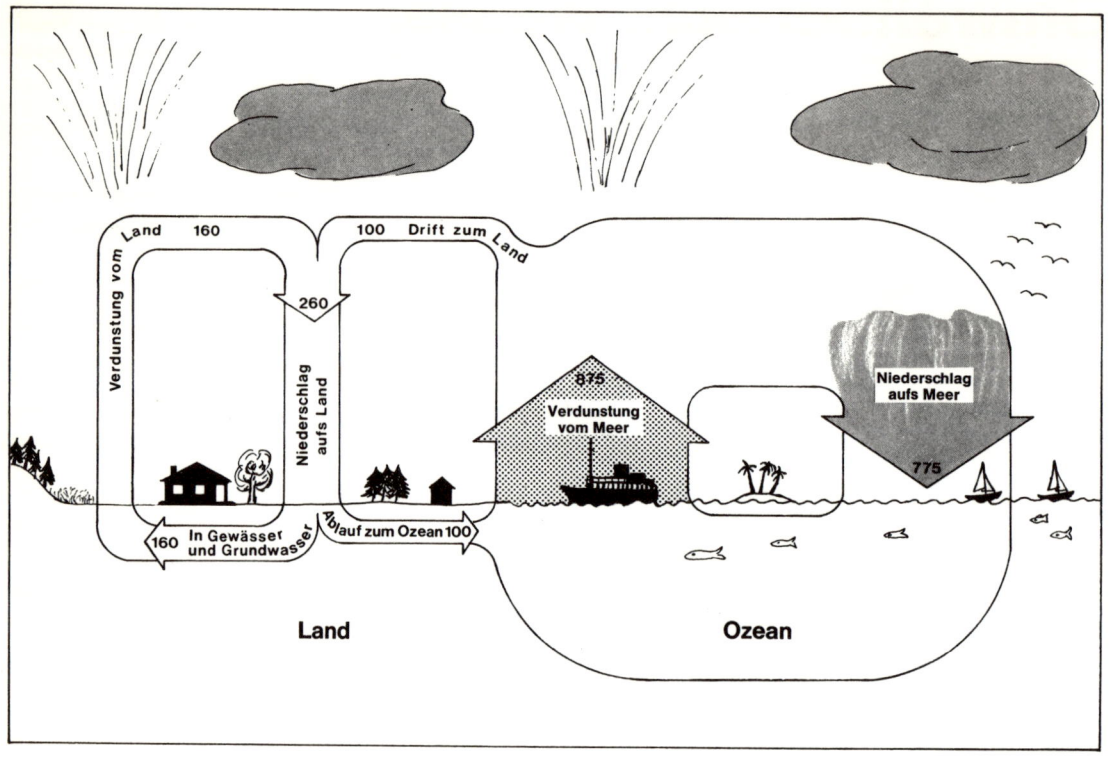

ABBILDUNG 9

Wasserkreislauf der Erde in Mrd. Kubikmeter pro Tag (nach Angaben von BORGSTROM [151])

Im Unterschied zur Befriedigung des ebenso rasch anwachsenden Energiebedarfs, wo wir Kohle, Erdöl und Kernbrennstoffe vorläufig noch aus dem Boden stampfen können, bleibt unsere einzige Süßwasserquelle, die jährliche Niederschlagsmenge, gleich und läßt sich vorläufig noch nicht künstlich erhöhen. Im Wasserhaushaltsgesetz der BRD stehen die Sätze: Wasser ist durch menschliche Maßnahmen nicht vermehrbar. Als Nahrungsmittel und Rohstoff ist es unentbehrlich und unersetzlich.

In der BRD sind es jährlich etwa 200 Mrd. cbm Regen, die uns mit Wasser versorgen. Davon können nach Abzug von Verdunstung und sonstigen Abgängen und Verlusten aus dem Grundwasser rund 16 Mrd. cbm, also nur ein Bruchteil, jährlich genutzt werden [150]. Über Bäche, Flüsse und Ströme fließen rund 60 Mrd. cbm des Niederschlagwassers wieder zum Meer zurück. Nach Abzug von Hochwasser und sonstigen Abgängen und Verlusten können aus diesem Oberflächenwasser noch einmal rund 30 Mrd. cbm genutzt werden. Zusammen ergibt das für die BRD eine jährlich verfügbare Wassermenge von 46 Mrd. cbm, die zwar mengenmäßig leicht den derzeitigen Bedarf (1970 = 17,1 Mrd. cbm [152]) deckt und auch noch im Jahre 2000 theoretisch ausreichen dürfte [150], jedoch durch die enorme Belastung mit Schmutz und Schadstoffen an Qualität zunehmend einbüßt.

In steigendem Maße wird daher auf die Reserven des Grundwassers zurückgegriffen, die so Jahr für Jahr weniger werden. Obwohl die BRD also durchaus noch als wasserreiches Land gilt, reichen in Ballungsgebieten schon seit langem die Grundwasserreserven für die Wasserversorgung nicht mehr aus. Man muß zum Teil auf verschmutztes Oberflächenwasser zurückgreifen und es mit kostspieligen Verfahren reinigen.

BORGSTROM von der Universität Michigan schätzt, daß zur Zeit in Westeuropa auf diese Weise das Dreifache derjenigen Wassermengen verbraucht wird, als sie der natürliche Wasserkreislauf wieder auffüllen kann [151]. Das Grundwasser, welches einen Großteil des Wasserbedarfs liefert, hat so in den Industrienationen bereits den tiefst vertretbaren Stand erreicht. Das Flußwasser, das den Rest unseres Wasserbedarfs deckt, muß den Flüssen wieder in genügender Menge zurückgegeben werden, um die Erde feucht und durchlässig zu halten, die Schiffbarkeit zu sichern, Fisch- und anderes Wasserleben zu garantieren und eine Verödung der Landschaft zu verhindern. Und doch wird unsere Hauptanstrengung in Zukunft auf die häufigere Wiederverwendung dieses Flußwassers fallen müssen. Da sich damit aber das Problem der Verschmutzung gleichfalls vervielfacht, werden die Kosten für Aufbewahrung, Reinigung und Leitung des Wassers Jahr für Jahr enorm ansteigen. Es mag sein, daß wir bei ungenügender Vorausplanung in der Wasserversorgung schon in nächster Zukunft auf einen Großteil unseres heutigen Wohlstands verzichten müssen [152].

Belastungen von Wasser und Wasserkreislauf

(Grund-, Oberflächen- und Trinkwasser)

Die Wasserbilanz der BRD für das Jahr 1970 (s. Abb. 10) weist einen Verbrauch von rund 17 Mrd. m³ aus. Nur ein gutes Drittel (6,5 Mrd. m³) konnte dem Grundwasser entnommen werden, den Rest (11,6 m³) mußte man schon aus Oberflächenwasser aufbereiten. Knapp das Eineinhalbfache der dem Oberflächenwasser entnommenen Menge wurde so an dieses als ungenügend gereinigtes Abwasser und erwärmtes Kühlwasser (s. Kap. 3 »Abwässer«) wieder zurückgegeben.

Außer dieser rein mengenmäßigen Belastung des Grund- und Oberflächenwassers wird die Qualität unserer Gewässer durch folgende Umwelteinwirkungen negativ beeinflußt:

AW→W   ▷   Abwässer aus Massentierhaltungen, Industrie, Haushalt und Gewerbe. Dabei gelangen aus Industrie und Minen auch große Mengen hochgiftiger Schwermetallverbindungen in die Oberflächengewässer und Meere.

I → W   ▷   Feste Industrieabfälle und Inertstoffe.

I → W   ▷   Thermische Belastung mit steigenden Mengen Kühlwasser aus der Energieerzeugung.

B → W   ▷   Ausgespülte Düngemittel und Pestizide aus der Landwirtschaft.

AF → W   ▷   Sickerwasser aus Müll- und Abraumhalden.

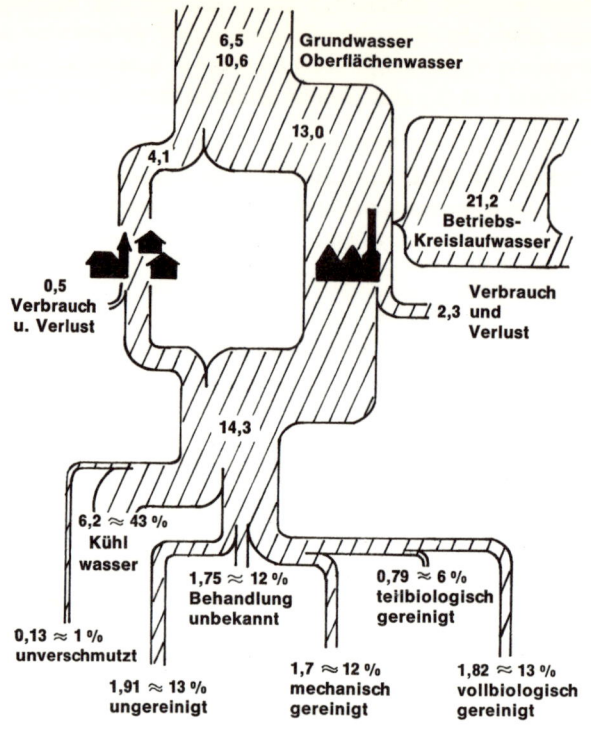

ABBILDUNG 10

Wasserbilanz der BRD in Mrd. Kubikmeter pro Jahr (Stand 1970)
(nach STUCKRAD und DORSTEWITZ[152])

AS → W   ▷   Sich niederschlagende Schwefel- und Stickoxyde aus Abgasen.

I → W   ▷   Ölrückstände und -verluste; ein verschwindend kleiner Prozentsatz undichter Behälter kann große Mengen Grundwasser verseuchen.

I → W   ▷   Ungewolltes Freisetzen von Giftstoffen durch Großunfälle.

AW→W   ▷   Schaumbildende Detergentien, die sowohl den Zelluloseabbau hemmen als auch den Gehalt sonst unlöslicher Giftstoffe erhöhen.

Für die wichtigsten Belastungen der Gewässerqualität ergibt sich im einzelnen folgendes Bild:

DÜNGEMITTEL

B → W   Bodenabschwemmungen von Kulturflächen und Auswaschen von Nährstoffen infolge steigender in Land- und Forstwirtschaft eingesetzter Mineraldüngermengen tragen wahrscheinlich am stärksten zur Verunreinigung der Grund- und Oberflächengewässer bei.

Der Nitratgehalt von 54 Brunnen in 44 Gemeinden an der Mosel wurde über einen Zeitraum von 6 Jahren mit folgendem Ergebnis verfolgt [13]:

Nitratgehalt in mg pro l Wasser	% der Brunnen
0 — 50	28
50 — 100	22
100 — 150	13
150 — 200	20
200 — 250	9
250 — 300	2
300 — 350	6

Im Regierungsbezirk Pfalz wurden Grundwasserbelastungen je qkm Grundwasser Einzugsgebiet bestimmt [13]. Tabelle 10 zeigt, daß hier bei weitem die größten Belastungen aus der Landwirtschaft stammten.

TABELLE 10 In das Grundwasser eingeschwemmte Salze in kg/km²/Jahr

Belastung des Einzugsgebiets durch	Sulfat	Chlorid	Stickstoff
Deponien	25	78	13
Friedhöfe	0,0	0,3	4,3
Kanalflächen	0,3	0,4	0,08
Landwirtschaftliche Nutzfläche	996	1494	1370

B → W Gleichzeitig mit diesen Mineralsalzen führt der Einsatz von Pestiziden in der Land- und Forstwirtschaft zur Anreicherung größerer Mengen dieser Giftstoffe in den Gewässern.

MÜLLDEPONIEN

AF → W Im Bundesgesundheitsbericht 1970 wird die Gesamtheit der jährlich anfallenden Abfallstoffe auf 200 Mio. m³ geschätzt, von denen 90 % »in der Regel ohne besondere Vorsichtsmaßnahmen und ohne Rücksicht auf schwere Verunreinigungen von Boden und Luft« abgelagert werden [153].

Aus unsachgemäß angelegten Mülldeponien können jedoch beachtliche Mengen durch Regenfälle gelöster Stoffe das Grundwasser verunreinigen. So können nach Berechnungen von KARBE aus den rund 100 Mio. m³ jährlichem Hausmüll bereits im ersten Jahr der Lagerung 664 000 t Salze ausgewaschen werden und in das Grund- und Oberflächenwasser gelangen [13].

ABGASE

AS → W   Für New Jersey wurde errechnet, daß mit dem Regen pro ha jährlich 28 kg durch Autoabgase erzeugter zusätzlicher »Stickstoffdünger« auf Felder und Gewässer niederrieselt. Das entspricht gewichtsmäßig etwa einem Drittel der heute in der BRD pro ha verwendeten Menge an Stickstoffdünger. Die Eutrophierung des Mendota-Sees im US-Staate Wisconsin wird sogar ausschließlich den Stickoxyden der Autoabgase aus der Stadt Madison zugeschrieben.

Eine andere Untersuchung zeigt, daß der Nitratgehalt des Regenwassers in den dichtbesiedelten Gebieten der östlichen USA dem örtlichen Benzinverbrauch proportional ist [154].

ERDÖL UND TREIBSTOFFE

AF → W   Mineralölprodukte tragen selbst in geringen Mengen wesentlich zur Verunreinigung des Grundwassers bei. Heizöl und Treibstoffe werden in mehr als 2 Millionen Behältern in der BRD gelagert [155]. Laut Materialienband zum Umweltprogramm der Bundesregierung [156] belief sich für das Jahr 1969

— der gesamte Schmierstoffverbrauch auf	976 000 t
— Davon wurden laut einer Studie des Batelle-Instituts ca. 57 %, also im Verbrennungsprozeß verbraucht	556 000 t
— Somit fielen an Altölen an	420 000 t
— Davon wurden insgesamt aufgearbeitet, beseitigt und verbrannt	ca. 370 000 t
— Übrig bleibt somit eine Dunkelziffer von	ca. 50 000 t

Eine enorme Menge, die mit größter Wahrscheinlichkeit jährlich in der gleichen Größenordnung auf diesem oder jenem Umweg ins Grund- und Oberflächenwasser gelangt.

INDUSTRIEABFALL

I → AW
AW → W   Aus Industrie- und Minenabwässern gelangen jährlich große Mengen hochgiftiger Schwermetallverbindungen in Grund- und Oberflächenwasser. Im Kapitel »Abwässer« wurde schon darauf hingewiesen, daß gerade bei der Industrie statistische Angaben am unzureichendsten sind. Im Folgenden zwei dokumentierte Ausschnitte:

— Die Grubenwässer des Rheinisch-Westfälischen Steinkohlenbergbaus allein führen dem Rhein eine jährliche Salzfracht von 3 Mio. t zu, die sich vor allem aus Chloriden der Alkalien und Erdalkalien zusammensetzt [181].

— Die von der deutschen chemischen Industrie an Grund- und Oberflächenwasser abgegebenen Salz- und Schadstoffverbindungen belaufen sich auf über 3 Mio. t pro Jahr. Einen Eindruck der Mengen dieser giftigen und die Natur belastenden Substanzen vermittelt Tabelle 3 (Seite 38).

I → AF
AF → W   Weiterhin werden jährlich Hunderttausende von Tonnen äußerst toxischer Industrieabfälle unkontrolliert, oft bei Nacht und Nebel, auf Müllkippen, Wiesen und in Wälder abgekippt. Über die Giftigkeit dieser Substanzen gibt es Schätzungen. Sie wird als »ausreichend, um

die gesamte Erdbevölkerung mehrfach auszulöschen« angegeben [157]. Giftmüllskandale, wie sie durch die aus der Nievenheimer Zinkhütte stammenden Tausende Tonnen arsen- und bleihaltiger Kalkschlämme ausgelöst wurden, die ein fahrlässiger Fuhrunternehmer einfach auf Mülldeponien ablagerte, oder durch die 15 000 bis 20 000 Fässer mit hochgiftigen, zyanidhaltigen Härtesalzen, die in einem Müllteich in Bochum-Gerthe versenkt wurden, machten im letzten Sommer Schlagzeilen.

GIFTUNFÄLLE

M → AF
AF → W

FRANK[158] betont, daß Unfälle, bei denen oft hochgiftige Chemikalien frei werden, keine Ausnahmen sind, sondern eine ständige Gefährdung für Grund- und Oberflächenwasser darstellen. 1969 wurden in der BRD insgesamt 1874 Unfälle mit potentieller Gefährdung der Gewässer aus Transport und Lagerung erfaßt[159]. Eine weit größere Gefahr stellt die Dunkelziffer der nicht erfaßten Unfälle dar, weil hier auch keine Abwehrmaßnahmen ergriffen werden. Selbst bei den erfaßten Unfällen sind die Abwehrmaßnahmen oft fragwürdig. Der Materialienband zum Umweltprogramm der Bundesregierung schreibt: »Zum Einsatz bei Ölunfällen sind Ölwehren und andere Institutionen geschaffen worden, die aber — wie die Erfahrung gezeigt hat — nicht überall ausreichen. Ein national und international einheitliches Unfallmeldesystem (mit z. B. einer im Bundesgebiet einheitlichen Telefonnummer) fehlt bisher«[159].

ÜBERWÄRMUNG

Zur stofflichen Belastung der Gewässer tritt die nichtstoffliche Belastung durch Wärme. Für jedes Kilowatt erzeugter elektrischer Energie — und zwar gleich, ob aus herkömmlichen Kraftwerken oder aus Kernkraftwerken — muß auf Grund des naturbedingten geringen Wirkungsgrades durchschnittlich eine anderthalbfache Energiemenge in Form

I → K

von Wärme an die Umwelt abgegeben werden. Diese Situation wird sich auch in Zukunft durch neue Verfahren der Energiedirektumwandlung nur graduell ändern, weil sie ein thermodynamisches Gesetz ist[160]. Für das heute noch allgemein praktizierte Prinzip der

I → W

Dampfturbine gilt Frischwasserkühlung als beste Kühlmethode, weil dadurch dem Kondensator das kälteste zur Verfügung stehende Wasser geliefert wird. Wenn somit ein Kernkraftwerk mit 35%igem Wirkungsgrad pro erzeugter Kilowattstunde Elektrizität 1500 Kilokalorien Wärme an das Kühlwasser abgeben muß, bedeutet dies bei der wirtschaftlich tragbaren Mindestgröße eines kommerziellen Kernkraftwerks von 600 MW Leistung schon 22 Mrd. Kilokalorien pro Tag. Um diese Wärmemenge so abzuführen, daß sich die Temperatur des Kühlwassers um möglichst nur $2,5°C$ erhöht, wird eine Durchlaufmenge von 9 Mio. m^3 Kühlwasser pro Tag benötigt. Das entspricht dem 20fachen des täglichen Wasserverbrauchs einer Zweimillionenstadt[161, 162]. Für solche enormen Wassermengen reicht in der BRD höchstens die Wasserführung der Flüsse Rhein, Donau, Elbe, Inn, Isar und Weser aus[163].

Da sich in der BRD voraussichtlich alle 10 Jahre der Energiebedarf verdoppeln wird (Gesamterzeugung 1970: 50 000 MW, 1980: 100 000 MW, 2000: 400 000 MW), wird die

I → W

Beanspruchung des Flußkühlwassers enorm sein. Nach Berechnungen der Kraftwerksunion können bei entsprechender räumlicher Verteilung der Kraftwerke höchstens noch für weitere 35 000 MW Frischwasserkühlung beschafft werden [163]. Das bedeutet, daß noch vor Ende 1979 die Frischwasserkühlung (bei einer maximalen Aufheizspanne der Flüsse von 3°) erschöpft sein wird und die zur Energieerzeugung nötige Wärmeabgabe dann z. B. über die Luft mit entsprechender Beeinflussung des Mikroklimas vorgenommen werden müßte.

I → K

Auswirkungen der veränderten Gewässer auf andere Umweltbereiche

OBERFLÄCHENGEWÄSSER

W → W

Im Gütekataster deutscher Flüsse sind nur noch Iller, Lech, Isar, Inn und Treene als »teilweise gering verschmutzt« ausgewiesen [164]. Alle anderen angeführten Flüsse werden als »mäßig« bis »übermäßig stark verschmutzt« eingestuft. Bereits 1967 war die natürliche Selbstreinigungskraft des Niederrhein um etwa ein Drittel abgesunken [165]. Das biologische Sauerstoffdefizit des Rheins zwischen Koblenz und Köln (als Maß für die organische Belastung eines Gewässers) wurde seit 1949 fortwährend größer:

1949 — 0,77 mg pro l
1959 — 1,78 mg pro l
1968 — 2,25 mg pro l

Da der Rhein bei der Probeentnahme 1968 durch Hochwasser die siebenfache Wassermenge der Vergleichsjahre führte, muß der Wert von 2,25 auf 16 hochgesetzt werden [166]. Das bedeutet gegenüber 1959 fast eine Verzehnfachung und gegenüber 1949 das Zwanzigfache der Belastung. Ähnliche Verhältnisse dürften auch für andere verschmutzte Flüsse gelten.

W → N

Die Folgen des mangelnden Sauerstoffgehalts der Gewässer sind Fäulnisprozesse, die bis zum »Umkippen« eines Gewässers führen können. Eine entscheidende Rolle bei der Sauerstoffverarmung spielt das übermäßig starke Algenwachstum, wie es durch erhöhte Nährstoffzufuhr (Eutrophierung) aus Abwässern und Ausschwemmungen herbeigeführt wird. Ein Vorgang, der zwar zunächst Sauerstoff erzeugt, nach Absterben und Absinken der Algen jedoch von den unteren Wasserschichten aus durch die Fäulnisprozesse zunehmend dem Gewässer auch den letzten Sauerstoff entzieht. Die Hauptfaktoren der Eutrophierung sind die Phosphate aus Landwirtschaft und Haushaltsabwässern und — nach neueren Untersuchungen aus der »Woodshole Oceanographic Institution« — in besonders starkem Maße auch der Stickstoffanteil der Kunstdünger (Nitrate und Ammoniumsalze).

AW→W
B → W

I → W

W → W

Flußwassererwärmung in der Nähe von Energiekraftwerken kann (wenn nicht durch die Luftdurchmischung bereits sehr sauerstoffarmen Flußwassers an den Kühltürmen gar eine *Aufnahme* von Sauerstoff erfolgt) [167] einen mehrfach negativen Einfluß auf den Sauerstoffgehalt eines verunreinigten Gewässers haben:

▷   durch die mit steigender Temperatur verringerte Wasserlöslichkeit des Sauerstoffs

    ▷   durch die gleichzeitige Erhöhung der Löslichkeit wachstumsfördernder Substanzen

    ▷   durch allgemeine Beschleunigung der Lebensvorgänge und damit auch des Algenwachstums und der Fäulnisprozesse

    ▷   durch eine Verschiebung des bakteriellen Gleichgewichts in Richtung thermophiler Bakterienstämme unter Nachlassen der Selbstreinigungskraft.

W → I   Hinzu kommt eine Erhöhung der Korrosionsgeschwindigkeit für viele dem Wasser ausgesetzte Materialien. KOENIG[168] gibt als Faustregel für eine Temperaturerhöhung von 10° C eine Verdoppelung der Korrosionsgeschwindigkeit in Flußgewässern an.

W → N   Chronische Vergiftung der Gewässer führt zu Veränderungen der in den Gewässern vorkommenden tierischen und pflanzlichen Lebensgemeinschaften (Biozönosen), die sich als ein stabiles Gleichgewicht über Jahrtausende hinweg entwickelt haben und sowohl die
N ... W   — für uns kostenlose — Selbstreinigungskraft der Gewässer fördern, als auch mit anderen Umweltbereichen in vielleicht wichtiger ökologischer Wechselbeziehung stehen. Wir wissen noch viel zu wenig über diese Zusammenhänge — z. B. auch innerhalb der Gleichgewichte der Mikrobenwelt, als daß wir die indirekt für die gesamte Natur und den Menschen schädlichen Folgen abgestorbener Gewässer voll erkennen könnten.

GRUND- UND TRINKWASSER

Wohl die gravierendsten Auswirkungen der Verunreinigungen ergeben sich für die Trinkwasserversorgung, da ein großer Teil der gelösten Stoffe durch die gegenwärtigen Methoden der Aufbereitung nicht entfernt werden kann und somit in den menschlichen Orga-
W → M   nismus gelangt. Dabei ist die Grundwasserverschmutzung am gefährlichsten, weil ihr am schwierigsten beizukommen ist[169].

Die maximalen Toleranzgrenzen einiger toxischer Substanzen in Leitungswasser wurden 1961 für Europa von der World Health Organisation (WHO) festgesetzt[170]:

Substanz	Höchstgrenze	
Blei (als Pb)	0,1	ppm
Arseni (als As)	0,2	ppm
Selen (als Se)	0,05	ppm
Chrom (als [Cr VI])	0,05	ppm
Cadmium (als Cd)	0,05	ppm
Cyanid (als CN)	0,01	ppm
radioaktive α-Erzeuger	1	pC
radioaktive β-Erzeuger	10	pC

Als toxisch angegeben wurden weiterhin:
W → M   Barium, Quecksilber, Cyanid und phenolische Substanzen, die als Karzinogene, Zellgifte, Krampf- oder Reizmittel wirken[171].

W → M   Bei Untersuchungen des Trinkwassers in einer Reihe englischer Städte wurde festgestellt, daß die von der WHO erlaubten Höchstmengen für die Elemente Blei, Barium und Kadmium teilweise erheblich überschritten wurden.

W → M   Die Wirkung von mit Quecksilber bzw. Kadmium verseuchten Gewässern auf die menschliche Gesundheit wird wie folgt geschildert [172]:

▷   Kadmiumkranke klagen über Müdigkeit und Gliederschmerzen. Ihre Knochen werden weich. Der Körper schrumpft bis um 30 cm und das Knochengerüst bricht. Die Kranken sterben (Itai-Itai-Krankheit).

▷   Quecksilberkranke wurden gelähmt, verloren Sprache und Augenlicht, wanden sich in Krämpfen und endeten schließlich als Geisteskranke oder starben (Mihamata-Krankheit).

I → W   Zwar mag es sich hier um außergewöhnlich hohe Konzentrationen der verunreinigenden Metalle handeln, wie sie in Japan aus Bergwerken und Industrieabwässern in einen Fluß und in den Fischbestand einer Meeresbucht gelangt waren, doch weisen gerade diese Fälle auf die potentielle Gefährdung hin, der die Bevölkerung durch stark verunreinigtes

W → M   Grund- und Oberflächenwasser sowie ungenügend aufbereitetes Trinkwasser ausgesetzt ist. Vor allem sind weniger dramatische, aber chronische Symptome mit Sicherheit zu erwarten, die jedoch zur Zeit noch gar nicht mit Pollutionsbestandteilen in Zusammenhang gebracht werden.

W → M   Die weiter oben erwähnten Untersuchungen über den Nitratgehalt der aus Grundwasser gespeisten Moseltal-Brunnen zeigten, daß 72 % der Brunnen einen Nitratgehalt von mehr als 50 mg/l hatten. Das ist ein Wert, der nach medizinischen Befunden bei Säuglingen bis zum 4. Lebensmonat Blausucht hervorruft.

M → W   Für rund 37 % der Einwohner der BRD erfährt das Trinkwasser heute überhaupt noch keine Aufbereitung [158]. Fast 40 % unseres Trinkwassers besteht aus aufbereiteten Oberflächengewässern bzw. angereichertem Grundwasser, also Wasserarten, die stark mit Abwässern belastet sind und nach Aufbereitungsverfahren produziert, die eine Entfernung von Salzen, Pestiziden, Hormonen (aus der Tierfütterung und aus schwangerschaftsverhütenden Mitteln) sowie von krebserzeugenden Stoffen nicht garantieren. In vielen Fällen ist also das so entstehende Trinkwasser nichts anderes als ein ungenügend aufbereitetes Abwasser.

W → I   Da in vielen Städten das Trinkwasser den hygienischen Anforderungen nicht entspricht, werden hohe Aufwendungen zu einer Verbesserung der Trinkwasserqualität und der Erschließung neuer Trinkwasserreserven notwendig sein. Diese Aufwendungen sind um so höher, je stärker die Verunreinigung und je geringer die Selbstreinigung der Gewässer durch Überbelastung ist. Es entstehen dadurch direkte volkswirtschaftliche Schäden, die bisher nicht erfaßt wurden, da der Zusammenhang von Abwasserreinigung und Trinkwasseraufbereitung weder qualitativ geschweige denn quantitativ ausgearbeitet wurde.

Auswege – Abhilfen – Lösungen

Auf einem Hearing über die Wasserverschmutzung in der BRD gab P. BÖHNKE am 8. März 1971 vor dem Deutschen Bundestag einen für die Wasserversorgung in der BRD bis zum Jahre 2000 benötigten Investitionsbedarf von insgesamt 81 Mrd. DM an[53]. Das ergibt eine jährlich aufzubringende Summe von 2,8 Mrd. DM und entspricht etwa der Hälfte der zusätzlich für die Beseitigung und Reinigung des Abwassers für den gleichen Zeitraum aufzubringenden Summe von 5,3 Mrd. DM (s. »Produkt: Abwässer«).

M...W
W...M

Daraus kann allerdings nicht geschlossen werden, daß Wasserversorgung mit sauberem Wasser nur halb soviel kostet wie die Entsorgung und Reinigung des verschmutzten Abwassers, denn beide zusammen bilden einen Kreislauf.

Verteilt man die somit für den Wasserhaushalt jährlich aufzubringenden 8 Mrd. DM gleichmäßig auf alle Einwohner der BRD, so ergibt das pro Kopf ca. 130 DM jährlich. Im Vergleich dazu betrugen die Ausgaben für

soziale Sicherheit	524,— DM
Verteidigung	365,— DM
Unterricht	206,— DM
Straßenbau	184,— DM

je Einwohner.

Die gegenwärtige Lage verlangt in jedem Fall eine multiregionale und auf die lange Sicht eine multinationale wasserwirtschaftliche Zusammenarbeit (u. a. zum Ausbau eines größeren Pipelinenetzes), um den Circulus vitiosus zwischen Reinigung der Abwässer des Vorgängers und Verunreinigung des Trinkwassers des Nachfolgers zu durchbrechen und damit nicht nur Gesundheitsschäden zu vermeiden, sondern auch der Volkswirtschaft entstehende Kosten zu sparen. Es leuchtet sofort ein, daß es günstiger ist, Wasserver-
I...W
unreinigungen aus konzentrierten Lösungen, d. h. den eigentlichen Abwässern direkt zu entfernen, als aus wesentlich verdünnteren Lösungen (Oberflächengewässer, Grundwasser). Wenn der erstere Weg allgemein beschritten wird, würde die natürliche Selbstreinigungskraft der Gewässer erhalten werden und den Reinigungseffekt verstärken, ja oft
W...W
auch die restlichen unvermeidbaren Wasserverunreinigungen allein beseitigen können, während sie heute vielfach bereits erloschen ist.

Bis dieses Ziel der Wasserreinigung, das bei der Ursache direkt ansetzt, erreicht ist, täten die Gemeinden gut daran, jeden Kubikmeter ungereinigten Abwassers, gleichwohl ob es
W → I
aus Industrie, Landwirtschaft, Kommunen oder kleingewerblichen Betrieben stammt, mit einer Gebühr zu versehen, ein System, für das sich in den USA unter dem Begriff »effluent charges« vor allem A. KNEESE eingesetzt hat. Die Gebühren ergeben sich aus den gesamten durch die Wasserverunreinigung entstehenden Schäden (Wasserüberwachungsnetz!), die relativ gut zu errechnen sind. Sie müssen mindestens so hoch angesetzt werden, daß es für den Wasserverschmutzer billiger kommt, von sich aus die Abwässer zu reinigen.

I . . . W

Da nur ein geringer Teil des Trinkwassers echt verbraucht wird und der weitaus größere Teil zum Abschwemmen von Abfallstoffen benutzt wird, bietet sich die Möglichkeit verschiedener voneinander getrennter Wasserkreislaufsysteme von selbst an. Wasser-Abwasser-Kreisläufe, wie sie schon seit Jahrzehnten in manchen Industriebetrieben benützt werden, müssen stärker zum Einsatz kommen. So wird heute z. B. auch radioaktiv verseuchtes Wasser immer wieder verwendet, da ein Umpumpen wesentlich billiger kommt als die jedesmalige Entseuchung des Wassers, die zu seinem Ablassen nötig wäre [172].

W . . . AW

Ähnliche Systeme werden auch schon für Wohngebiete eingerichtet, in denen notorische Wasserknappheit herrscht, z. B. in dem Stadtstaat Hongkong und auf verschiedenen Inseln der Karibischen See. Da nur eine Sorte den höchsten hygienischen Reinheitsanforderungen genügen muß, wird hier Wasser erster Güte für Trink- und Kochzwecke verwendet, und die Wassersorten geringerer Güte (oft salzhaltiges Brackwasser) für sanitäre Anlagen, Feuerhydranten, Industrieanlagen und Straßenreinigung.

I . . . W

I → K

Da bis 1980 die Kühlkapazität der bundesdeutschen Flüsse erschöpft sein wird, muß auf wirtschaftlich gesehen ungünstigere Methoden der Wärmeabführung, wie durch Kühltürme, zurückgegriffen werden, was zur Erhöhung der Strompreise führen wird. Allein schon aus diesem Grunde sollte man sich darum bemühen, jetzt bereits neue Methoden der Wärmeabführung an die Atmosphäre unter Berücksichtigung meteorologischer Gesetzmäßigkeiten zu entwickeln.

I . . . W

W . . . N

N . . . I

Eine bisher noch nicht genügend bearbeitete Möglichkeit ist die *Weiterverwendung* der bei der Energieerzeugung entstehenden Wärmemengen (1100 — 1600 kcal/kWh). Erste Schritte werden bereits in den USA in dieser Richtung unternommen. Eine Studie an der Universität von Hawaii zeigt, daß nährstoffreiches Tiefseewasser, das zur Kühlung eines Kernreaktors erwärmt wird, in großangelegten Teichen (von denen das Wasser nach einiger Zeit abgekühlt und nährstoffärmer wieder zum Meer zurückfließt) nützliche Meerespflanzen erfolgreich zu kultivieren ermöglicht [173]. Eine ähnliche Studie über die biologische Verwendung von erwärmtem Süßwasser wäre sicher lohnenswert.

I . . . W

Nicht zuletzt könnte eine Direktumwandlung von Reaktorwärme in Strom, d. h. ohne den bisherigen Umweg über Dampfturbinen, beachtliche graduelle Verbesserungen der Energieausnutzung und damit eine Verringerung der in Zukunft immer problematischeren »Abfallwärme« bringen (auch beim Fusionsreaktor). Drei Systeme werden hierfür diskutiert:

— die thermoelektrische Methode über Si-Be-Thermoelemente
— die magneto-hydrodynamische Umwandlung (MHD) der Energie eines Plasmas von ionisiertem Gas [174].
— die thermoionische Methode, bei der kontinuierlich Elektronen von einer Kathode »verdampft« und in einen Stromkreislauf geschickt werden [175].

M . . . W

W . . . M

Daß die Sanierung einiger unserer Wasserläufe allein schon durch den damit verbundenen Gewinn an Erholungswert volkswirtschaftlich rentabel sein kann, zeigt eine Studie von KNEESE und BOWER für den verschmutzten Unterlauf des Delaware-Flusses, der in einem der am dichtesten besiedelten und industrialisierten Gebiete der USA liegt [176].

Für vier verschieden intensive Sanierungsprogramme:

1. leichte Verbesserung gegenüber 1964, nur noch minimale anaerobe Zersetzung, Entstehung mehrerer Erholungszentren

2. Sauerstoff angereichert, keine anaerobe Zersetzung mehr, Ausbau der Erholungszentren

3. weitere Sauerstoffanreicherung, vereinzelte Fischlaichzüge, Erweiterung der Erholungsgebiete

4. beträchtliche Erweiterung der Erholungsgebiete, 6,5 ppm Sauerstoff im Wasser, unbehinderte Fischlaichzüge

wurde folgende Kosten-Nutzen-Rechnung aufgestellt:

TABELE 11

Kosten-Nutzen-Tabelle zur Sanierung des Delaware-Flusses
(in Mio. US-Dollar, auf 20 Jahre mit 3 % diskontiert) [177]

Programm	Gesamtkosten	Gewinn an Erholungswert	Gewinn an ökologischer Funktionsfähigkeit
1	65—130	120—280	*
2	85—155	130—310	**
3	215—315	140—320	***
4	ca. 460	160—350	****

Programm 1 bringt also auf jeden Fall einen direkten wirtschaftlichen Profit. Auch Programm 2 hat, rein ökonomisch gesehen, noch seinen Nutzen. Selbst Programm 3 wäre durchaus noch wirtschaftlich vertretbar, da das gereinigte Wasser neben dem direkten Nutzen wie Baden, Wassersport und Fischfang weitere indirekte gesamtwirtschaftliche Vorteile bringt — wie z. B. das nahezu wiederhergestellte ökologische Gleichgewicht im Flußgebiet und damit die nach der Sanierung wieder mögliche Mithilfe der natürlichen Regelkreise und Symbiosen bei der laufenden Regeneration des Gesamtsystems, die bekanntlich in einem »verseuchten« oder »umgekippten« Ökosystem nicht mehr funktioniert und — da die Natur nicht mehr dafür sorgt — vom Menschen unter oft hohen Kosten in vieler Hinsicht mitgetragen werden muß (z. B. Verlust der Selbstreinigungskraft von Gewässern, Erosion und Senkung des Grundwasserspiegels, Resistenz von Schädlingen und Mikroorganismen, Disproportionierung von Biozönosen durch Aussterben natürlicher Feinde usw.).

Da also Gewässersanierung über ihre dringende Notwendigkeit hinaus auch rein wirtschaftlich gesehen rentabel sein kann, sollten ähnliche Studien für sämtliche deutschen Fluß- und Seengebiete eigentlich schon längst erstellt und befolgt sein. Was die Praxis solcher Vorhaben betrifft, so seien außer dem oben angeführten Beispiel die interessanten technologischen Maßnahmen zur Sanierung des Michigansees (unter stufenweiser Wiedereinschaltung natürlicher Regenerationsmechanismen) [178], die Entschlammung verschiedener deutscher Seen und die frühzeitigen Maßnahmen zur Gesunderhaltung des Tegernsees (Ringsystem zur rigorosen Abwässerumleitung) erwähnt.

MEERWASSERENTSALZUNG

O...W   Unser größtes Wasserreservoir sind natürlich die Weltmeere selbst. Ihr schier unerschöpflicher, wegen des Salzgehaltes nicht direkt nutzbarer Vorrat drängt sich bei der steigenden Wassernot daher immer mehr in den Vordergrund. »Spricht es nicht unserer technischen Begabung Hohn, daß dem Ozean benachbarte Wüstengebiete nicht bebaut werden können, daß Schiffbrüchige mitten auf dem Meer verdursten müssen? Es ist erstaunlich, daß der erste größere Bericht über die Süßwassergewinnung aus dem Meer von dem Athener Symposium aus dem Jahre 1962 datiert. Damit begann jedoch eine stürmische Entwicklung. Sowohl auf der Genfer Atomkonferenz 1964 als auch in laufenden Ausschüssen der UNO wird dieses Problem endlich als die vordringlichste Technologie der nahen Zukunft behandelt [179]. Denn hier im Meer liegt der einzige verwirklichbare Zuschuß zu unserem Wasserhaushalt.« [172]

O...W   Bereits 1970 arbeiteten auf der Welt insgesamt 61 Meerwasserentsalzungsanlagen. Bisher wirtschaftlich tragbar sind entweder moderne Destillationsanlagen wie in Kuweit (eine britische mit 28 000 m³ Tageskapazität und eine neue japanische), kombinierte Kernreaktor-Entsalzungsanlagen wie an der kalifornischen Küste (sie versorgt 750 000 Einwohner mit Trinkwasser und liefert 1800 MW Strom an Energie), reine Sonnenenergiedestillationen, wie auf der griechischen Insel Patmos oder in Zentralaustralien, Ausfrieranlagen wie in Israel sowie verschiedene Membran- und Austauschverfahren, wie sie vor allem für Brackwasser in Japan ausprobiert werden [180]. Die Kombination einer Meerwasserdestillation mit Kernreaktoren oder Gezeitenkraftwerken verspricht bisher die günstigsten Zahlen. Bei den steigenden Kosten für Grund- und Quellwasser und den allmählich sinkenden Kosten für entsalztes Meerwasser dürften sich daher die beiden Kurven der Preisentwicklung um 1975 kreuzen und damit auch in den gemäßigten Zonen einen spürbaren Umschwung im Einsatz von Meerwasser bringen, zumal hier eine Reihe der erwähnten Techniken noch im Kommen ist.

O...I   Mit diesem kurzen Streiflicht sei eine für die Zukunft der Wasserversorgung wahrscheinlich sehr wichtige Entwicklung nur angedeutet. Sie scheint jedenfalls Energiegewinnung
I...W   und Frischwasserbeschaffung in ökologisch sinnvoller Weise koppeln zu können, statt sie — wie bei der augenblicklichen Doppelbelastung in beiden Bereichen — diese gegeneinander wirken zu lassen.

Umweltbereich: Boden

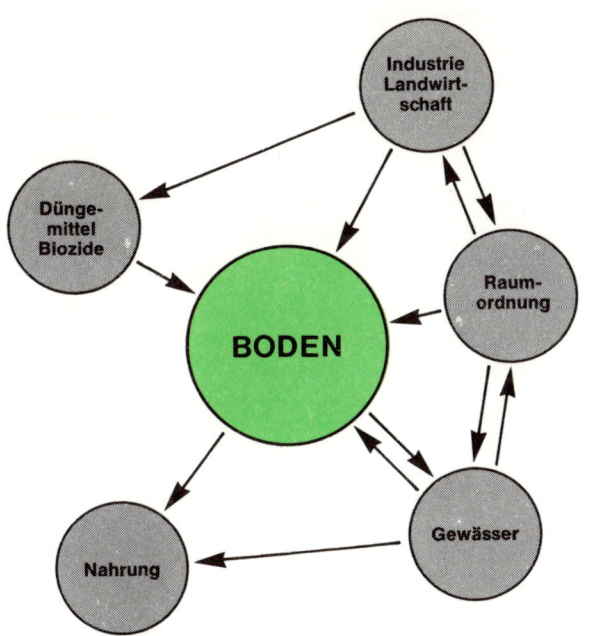

7

Die heutige Bodenbearbeitung ist auf Höchsterträge abgestimmt. Bodenflora, -fauna und -struktur werden rücksichtslos durch Methoden verändert, die gleichzeitig Nahrung, Wasser und Raumordnung belasten: Landwirtschaft als Umweltverschmutzer. Der Systemzusammenhang zeigt Lösungen, natürliche Symbiosen zu nutzen statt zu zerstören.

Die 136 Millionen Quadratkilometer Landoberfläche unserer Erde werden heute zu 10 % als Anbaufläche genutzt. Weitere 25 % sind nutzbare Weide- und Waldflächen, die uns noch als mögliches Ernteland zur Verfügung stehen. Doch schon das bis heute angebaute Areal der Weltlandwirtschaft ist im Grunde ein einziges ökologisches Katastrophengebiet. Auf der ganzen Welt findet ein erbarmungsloser Kampf um Ertragssteigerungen statt. Am erfolgreichsten dabei sind gerade jene Nationen, die durch ihre hohe Industrieproduktion am wenigsten auf hohe landwirtschaftliche Selbstversorgung angewiesen sind.

Das ist kein Zufall, denn die Steigerung landwirtschaftlicher Produktion und Produktivität ist immer mehr zu einem rein technologischen Problem geworden. Die Bodenerträge — so schien es lange Zeit — stehen in genauer Relation zu dem Aufwand an Industriedüngern, Schädlingsbekämpfungsmitteln, Maschineneinsatz, Spezialisierung und wissenschaftlicher Anbau- und Züchtungsforschung. Erst in neuester Zeit mußte man feststellen, daß bei dieser einfachen Input-Output-Rechnung eine ganze Reihe von Kostenfaktoren nicht berücksichtigt wurden. Bei den kurzfristigen Kosten handelt es sich dabei fast durchweg um sogenannte volkswirtschaftliche Zusatzkosten, Nebenkosten und Nebenwirkungen, die nicht innerbetrieblich, sondern außerbetrieblich anfallen, wo sie die Öffentlichkeit, also der Steuerzahler, bezahlen muß. Die langfristigen Kosten betreffen hauptsächlich die Zerstörung des Bodens selbst, d. h. seiner Wasserhaltung, Struktur, Vitalität, mit einem Wort: seiner Fähigkeit, Vegetation zu tragen.

Die in der Landwirtschaft heute fast generell angewandten Methoden der Bodenbearbeitung und Bodennutzung beruhen auf einer mechanistischen und längst veralteten Vorstellung vom Boden als einer bröckeligen, leblosen Substanz, welche der Pflanze hilft, aufrecht zu stehen, und in die man Nährstoffe wie Stickstoff, Phosphor und Kalium hineinsteckt, um einen möglichst hohen Ertrag hervorzubringen [182]. Wohin diese veralteten Vorstellungen führen können, wurde vor allem im amerikanischen Mittelwesten demonstriert, wo riesige, einst fruchtbare Landstriche durch Erosion zur Wüste wurden.

▷   Noch heute nimmt nach Expertenschätzungen im Getreidestaat Illinois der Bodenwert jährlich um 1 Prozent ab.

▷   In der Sowjetunion wurden jetzt ähnliche grundlegende Fehler im Getreideanbau Armeniens zugegeben [183]. 40—80 % der Ernte und 12 Millionen Tonnen fruchtbaren Bodens werden dort jährlich durch Erosion vernichtet. Als Ursache gab man die rücksichtslose Rodung von 90 000 ha Urwald an, von denen bisher nur 3000 ha wieder aufgeforstet seien. Als weiterer Grund wurde die ständige Abnahme des Anteils an Gras- und Weideland und schließlich die kurzsichtige Profit- und Sollpolitik genannt [184].

▷   In den Erdnußplantagen im Sudan führte die tägliche Bewässerung (und somit tägliche Eindunstung) zur Versalzung der Böden.

▷   Im südlichen Afrika kommt die rapide zunehmende Wüstenbildung auf das Konto eines ununterbrochenen Mais- und Tabakanbaus [185].

Diese und ähnliche Beispiele zeigen, daß eine lebendige Bodenstruktur für die Einhaltung des ökologischen Gleichgewichts einer der wesentlichsten Faktoren ist. Wie weit verzweigt die direkten und indirekten Auswirkungen eines gesunden bzw. eines verarmten Bodens sind, wird noch zu zeigen sein. Die größte Hilfe — die zudem nichts kostet — bieten für die Nährstoffzufuhr der Pflanzen die Bodenorganismen [186]. Eine Symbiose, die wir, statt sie zu nutzen, fast zerstört haben:

—   Gesunder Boden enthält pro qm an Mikrofauna unter anderem
    45 000 kleine oligochaete Würmer
    10 000 000 Nematoden
    48 000 Klein-Arthropoden (Insekten und Milben)
    100 000 Collembola (Springschwänze)

—   Gesunder Boden enthält pro g an Mikroflora unter anderem
    2 500 000 Bakterien
    400 000 Pilze
    50 000 Algen
    30 000 Protozoen

»Erst durch die kombinierte Tätigkeit von Pflanzenwurzeln und Mikroorganismen wird nämlich aus Gesteinsmaterial und toten organischen Resten das aufgebaut, was man unter Boden versteht. In ihm trifft sich also belebte und unbelebte Natur unter dem jeweiligen Klima. Hiermit wird der Boden vielleicht zum interessantesten Gebilde unserer Erde überhaupt. Er ist nicht nur Schauplatz für Grenzflächenvorgänge und mikrobielle Aktivität, sondern in ihm spielen sich Energie-Übertragungen ab, wie sie für den Fortbestand allen Lebens auf diesem Planeten notwendig sind« (PAULI)[185]. Die Revitalisierung unserer Böden wird daher im Zusammenhang mit einer Reihe anderer Umweltmaßnahmen vielfältige Vorteile bringen — eine Erkenntnis, die sich zur Zeit allgemein durchsetzt[187].

Belastungen des Bodens

MINERALDÜNGER

I → B

Der Verbrauch an Industriedünger zur Produktionssteigerung in der Landwirtschaft der BRD hat sich bei einer Abnahme der landwirtschaftlichen Nutzfläche um etwa 5 % von 1938 bis 1966 mehr als verdoppelt[188]. Trotz ständig abnehmender Landwirtschaftsfläche steigt der Verbrauch an Mineraldünger auch weiterhin. 1969/70 stieg der Gesamtverbrauch allein an Stickstoff auf über eine Million Tonnen an. Insgesamt wurden je Hektar landwirtschaftliche Nutzfläche die Nährstoffe Stickstoff, Phosphor, Kalium in folgenden Mengen verbraucht[13, 201]:

        1938/39 — 94,5 kg
        1960/61 — 160,4 kg
        1965/66 — 205,9 kg
        1969/70 — 220,0 kg

B ... N

Im Wirtschaftsjahr 1969/70 gab die deutsche Landwirtschaft für Dünge- und Boden-»verbesserungsmittel« fast 2,4 Milliarden Mark aus, gut 14 % ihrer gesamten Vorleistungen für andere Wirtschaftsbereiche. Blickt man auf die Hektarerträge, so scheint sich der Aufwand gelohnt zu haben: In der BRD nahmen die wichtigsten Ernteerträge im letzten Jahrzehnt durchweg um rund 50 % zu (vgl. Kapitel 8, »Nahrung«).

I → B
I → AF

An dieser Produktions- und Produktivitätssteigerung sind neben dem verstärkten Einsatz von Mineraldüngern selbstverständlich auch andere Faktoren beteiligt. Faktoren, die freilich nicht minder fragwürdig werden, sobald man außer ihren unmittelbaren auch ihre mittelbaren Auswirkungen berücksichtigt, zum Beispiel die Großspezialisierung und die mit ihr verbundene Trennung sich ergänzender Abläufe. Glichen die alten Mischbetriebe mit ihrer Vielfalt an Feldfrüchten, Grünland, Wald und Tierhaltung noch weitgehend einem in sich stabilen Ökosystem, so gilt dies für die moderne Großflächenbewirtschaftung durchaus nicht mehr, und noch viel weniger für die gigantischen »Fabriken« der Massentierhaltung. Mist wird hier von einem geschätzten Düngemittel zu einem problematischen Abfallprodukt. Er fehlt jedoch bei den heute viehlosen Anbauflächen, die deshalb um so mehr auf Industriedünger angewiesen sind. Die Trennung in großflächigen Anbau von Monokulturen einerseits und in Batteriehaltung bei der Tierzucht andererseits führt somit in beiden Fällen zur Unterbrechung äußerst profitabler »innerbetrieblicher« Stoffkreisläufe (vgl. Abb. 11).

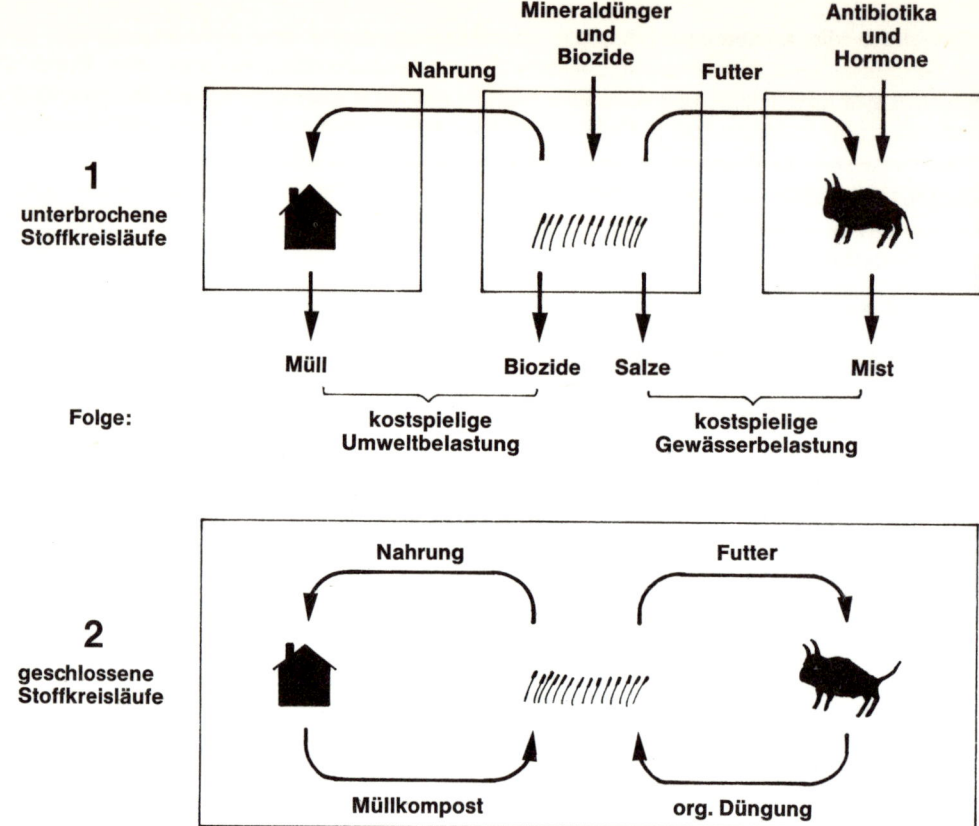

ABBILDUNG 11

Großspezialisierung unter Trennung von Anbau und Massentierhaltung
(Trennung innerbetrieblicher Stoffkreisläufe).

Die Folge ist kostspielige Mehrfach-Umweltbelastung (2) anstelle profitablem Recycling (1).

Die Stickstoffbilanz des Bodens wäre unvollständig, würde man nur die direkt als Mineraldünger ausgebrachten Mengen berücksichtigen. Der amerikanische Biologe B. COMMONER
weist auf die erheblichen Stickstoffmengen hin, die durch den Kraftfahrzeugverkehr nicht

R → AS   nur in die menschlichen Lungen gelangen [189]. Die in den hochverdichteten Benzinmotoren
gebildeten Stickoxyde werden in der Luft leicht in Nitrate umgewandelt und gelangen

AS → B   mit den Niederschlägen in Boden und Oberflächengewässer. Für die agrarintensiven USA
B → W   schätzt man die so produzierte Stickstoffmenge auf mehr als 30 % der als Düngemittel
verwendeten Menge. In der BRD jedoch beträgt dieser Betrag bereits 200 % des in der
Landwirtschaft eingesetzten! Welcher Anteil davon allerdings in Boden und Gewässer
gelangt, ist noch ungewiß [190].

BIOZIDE

Die Einführung von Monokulturen, die in riesigen Landstrichen nur noch wenige verschiedene Pflanzensorten antreffen läßt, schafft andererseits für Schadenserreger, insbesondere Insekten, nahezu ideale Lebens- und Vermehrungsbedingungen, so daß hohe B → N Ertragsverluste auftreten können [191]. Zur Bekämpfung dieser Schädlinge werden daher — praktisch parallel zur Ausbreitung von Monokulturen — steigende Mengen von I → B Bioziden eingesetzt.

In der gleichen Richtung liegt die Problematik der als »grüne Revolution« gepriesenen, genetisch hochgezüchteten, ertragreichen Getreidesorten und der ebenso ganz auf die jeweiligen Konsumgewohnheiten getrimmten Tierzüchtungen. Sie sind einerseits auf hohe Nährstoffzufuhr angewiesen (Mineraldünger in der Pflanzenzucht, Industriefuttermittel in der Tierzucht), andererseits sind sie gegen Seuchen und Kalamitäten, gegen Temperatur-N → B raturschwankungen und andere Klimaeinflüsse besonders empfindlich und verlangen dadurch weitere künstliche Eingriffe durch ständig steigenden Einsatz von Bioziden, Pharmaka und Medikamenten wie Hormone und Antibiotika [192].

I → B Die Ausgaben der deutschen Landwirtschaft für Biozide stiegen auf diese Weise von 143 Mio. DM im Jahre 1963/64 auf 325 Mio. DM im Jahre 1969/70. Die Zahl der um 1970 in der BRD eingesetzten verschiedenen Bakterizide, Fungizide, Herbizide, Nematizide, Molluskizide, Insektizide, Akarizide und Rhodentizide wurde dabei auf 170 chemische Verbindungen geschätzt. In den USA gibt es bereits deren 420. Aus diesen Grundstoffen stellte die pharmazeutische Industrie in der BRD rund 1100 Präparate, in den USA rund 9500 Präparate her. Die Jahresproduktion der USA an Bioziden betrug 1965 rund 400 000 Tonnen. Diese Menge verteilte sich auf folgende Anwendungsbereiche und Stoffgruppen [193]:

TABELLE 12

Chemikalien	Tonnen
Fungizide	68 137
Herbizide	100 335
Insektizide, Räuchermittel, Rhodentizide	228 612
Pestizide, insgesamt	397 075
Aldrin-Toxafen-Gruppe	53 916
BHC	3 176
Kalzium-Arsenat	2 722
DDT	63 876
Dibromchlorpropan	1 557
Bleiarsenat	3 629
Methylbromid	6 489
Methylparathion	13 209
Parathion	7 340
andere organische Chemikalien	75 676

1969 verstreuten und versprühten die Landwirte in der BRD allein von dem in der Tabelle nicht aufgeführten hochgiftigen Methylquecksilber 26 Tonnen — eine zwar geringe Menge im Vergleich zu den 300 Tonnen Quecksilber, die im selben Jahr bei der Chlorherstellung in die Abwässer gelangten, jedoch eine Menge, die hier gezielt auf Nahrungsmittel abgegeben wurde! [194] Die Gefährlichkeit der meisten Biozide beruht vor allem auf vier Eigenschaften:

I → N

— auf ihrer hohen Toxitizität bei geringer Spezifität, d. h. hoher Allgemeingiftigkeit

— auf ihrer Beständigkeit: Sie benötigen zu einem weitgehenden (95%igen) Abbau zwischen 3 und 30 Jahren [195]

— auf der Bildung von biologisch gefährlichen Stoffwechselprodukten

— auf ihrer Anreicherung in Organismen, die um so stärker ist, je länger die durchlaufene Nahrungskette war.

BODENSTRUKTUR

Die aus Gründen einer scheinbaren, da nicht langfristig berechneten Wirtschaftlichkeit durchgeführte Einengung der Fruchtfolge auf nur wenige Arten verstärkt den Mangel des Bodens an abbaubarer Substanz erheblich, da außerdem kaum Ernterückstände anfallen [196]. Zum Ausgleich werden dann die überhöhten Mengen Industriedünger erforderlich, die eine Verarmung der für Stoffwechselvorgänge äußerst wichtigen natürlichen Bodenfauna und -flora verursachen. Mit den Veränderungen der Bodenstruktur gehen weitere tiefgreifende Verschlechterungen der chemisch-biologischen Systeme einher, Systeme, die normalerweise wichtige Funktionen übernehmen:

I → B

B ... B

Die Humussäuren einerseits und die vielfältige Mikrolebewelt eines an organischen Stoffen reichen, humosen Bodens andererseits üben eine Pufferwirkung auf den Nährstoffhaushalt des Bodens und der Pflanzen aus. So wird Stickstoff durch Humussäure in unlöslicher Form festgehalten und langsam als stetige Nährstoffquelle an die Pflanzen abgegeben.

B ... B

Die Mikroorganismen tragen zu einer ausgeglichenen, für die pflanzliche Ernährung optimalen Nährstoffverteilung und Regulierung des pH-Wertes bei und machen vor allem mineralische Phosphate der Pflanze erst zugänglich.

Eine Verringerung dieser natürlichen Fruchtbarkeit muß durch weitere Kunstdüngermengen ausgeglichen werden, wodurch die Symbiosen des Bodens endgültig geschädigt werden (Entvitalisierung der Bodenstruktur).

Eine besondere Gefahr geht in dieser Hinsicht von der in der letzten Zeit propagierten »Direktsaat« aus (d. h. von einer Saat ohne mechanische Bodenbearbeitung). Diese Anbaumethode ist in speziellen Fällen bei günstigem Bodengefüge und für bestimmte Gewächse wie Getreide und Kohl, für die die Belüftung des Bodens uninteressant ist, durchführbar, da auf den einzig verbleibenden Grund einer mechanischen Bodenbearbeitung, nämlich Unkräuter und tierische Schädlinge zu bekämpfen, durch erhöhten Einsatz von Schädlingsbekämpfungsmitteln verzichtet werden kann [197]. In der Tat bringt auf manchen

Böden das Pflügen neben der Kontrolle von Gras und Unkraut auch gewaltige Nachteile wie die Zerstörung der Bodenstruktur, rasche Abnahme der organischen Bodenmaterie mit nachfolgender Erosion und Verlust an Bodenfeuchtigkeit und Mutterde (durch Wind). Da hier jedoch die Teufelsspirale mit all ihren Folgen beschleunigt angekurbelt wird, dürfte die Methode nur in wenigen speziellen Fällen für den Boden günstig sein [197].

SONSTIGE BODENBELASTENDE UMWELTEINWIRKUNGEN

AF → B
B → N
Die Veränderung von Bodenstruktur, Bodenvitalität und Wasserhaltung durch Mülldeponien, Altöl und Chemieabfälle und darüberhinaus die Schädigung des umliegenden Nahrungsanbaus wurde bereits besprochen (vgl. Kap. 2, »Abfälle«), sei jedoch hier der Vollständigkeit halber noch einmal erwähnt.

AS → B
Auch auf die einschneidende Belastung kalkarmer, also wenig basischer Böden durch saure Abgase wie Schwefeloxyde, selbst über viele hundert Kilometer Entfernung, wurde schon hingewiesen (vgl. Kap. 4, »Abgase und Stäube«). Der Futurologe Robert JUNGK empfahl vor kurzem — sehr berechtigt — den skandinavischen Ländern, gegen die BRD z. B. wegen der stark SO_2-haltigen von Deutschland einströmenden Luft juristisch vorzu-
M . . . B
gehen, um endlich entsprechende internationale Abmachungen ins Rollen zu bringen. Andere Abgasschäden wie durch Fluremissionen und sonstige Einflüsse werden, da ihre
AS → N
Auswirkungen weniger den Boden selbst betreffen, in Kap. 8, »Nahrung« besprochen.

R → B
Auf die Veränderungen des Bodens durch raum- und landesplanerische Maßnahmen, Bebauung, Verkehr, Bepflanzung, Rodung und wasserwirtschaftliche Eingriffe wird dann innerhalb entsprechender Probleme der Raumordnung eingegangen werden (vgl. Kap. 11, »Raum«).

Auswirkungen der Bodenbelastung auf andere Umweltbereiche

B → N
N → M
Durch die starke Mineraldüngung, vor allem mit Stickstoff, werden zwar weiterhin Höchsterträge erzielt, aber gleichzeitig auch Qualitätseinbußen bis zur Schädigung der Gesundheit des Verbrauchers herbeigeführt, ganz abgesehen von einer Erhöhung des Krankheits- und Schädlingsbefalls bei den behandelten Pflanzen durch deren veränderten Stoffwechsel [198].

So genügt eine leichte Verlagerung der Synthese langkettiger Polysaccharide wie Stärke und Zellulose auf kleinere zuckerähnliche Moleküle, daß diese sich zum Teil auf den Außenflächen der Pflanzen ablagern und so ihre Attraktivität für Insekten erhöhen.

N → B
Das vermehrte Auftreten solcher Schadenserreger in Monokulturen verlangt nunmehr den massiven Einsatz von Schädlingsbekämpfungsmitteln, die zum Beispiel direkt die für die Stickstoffaufnahme (besonders in Symbiose mit Leguminosen) verantwortlichen Bakterien [199] und damit die natürliche Fähigkeit des Bodens, Stickstoff aus der Luft zu

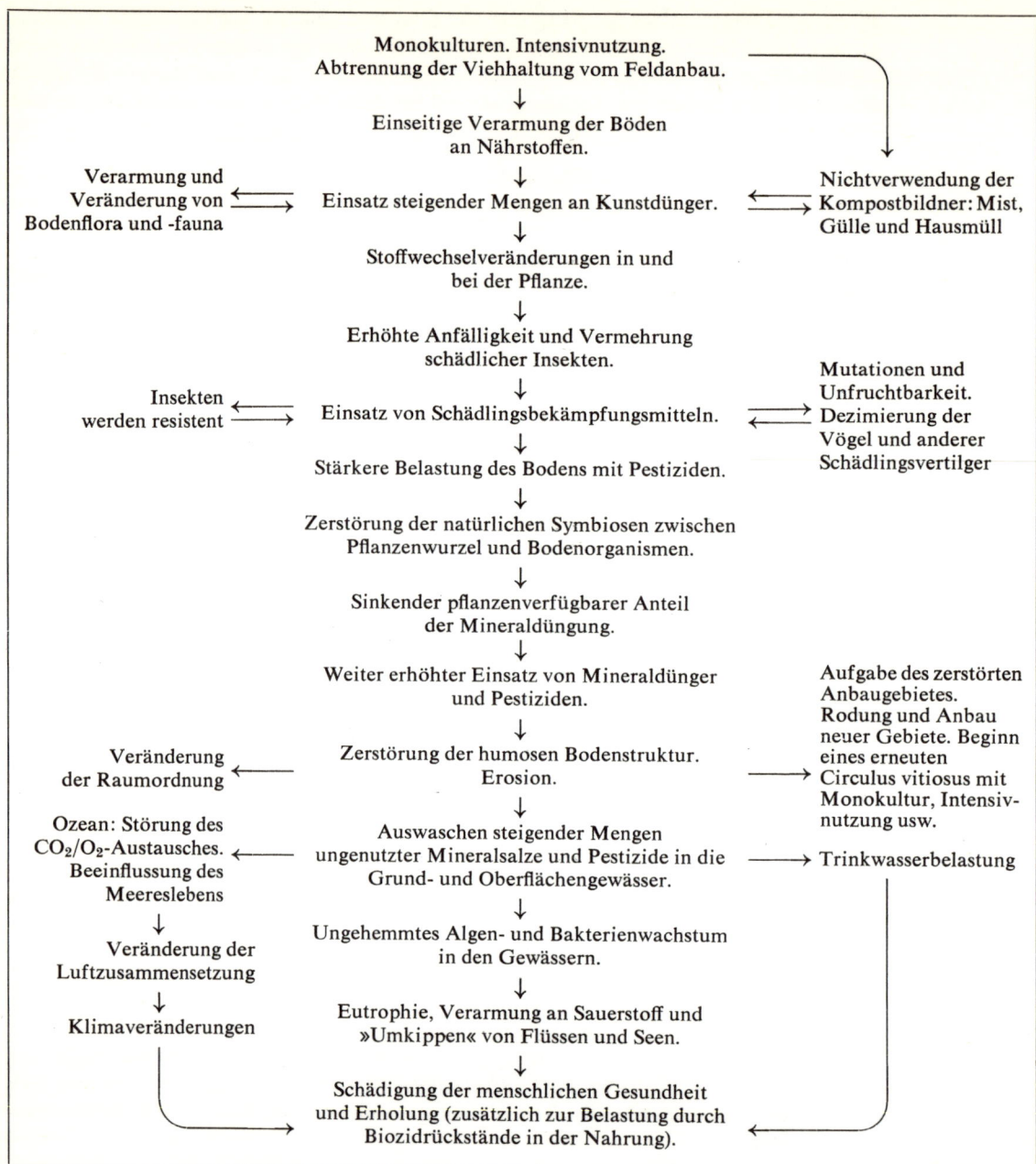

ABBILDUNG 12

Schematische Darstellung der vernetzten Ursache-Wirkung-Beziehung in der Bodennutzung

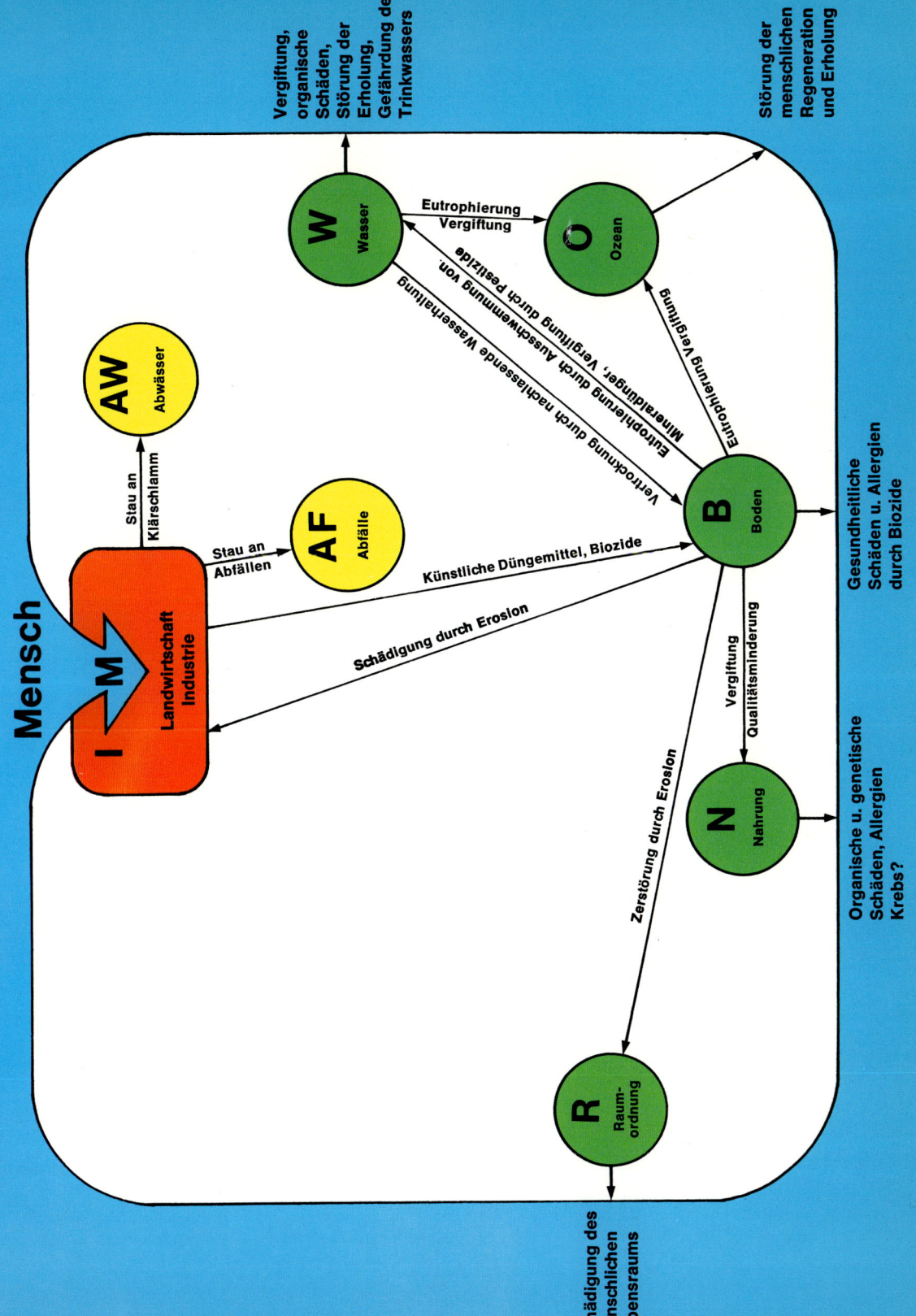

Durch Industriedünger und Pestizide
verursachte Umweltveränderungen und deren negative Rückwirkungen auf den Menschen

Mensch

M — Landwirtschaft Industrie

AW — Abwässer

AF — Abfälle

W — Wasser

O — Ozean

B — Boden

N — Nahrung

R — Raumordnung

Stau an Klärschlamm

Stau an Abfällen

Künstliche Düngemittel, Biozide

Schädigung durch Erosion

Eutrophierung Vergiftung

Vertrocknung durch nachlassende Wasserhaltung

Eutrophierung durch Ausschwemmung von Mineraldünger, Vergiftung durch pestizide

Eutrophierung Vergiftung

Zerstörung durch Erosion

Vergiftung Qualitätsminderung

Vergiftung, organische Schäden, Störung der Erholung, Gefährdung des Trinkwassers

Störung der menschlichen Regeneration und Erholung

Gesundheitliche Schäden u. Allergien durch Biozide

Organische u. genetische Schäden, Allergien Krebs?

Schädigung des menschlichen Lebensraums

B → N   assimilieren, schädigen. Abgesehen von der toxischen Belastung der angebauten Nahrung bedingt dies eine weitere Erhöhung des Bedarfs des Bodens an künstlichem Dünger [196]. Der pflanzenverfügbare, normalerweise durch die Bodenorganismen aufgeschlossene Anteil der zugesetzten Mineralstoffe geht weiter zurück, weshalb steigende Überschüsse angeboten werden müssen, die unverbraucht in die Grund- und Oberflächenwässer ausge-

B → W   schwemmt werden. Dort tragen sie zur Überlastung und Eutrophierung der Gewässer bei (vgl. Kapitel 6, »Wasser«).

B → M   Aus diesen Wechselwirkungen entwickelt sich also eine bedenkliche Spirale, aus der es
M → B   kein Entrinnen zu geben scheint (s. Schema Abb. 12). B. COMMONER sagte einmal: »Farmers are hooked on Nitrates like a junkie is hooked on heroin.« (Die Bauern sind süchtig nach Nitraten wie ein Fixer nach Heroin.)

MINERALSALZAUSSCHWEMMUNG

Daß unsere Landwirtschaft durch jene Spirale zu einem unserer größten Umweltverschmutzer geworden ist und die vom Bundesernährungsminister propagierte »Umweltprämie« [200] genausowenig verdient wie die Industrie, zeigen folgende Zahlen:

I → AW   — Einer Anwendung von 933 000 t Stickstoffdünger und 802 000 t Phosphatdünger
B → AW   (1969) steht der Verbrauch von 176 000 t grenzflächenaktiver Stoffe aus Waschmitteln gegenüber, die wegen ihres Phosphatgehaltes als eutrophierender Faktor im Zusammenhang mit dem Umkippen der Gewässer häufig als einzige genannt werden. Doch allein in den kanalisierten Abwässern wird der Phosphatanteil aus der Landwirtschaft auf 20 % geschätzt. Der direkt vom Acker in die Gewässer sickernde bzw. durch Erosion abgetragene Phosphatanteil ist (ebenso wie der Stickstoffanteil) unbekannt, aber auch unkontrollierbar — im Gegensatz zu dem in den Kläranlagen erfaßbaren und z. B. durch Algentanks abfangbaren Phosphat aus Waschmitteln [201].

— Für den Bodensee wurde 1971 mit 470 t Phosphat der Anteil aus Industrie- und Siedlungsabwässern auf rund 40 Prozent ermittelt [202]. Die Angaben über die Gesamt-

B → W   P-Belastung des Bodensees schwanken zwischen 1170 bis 1750 t pro Jahr. Die Differenz von 60 % dürfte aus der Landwirtschaft kommen. Noch höher dürften hier die Werte für die Stickstoffbelastung von 18 000 t pro Jahr liegen, die fast ausschließlich aus der Landwirtschaft und den Massentierhaltungen stammen dürften.

— Eine andere Flächenuntersuchung im Regierungsbezirk Pfalz zeigte, daß mit Abstand die größte Grundwasserbelastung je qkm Grundwassereinzugsgebiet von der

B → W   Landwirtschaft ausging [13], und zwar eine zehn- bis zwanzigmal höhere Belastung als aus der Industrie.

Die Auswirkungen hoher Stickstoff- und Phosphatkonzentrationen in den Gewässern seien hier kurz skizziert:

B → W   ▷ Einmal führen sie zu einer unkontrollierten Zunahme des Algenwachstums. Die Masse absterbender und absinkender Algen kann durch aerobe Bakterien nicht mehr bis zu den anorganischen Bausteinen abgebaut werden, da der im Wasser gelöste Sauerstoff bald erschöpft ist. Die Folge ist eine Zersetzung durch anaerobe Bakterien: Fäulnisprozesse mit übelriechenden und giftigen Endprodukten wie Methan und Schwefelwasserstoff (vgl. Kapitel 6, »Wasser«).

▷ Zum anderen gelangen die Nitrate direkt über das Trinkwasser in den menschlichen Organismus. Spätestens dort findet eine Umlagerung in giftige Nitrite statt, was vor allem bei Kleinkindern zu der gefürchteten Blausucht führt. Außerdem können sich Nitrosamine bilden, die im Verdacht stehen, krebserzeugend zu sein [203]. Untersuchungen über gesundheitsschädigende Stoffe im Trinkwasser deutscher Städte ergaben, daß neben einem extrem hohen Chloridgehalt fast die Hälfte aller Proben Nitratmengen enthielt, die den normalen Gehalt von 5 bis 20 mg/Liter um ein Vielfaches übertrafen [204].

W → M

Die Angaben über die tatsächliche Ausschwemmung (vor allem an Phosphaten) aus den Böden sind in ihrer Aussage noch sehr unbefriedigend.

— Während der Nitratstickstoff im Boden gelöst bleibt, und — soweit er von den Pflanzen nicht aufgenommen wird — je nach Niederschlagsmenge und Bodenstruktur ausgewaschen wird (bei veränderten Bodeneigenschaften bis zur zehnfachen Menge!), liegt die geringe Ausnutzung der Phosphatdüngung durch die Pflanze (zwischen 70 und 90 % werden nicht aufgenommen) an der Unlöslichkeit und Unbeweglichkeit des Phosphats [205].

— Die normalen Auswaschungen, soweit mit der Lysimeter-Methode erfaßbar, liegen je nach Bodenbeschaffenheit zwischen folgenden Werten (pro qkm pro Jahr):
    Nitrat   4500—25 000 kg/km²/Jahr
    Phosphat   20—500   kg/km²/Jahr
Die höchsten Auswaschungswerte haben Sandböden, die geringsten Lehm [205].

Aus diesen Zahlen und der relativen Unlöslichkeit der Phosphate schließt AMBERGER [205] trotz der gefährlichen Starthilfe der Phosphate für die Eutrophierung der Gewässer:

>Die Anwendung mineralischer Phosphordünger ist im Hinblick auf eine Erhöhung des Phosphatgehaltes in Oberflächengewässern durch Phosphorauswaschung völlig gefahr- und bedeutungslos.«

Bei einer jährlichen Düngehilfe von rund 800 Millionen Kilogramm und einer Pflanzenausnutzung von nur rund 20 % fragt man sich jedoch, wo die Differenz von 640 Millionen Kilogramm pro Jahr bleibt. Die unzureichende Lysimeter-Methode, die die Sickerungen tieferer Schichten und selbstredend die gesamte Erosionsabschwemmung nicht erfaßt, wird hierüber kaum Auskunft geben können. Man kann die Landwirtschaft also keinesfalls, wie z. B. LINSER dies tut [206], den »bedeutendsten Entgiftungsbetrieb in unserer Umweltsicherung« nennen, wenn sie selber diese Gifte überhaupt erst auf den Boden aufbringt!

B → W

Mit Sicherheit sind also die derzeitigen Methoden der Landwirtschaft, vor allem wenn sie verständnislos angewandt werden, nicht nur ein Hauptfaktor bei der Belastung des Grundwassers, sondern auch der Oberflächengewässer, der Flüsse und Seen und selbst der Meere.

W → O ▷ Pro Tag transportiert der Rhein 100 000 kg Phosphor in die Nordsee. Das bedeutet ein zusätzliches Wachstum von täglich 10 Millionen Kilogramm Algen: Organismen, die absterben und dann dem Ozean Tag für Tag 13 Millionen Kilogramm Sauerstoff für ihre Verwesung entziehen [48]. Bei einer maximalen Löslichkeit von 9 mg O_2/l Wasser (bei 18°) entspricht das dem kompletten Sauerstoffentzug aus täglich 1,5 Milliarden Kubikmeter Meerwasser (einem je nach Tiefe 20 bis 50 km² großen Nordseeabschnitt) — allein durch die Phosphate des Rheins. Wie schnell dieser Verlust durch Aufnahme aus der Luft wieder regeneriert wird, hängt ganz von der Bewegung und Durchmischung der Wassermassen ab.

B → N Eine weitere negative Folge der intensiven Mineraldüngung liegt in der Tatsache, daß durch einseitiges Nährstoffüberangebot bestimmte Elemente durch andere ersetzt werden.

— So kann z. B. Kupfer bei Pflanzen durch ein Überangebot an Molybdän ersetzt werden, nicht jedoch bei Tieren, so daß es bei Verwendung solcher Futterpflanzen zu Mangelerscheinungen kommen kann.

— Manche Mineraldünger setzen den Magnesiumgehalt der Futterpflanzen so herab, daß Kühe an Tetanus eingehen.

— Ein Überangebot an Stickstoff kann zu einer starken Verminderung des Kalium-Natrium-Verhältnisses in Futterpflanzen führen: der daraus resultierende Kaliummangel wirkt sich bei Tieren negativ auf die Schilddrüsenfunktion, das Enzymsystem und den Vitaminhaushalt aus.

In der Praxis werden diese komplexen Zusammenhänge oft nicht erkannt, so daß man, statt die Ursachen zu beheben, durch medikamentöse Behandlung der Symptome die ungesunde Eskalation weitertreibt.

PESTIZID-ANWENDUNG

In ähnlicher Weise führt der verstärkte und globale Einsatz von Insektiziden zur zunehmenden Resistenz vieler Insektenarten und damit zur Anwendung größerer Mengen und zur Entwicklung neuer Biozide.

Je schneller die Reproduktionsrate eines Lebewesens (Mensch: 30 Jahre; Bakterien: 20 Minuten) oder je größer seine Nachkommenschaft (Insekt: viele Mio. Eier), desto rascher der Erwerb einer Resistenz. Die mit der Zahl der Folgegenerationen entstehende Selektion wird die zunächst gegen den Schädling gerichtete Bekämpfung letzten Endes immer gegen die höheren Lebewesen kehren. Denn die höchste Anreicherung erfolgt immer bei dem in der Nahrungskette am Ende stehenden und andererseits bei dem sich am langsamsten reproduzierenden Lebewesen, womit der Mensch in doppelter Hinsicht am schlechtesten abschneidet.

Nach einer Untersuchung der WHO sind bis heute rund 200 Insektenarten gegen eines oder mehrere chemische Pestizide resistent geworden (mindestens 180 Arten allein gegenüber DDT). Besorgniserregend ist, daß unter den immun gewordenen Insektenarten allein 105 Krankheitsüberträger sind (u. a. für Malaria, Gelbfieber und Bubonenpest).

I → B
B → N Während also die Mittel dort, wo sie wirksam sein sollten, bereits wirkungslos werden, rufen sie beim Menschen und bei höheren Tieren allmählich Schäden eines Ausmaßes
N → M hervor, die heute noch nicht abzusehen sind.

▷ Besonders alarmierend ist die Langzeitwirkung von chlorierten Kohlenwasserstoffen und ihren Derivaten auf die Erbinformation. So berichtete COREY auf dem 161. Treffen der American Chemical Society über Chromosomenschäden, die durch chlorierte Kohlenwasserstoffe bei Tieren hervorgerufen wurden [815].

▷ Wissenschaftler des US-Landwirtschaftsministeriums berichten, daß eine im DDT zu 15 bis 20 % enthaltene Verunreinigung, das op-DDT, sowohl bei Säugetieren als auch bei Vögeln zur Unfruchtbarkeit bzw. zu Mißgeburten führt.

I → N

▷ Ausrottung oder Dezimierung auch nützlicher Arten, wie beispielsweise der zur Befruchtung von Pflanzen notwendigen Insekten durch Biozide, zwang in Japan einige Landwirte, dazu überzugehen, Blüten von Menschen mit der Hand bestäuben zu lassen, da die Bienen durch DDT ausgerottet waren [208].

M → R
R → B
B → N
N → M

▷ Als für Tiere und den Menschen weitgehend harmlos wurden lange Zeit die Herbizide, die unkrautvernichtenden Mittel, angesehen. Die Konsequenzen der »Großversuche« der Amerikaner mit Entlaubungsmitteln im vietnamesischen Dschungel und über vietnamesischen Reisfeldern haben jedoch den dringenden Verdacht erhärtet, daß diese Mittel nicht nur bei Versuchstieren, sondern auch beim Menschen zu Mißgeburten führen. Obwohl der Wissenschaftsberater des Präsidenten sich für eine sofortige Einstellung dieser Art chemischer Kriegsführung einsetzte, führten die Militärs die Aktion zunächst mit dem zynischen Hinweis fort, die vorhandenen Vorräte müßten aufgebraucht werden.

▷ Diese berühmten amerikanischen »weed-killer« (vor allem die Chlorverbindungen der Phenoxy-Essigsäure, 2,4-D und 2,4,5-T und ihre Beimengungen) töten Bodenbakterien (Rhizobium) ab, töten zu 75 % die Embryonen von Vogeleiern und verstümmeln den Rest, rufen Mißbildungen an Säugetierembryonen hervor, führen zu Hautausschlägen und Geflügelsterben [210] — und all dies mit den normalen Konzentrationen von 500 bis 1000 Gramm/Hektar bzw. Dosen von 0,5 ppm aufwärts.

M . . . I

Ein Verbot dieser von BASF, HOECHST, BAYER, MERCK und anderen hergestellten Herbizide steht in der BRD noch aus.

▷ Die Tatsache, daß die Verwendung von Insektiziden, Fungiziden und Herbiziden auf diese Weise zu umfangreichen Schäden des ökologischen Gleichgewichts führt, wird heute nicht mehr bestritten. Ihre Anwendung scheint jedoch bei den heute üblichen Verfahren der Bodenbearbeitung unumgänglich zu sein.

Auswege – Abhilfen – Lösungen

Die vielfachen, von diesen modernen Landwirtschaftsmethoden ausgehenden Gesundheitsgefährdungen und Umweltbelastungen sind daher nur durch eine grundsätzliche Umorientierung der landwirtschaftlichen Nahrungsproduktion von Quantität auf Qualität zu erreichen.

Eine solche Umorientierung ist nicht nur aus den hier genannten und vielen weiteren Gründen dringend nötig, sondern auch ökonomisch möglich und wirtschaftlich inter-

M → B essant: Die Gesamtkosten der Agrarpolitik in der BRD beliefen sich 1969 auf rund
B → M 8,3 Milliarden Mark [211]. Etwa 80 % dieser Kosten werden, so unglaublich das klingt,
durch die Überschußproduktion der Landwirtschaft verursacht [212]! Es ist also geradezu
ein Unding, den ständig zunehmenden Einsatz von Mineraldünger, Pestiziden, Hormonen
und Antibiotika zur Ertragssteigerung bei uns mit dem Hinweis auf den »Hunger in der
Welt« und am Ende sogar mit einer Art moralischer »Verpflichtung zu Höchsterträgen«
zu motivieren. Es bedarf also allenfalls einer Umschichtung der öffentlichen Ausgaben
für die Landwirtschaft, um von einer unvernünftigen Politik der Mengensteigerung zu
M . . . B einer in jeder Hinsicht vernünftigeren Politik der Qualitätssteigerung zu gelangen. Auf
B . . . N längere Sicht ist dieser Weg zweifellos der billigere, wenn man nicht nur die unmittel-
N . . . M baren Agrarkosten, sondern auch die erheblichen volkswirtschaftlichen Nebenkosten berücksichtigt.

Der erste Schritt auf dem Weg zu einer Verbesserung der Qualität landwirtschaftlicher
Produkte wäre die Aufstellung wissenschaftlich überprüfbarer Qualitätskriterien. Der
M . . . N zweite Schritt eine bevorzugte Förderung solcher Qualitätsprodukte durch Subvention
und Preisstützung durch die öffentliche Hand.

Auf praktischer Ebene könnte ein groß angelegtes Programm zur Verbesserung der
organischen Bodenbestandteile wirksame Richtlinien geben. In idealer Kombination mit
dem Bereich der Müll- und Klärschlammbeseitigung können dabei mehrere Umwelt-
M . . . B probleme gleichzeitig gelöst werden. Von den heute praktizierten drei Möglichkeiten der
Abfallbeseitigung — Deponie, Verbrennung und Kompostierung — wird somit die
AF . . . B Kompostierung von Hausmüll und Klärschlamm ökologisch (und im umfassenden Sinne
auch ökonomisch) bei weitem zur sinnvollsten, weil hier wertvolle Rohstoffe nicht vernichtet, sondern genutzt werden und eine Durchbrechung des Teufelskreises von Abb. 12
in Aussicht stellen. In der Tat zeigen die zunehmend in verschiedenen Teilen der Welt
installierten Großanlagen, daß sich mit den neueren, nur wenige Tage beanspruchenden
Verfahren der mikrobiellen Schnellkompostierung (vgl. Kap. 2 »Abfälle«) eine der
wirksamsten Hilfen für die Zukunft über die Verwendung eines die Bodenstruktur ver-
bessernden Komposts anbietet [23].

AF . . . B — Der biochemische »Verwitterungsvorgang« ist für die ständige Erneuerung der
mineralischen Komponente der Bodenfruchtbarkeit von größter Bedeutung.

— Die in einem solchen Kompost angereicherten Kleinlebewesen (Schimmelpilze,
Strahlenpilze, Hutpilze, Hefen, Grün- und Blaualgen usw.) fördern als Chelatbildner
B . . . N für Mineralien wesentlich die Arbeit der natürlichen Bodenorganismen und fördern
somit deren Symbiose mit den Pflanzen.

— Das Ausscheidungsspektrum einer solchen Symbiose umfaßt zahlreiche Stoffe, wie
Aminosäuren, Kohlehydrate, organische Säuren, Enzyme und andere komplizierte
Substanzen, die dazu beitragen, die Bodenmineralien in größerem Umfang aufzu-
B . . . N schließen und lebenswichtige Mikroelemente freizusetzen, die sonst für die Pflanze
kaum zugänglich sind.

— In »vitalen« Böden mit hohen Keimzahlen nützlicher Bodenorganismen läßt sich
B . . . N die Aggressivität spezifischer Pflanzenkrankheitserreger herabsetzen. Arbeiten aus

dem Institut für Gemüsebau der TU Berlin zeigten, daß viele im Boden latente Schädlinge virulent werden, wenn dieses Gleichgewichtsverhältnis zu den sonstigen Bodenorganismen gestört ist [196].

AF . . . B
B . . . W

— Die strukturverbessernde Wirkung des Komposts erhöht weiterhin die Wasserhaltung (und verringert damit Ausschwemmung und Erosion) des Bodens. Selbst Landflächen bis zu 50 % Bodensteigung können danach in den Anbau einbezogen werden [23].

— Die indirekten Effekte auf Verringerung der Mineraldüngung, verringerte Schädlingsanfälligkeit, verringerte Belastung der Gewässer durch verringerte Salzausschwemmung und pestizidfreie und somit qualitativ bessere Nahrung seien hier nur noch einmal pauschal erwähnt.

M → M

M . . . M

M . . . AW
AW . . . B

Daß heute in der BRD die Müll- und Klärschlammkompostierung nur etwa 2 % der gesamten Abfallmenge aufnimmt, liegt vor allem daran, daß die auf Mineraldünger programmierten Landwirte aus reiner Unkenntnis die Annahme von Müllkompost verweigern, obwohl ihre Kollegen vom Weinbau seit Jahren die besten Erfahrungen damit gemacht haben. Hier ist dringend Aufklärung durch Musterfarmen, Musteranlagen und Öffentlichkeitsarbeit notwendig. Außerdem ist für eine Lösung des Transportproblems zu sorgen. Auf der anderen Seite scheinen Gesetze nötig, Mist und Gülle aus Massentierhaltungen nicht in die Abwässer zu spülen, sondern in Kombination mit der Müllkompostierung der Düngung zuzuführen, um den durch die künstliche Trennung von Anbau und Tierhaltung unterbrochenen Regelkreis wieder in Gang zu setzen. Darüber hinaus wären die Methoden der Gründüngung auszubauen und zu propagieren.

M . . . N

N . . . B

Der Verwendung von Insektiziden und anderen Bioziden sind in jedem Fall gesetzliche Grenzen zu setzen, die im Zweifelsfall zugunsten der menschlichen und ökologischen Gesundheit entscheiden, auch wenn damit gewisse quantitative Einbußen hingenommen werden müssen. Ein Ausweg mag in der Züchtung von Getreidearten liegen, die ohne Chemikalien auskommen. Durch Zell-Verschmelzung und Manipulation am genetischen Material erhofft man sich die Schaffung stickstoffbindender und krankheitsresistenter Arten, die die Verwendung von künstlichem Dünger ebenso überflüssig machen wie den Einsatz von Pestiziden [213]. Auch könnte z. B. die Anwendung von Herbiziden in vielen Fällen durch Abflamm-Methoden und Mischkulturen ersetzt werden.

M . . . B

Eine echte Lösung des Biozid-Problems kann letzten Endes jedoch wohl nur durch Änderung der Methoden der Bodennutzung und durch spezifische biologische Schädlingsbekämpfungsmethoden gefunden werden. Im Forstzoologischen Institut der Universität Freiburg laufen zur Zeit Versuche, Schädlinge mit spezifisch wirkenden Viren zu bekämpfen [214]. Diese Methode soll gegenüber den chemischen Pflanzenschutzmitteln den Vorteil der geringeren Umweltbelastung und der Beschränkung der Wirkung auf den jeweiligen Schädling bieten. Auf die große Zahl anderer bereits erfolgreich erprobter und in der Fachliteratur besprochener biologischer Verfahren zur Schädlingsbekämpfung sei hier summarisch verwiesen [209]: Es sind dies Methoden wie der Einsatz von Insektenlockstoffen (Pheromonen), von natürlichen Feinden (Marienkäfer gegen Blattläuse usw.), Populations»verdünnung« mit sterilisierten Männchen und andere nach WHO-Experten vielversprechende genetische Verfahren [215], weiter z. B. Einsatz von Springschwänzen (Collembola) zur Zersetzung von DDT-Rückständen und diverse sonstige »Integrierte Bekämpfungsmethoden« [216].

M . . . B   Abschließend sei noch daran erinnert, daß nicht zuletzt moderne Verfahren der Boden-analyse heute helfen können, schwereren Schäden vorzubeugen [217]. Hierfür Geld auszu-geben, erscheint z. B. eindeutig sinnvoller als für die Vernichtung zuviel produzierter Agrarprodukte zur Haltung des Preisniveaus.

Um nur einige Möglichkeiten solcher Bodenanalysen zu nennen:

— So läßt sich die gefürchtete horizontale Erosion, bei der die Ackerkrume von Wind und Wasser flächenhaft abgetragen wird, schon vorher an gestörter mikrobieller Aktivität mittels Enzym-Testen und Sauerstoff-Verbrauch an Bodenproben er-kennen.
— Bei andauernder Monokultur von Nutzpflanzen mit hohen Anforderungen an die Bodenreserven werden die kolloiden Bindesubstanzen zwischen den einzelnen Boden-partikeln von den stark angeregten Mikroorganismen abgebaut. Die Mikroskopie von Bodenteilchen und Boden-Dünnschliffen läßt frühzeitig erkennen, wie die Kitt-substanzen und die Porosität des Bodens langsam verschwinden.
— Ähnliches gilt für die normalerweise unsichtbare vertikale Erosion, vor allem in rücksichtslos gerodeten Waldgebieten. Bei starken Niederschlägen werden fast alle wichtigen Pflanzennährstoffe vom durchsickernden Wasser aus dem Wurzelbereich der höheren Pflanze schnell dem Grundwasser zugeführt.
— In Waldböden werden durch biologische Zersetzung des Laubes aktive Substanzen, z. B. Polyphenole, freigemacht. Diese entziehen dem Boden durch Austauschreak-tionen wichtige Pflanzennährstoffe. Bodenanalytisch ist es möglich, diese zerstöri-schen organischen Makromoleküle bereits im »status nascendi« zu erkennen und ihrer Bildung frühzeitig entgegenzuwirken, indem man sie durch basische Stoffe, wie Kalk abpuffert und neutralisiert [217].

M . . . B   Alles in allem wird für den Umweltbereich Boden in Zukunft weniger die ertragreichste
B . . . W   Düngeform das angestrebte Ziel sein, als eine echte Stabilisierung der Landoberfläche,
B . . . N   bei Revitalisierung der Bodenstruktur. Die Belastungen anderer Umweltbereiche, vor
allem der Gewässer und der Nahrung, werden damit ebenfalls zurückgehen, ganz abge-sehen von einer gleichzeitigen drastischen Reduktion anderer Probleme, wie dem des
B . . . AF Mülls, sobald sinnvolle Regelkreise und Symbiosen in den Bodennutzungsprozeß mit-einbezogen werden.

Umweltbereich: Nahrung

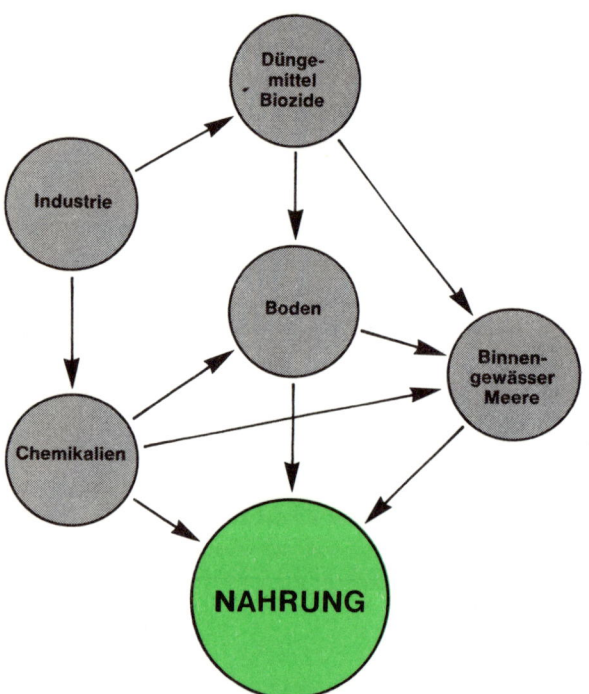

8

Das Nahrungsproblem der Industrienationen ist ein qualitatives. Umweltgifte reichern sich über die Nahrungsketten an. Aufzucht-, Anbau- und Verarbeitungsmethoden liefern den Rest an Fremd- und Schadstoffen durch völlig unnötige Verfahren der Ertragssteigerung, Schönung und Konservierung. Strengste Qualitätskontrolle und ökologische Anbauverfahren werden sich im Endeffekt für alle bezahlt machen!

Die Nahrung zählt ebenso wie die eingeatmete Luft und das Trinkwasser zu den uns am intensivsten berührenden, weil uns durchdringenden Umweltbereichen. Ihre Qualität als quasi »innere Umwelt« des Menschen gilt es daher für die kommenden Generationen ebenso zu garantieren wie die fast allein diskutierte, ausreichende Menge. Beides wird auf dreierlei Weise gesichert werden müssen:

1. Durch Stabilisierung und Revitalisierung des Bodens, um die Nutzung der heute angebauten Landoberfläche auch für die Zukunft zu garantieren, und durch ebenso ökologisch sinnvolle Kultivierung noch ungenutzter, aber anbaufähiger Landgebiete.

2. Durch bessere Ausnutzung des zur Verfügung stehenden Bodens. Dies jedoch nicht durch Herauspeitschen der letzten Reserven, sondern z. B. durch zügigen Übergang auf zunehmend pflanzliche Nahrung, deren Gesamtnährstoffgehalt pro Hektar Boden (auch was Eiweiße betrifft), bei

direktem Konsum um ein Mehrfaches besser ausgenutzt wird als z. B. in Form von Rindfleisch nach dem Umweg über die Kuh [218]. In die gleiche Richtung, d. h. in eine noch radikalere Abkürzung der Nahrungskette, gehen die Versuche der Proteinherstellung aus Mikroorganismen wie Bakterien und Algen, wobei sich der Nährstoffertrag pro ha Nutzfläche drastisch verhundertfachen kann [219].

.3. Durch die Einbeziehung des Meeres in den planmäßigen Nahrungsanbau und die Kultivierung bisher nicht nutzbarer Regionen wie Wüsten und Kältegebiete. Projekte, an denen in einzelnen Forschungsgruppen ernsthaft gearbeitet wird [220].

In der BRD, die im Jahre 1960 immerhin schon zu den Ländern mit den höchstentwickelten landwirtschaftlichen Anbaumethoden gehörte, stiegen die Hektarerträge im letzten Jahrzehnt noch immer kräftig an (in kg pro ha):

	1960		1969
Getreide	2 490	⟶	3 320
Hülsenfrüchte	860	⟶	1 140
Kartoffeln	19 500	⟶	23 100
Ölsaaten	1 590	⟶	1 840
Tabak	1 640	⟶	1 900

Außer der Intensivierung von Mineraldüngung und Biozidanwendung sind an diesen Ertragssteigerungen vor allem die Züchtung und der Anbau neuer Pflanzen und besonders Getreidesorten (z. B. »Mexican wheat«) beteiligt.

▷ So konnte Israel durch geschickte Kombination solcher Methoden seinen landwirtschaftlichen Ertrag in 12 Jahren auf das Fünffache erhöhen [221].

▷ Kenya wurde — nicht zuletzt durch die Einführung ertragreicher Kreuzungen — praktisch über Nacht zum Getreideexportland [221].

▷ Amerikanische Züchtungsversuche führten z. B. zu einer Maisart, die Proteine mit dem vollen Aminosäuremuster tierischer Eiweiße liefert. Sie kann nun in Zentralamerika angebaut werden, wo Mangel an Tierproteinen besteht [222].

▷ Obwohl die Anbauflächen für Getreide in der EWG von 1960 bis 1969 um 400 000 ha schrumpften, erntete man u. a. durch Anbau der neuen Hybride und Einsatz von Wachstumsverzögerern fast 17 Millionen Tonnen, das sind 31 % (!) Getreide mehr.

Soweit ein Blick auf einige quantitative Aspekte, wie sie den zur Zeit angewandten Anbaumethoden und Technologien uneingeschränkt Recht zu geben scheinen.

Die Entwicklung hat jedoch nicht nur für die Struktur und die weitere Fruchtbarkeit des Bodens und der Gewässer einige tiefgreifende Folgen (vgl. Kapitel 7: »Boden«), sondern ebenso auf die so produzierte pflanzliche und tierische Nahrung. Deshalb soll innerhalb der anfänglich skizzierten

Gesamtentwicklung der menschlichen Ernährung hier vor allem dieser uns am nächsten berührende Bereich, d. h. derjenige der heutigen Nahrungserzeugung und ihrer Weiterverarbeitung, im Zusammenhang mit den übrigen Umwelteinflüssen und den daraus entstehenden Problemen behandelt werden.

Den wichtigen Begriff der Nahrungs*qualität* sollte man sich dazu noch einmal im größeren Zusammenhang vergegenwärtigen:

Ähnlich wie der Treibstoff für einen Motor wird Nahrung heute vielfach in rein mechanistischer Weise nur noch als »Brennstoff« für den menschlichen Organismus angesehen. Bezeichnend für diese unbiologische Denkweise ist das Rechnen in Kalorien, die einseitige Beachtung der Nahrung als *Energiezufuhr*. Von weit ausschlaggebenderer Bedeutung für die menschliche Gesundheit ist jedoch

— der Gehalt an verschiedenen Wirkstoffen und Spurenelementen,
— das genaue Verhältnis der verschiedenen Stoffgruppen wie Fettsäuren, Kohlehydrate und Proteine zueinander
— die strukturelle und chemische Beschaffenheit der Nahrungsmittel.

Während in großen Teilen der Welt das Nahrungsproblem in der Tat ein quantitatives ist (zu wenig Protein, Vitamine, Kohlenhydrate), muß es bei uns als ein rein qualitatives bezeichnet werden. Die bei uns so propagierte und mit Stolz beobachtete Steigerung der Ertragsmenge ist also außer für einen vorübergehenden Profit des Produzenten völlig uninteressant, ja im Grunde unsinnig und, soweit Qualität und biologische Reinheit darunter leiden, sogar eindeutig gegen das Interesse der Bevölkerung gerichtet.

Für die optimale Zusammensetzung der Nahrung gibt es in dieser Hinsicht ebenfalls keine allgemein gültigen Richtlinien, da z. B. die äußerst bewegungsarme Lebensweise in hochzivilisierten Ländern zur Gesunderhaltung ein völlig anderes Protein/Kohlenhydrat-Verhältnis aufweisen muß als in Ländern mit vorwiegend körperlicher Tätigkeit.

Das betrifft jedoch nicht die Qualitätsminderung der einzelnen Nahrungsmittel als solche. Sie hat mehrere Ursachen, da sich allein die unbiologischen, auf kurzfristige Ertragssteigerung ausgerichteten Methoden der modernen Landwirtschaft in mehrfacher Weise negativ auf die Nahrungsmittel auswirken:

▷   Durch eine Verringerung des Gehaltes an Wirkstoffen und Spurenelementen unter Verschiebung der Stoffzusammensetzung als Folge einseitiger und extremer Nährstoffzufuhr (Überdüngung, Massentierhaltung).

▷   Durch genetische Züchtung neuer Pflanzen- und Tierrassen, die in erster Linie auf Quantität der Erträge ausgerichtet sind.

▷   Durch die modernen Begleitverfahren der Erzeugung und Weiterverarbeitung von Nahrung unter Anreicherung mit Fremd- und Schadstoffen: bei der Produktion durch Biozide, Antibiotika und Hormone, bei der Be- und Verarbeitung durch Konservierungsmittel, Färbemittel und andere Zusatzstoffe und ubiquitär durch Umweltgifte wie Blei, Quecksilber, Cancerogene, Radioaktivität usw. in Boden, Luft und Wasser und indirekt über die Nahrungsketten.

Sämtliche Ursachengruppen belasten Stoffwechsel und Entgiftungsleistung des menschlichen Körpers. In einer Gesellschaft mit zusätzlicher Belastung durch Streß, Lärm und Leistungsdruck, mit der unser Körper fertig werden muß, fällt die Nahrungsqualität für das Bild der permanenten Abwehrschwäche, Müdigkeit, Hormonverschiebung, Krebsdisposition und der gestörten Stoffwechsel- und Kreislauffunktionen nicht etwa weniger sondern um ein Vielfaches mehr ins Gewicht, als wenn sie als einziger Umweltfaktor verändert wäre. Da somit die Nahrung zu einem der wesentlichen Elemente wird, die die Fähigkeit oder Unfähigkeit des Menschen mitbestimmen, wie er mit den Problemen seiner Mitwelt und Umwelt heute fertig wird, ist auch in dieser Hinsicht ihre Bedeutung als weit über die eines energieliefernden Brennstoffes hinausgehend zu betrachten.

Einflüsse auf die Qualität der Nahrung und Nahrungsgewinnung

B → N

Die heutigen, gegenüber den tatsächlichen Bedürfnissen der Gesellschaft zum Teil inadäquaten und kurzsichtigen Methoden einer maximalen Bodennutzung, welche die natürlichen Symbiosen und Regelkreise der Bodenflora und -fauna zerstören, verlangen neben unbotmäßigen Industriedüngermengen einen sehr hohen Einsatz an Schädlingsbekämpfungsmitteln (vgl. Kapitel 7, »Boden«). So produzierten die USA 1965 insgesamt 400 000 t Pestizide. Der Verbrauch in Deutschland lag 1969 bei rund 14 000 t [223].

B → W
W → O
O → N

Diese Stoffe können einerseits direkt über die behandelten Pflanzen in die Nahrung gelangen, andererseits mit den Regenfällen in Grund- und Oberflächenwasser als auch in das Meer geführt werden und von dort — oft erst nach vielen Jahren, z. B. über den Fischfang — wieder in die Nahrung.

N → N

Beim letzteren Vorgang findet häufig eine Anreicherung der Schadstoffe über die einzelnen Glieder der Nahrungskette statt, die oft zu tausend- bis hunderttausendfachen Konzentrationen führt, wobei der Mensch als Endstufe der Nahrungskette die höchsten Werte aufweist. Hinzu kommt, daß diese Art der Umweltvergiftung nicht nur die Nahrung des Menschen belastet, sondern lebenswichtige Ökosysteme des Bodens, der Gewässer und der Meere gefährdet. Die Anreicherung erfolgt vor allem im Fettgewebe:

B → N

— In Großbritannien wurden 1964 0,01 ppm dieser Insektizide in der Kuhmilch bestimmt, bereits 0,14 ppm in der Muttermilch und ganze 4 ppm im menschlichen Fett (in den USA z. Z. 12 mg/kg).

N → N

— Der DDT-Gehalt der Weltmeere ist verschwindend gering. Schon im Plankton aber findet man eine Konzentration von 0,04 ppm. In Muscheln wurden Anreicherungen von DDT auf das 70 000fache gemessen. Die vom Plankton lebenden kleinen Fische weisen dann bereits eine Konzentration von 0,23 ppm, die davon lebenden größeren Fische eine solche von 1,24 bis 2,7 ppm auf. Fischfressende Vögel enthalten schließlich zwischen 3,1 ppm (Seeschwalben) und 26,4 ppm (Kormorane). Ein sich überwiegend von Meeresprodukten ernährender Mensch reichert in seinem Fettgewebe etwa den DDT-Gehalt der Vögel an (vgl. auch Kapitel 10, »Ozean«) [88].

N → M

Auf diese Weise nahm im Jahre 1966 jeder US-Bürger mit der Nahrung im Durchschnitt 66 μg Insektizide pro Tag allein auf der Basis chlorierter Kohlenwasserstoffe wie DDT zu sich [224].

I → AW

Entsprechende Verhältnisse gelten für Quecksilberverbindungen, die einerseits als Fungizide in der Landwirtschaft verwendet werden und andererseits, ähnlich wie Cadmium, Arsen, Nickel und Blei, in Abwässern bestimmter Industrien enthalten sind (z. B. Papierfabriken, Herstellung von Chlor durch Elektrolyse, Abraumhalden von Bergwerken u. a.). Amerikanische Untersuchungen haben ergeben, daß der derzeitige Verlust von 100 bis 200 g Quecksilber pro t produzierten Chlors ohne größere Schwierigkeiten auf etwa 3 g pro t herabgesetzt werden könnte. Zur Zeit werden die jährlich in das Meer abgeführten Quecksilbermengen auf 3000 bis 5000 t geschätzt. In allen Fällen tauchen diese Schwermetalle bald wieder in der Nahrung auf:

AW→W
W → O

O → N

▷ Bekanntlich mußten im Jahr 1971 große Mengen japanischer Thunfischkonserven aus dem Handel gezogen werden, weil ihr Quecksilbergehalt ein Vielfaches der zulässigen Höchstmenge betrug.

N → N

▷ Die Anreicherung über die Nahrungsketten und in bestimmten Organen erreichte in schwedischem Geflügel, Rind- und Schweinefleisch nur 0,005 bis 0,05 ppm, in schwedischen Fischen jedoch bis zu 5 ppm.

O → N

▷ In finnischen Robben wurden 62 ppm in Muskeln und 138 ppm in der Leber (!) festgestellt.

I → N

▷ Auch starke Bleivergiftungen von Tieren durch Einwanderung bleihaltiger Farbstoffe (wie Mennige) in das Weideland (z. B. von Hochspannungspfosten) wurden berichtet, die selbstverständlich über die Fleisch- und Milchnahrung auch den Menschen betreffen [225].

I → B
B → N

▷ Im Einzugsbereich einer norddeutschen Bleizinkhütte war der Bleigehalt im Boden auf das 120fache und der Zinkgehalt auf das 150fache der Normalwerte angestiegen. Die Milch der in diesem Raum gehaltenen Kühe war nur noch nach starker »Verdünnung« mit anderer Milch genießbar [226].

I → W,B

B,W→N

Während bei Quecksilber die Anreicherung hauptsächlich über Wasserorganismen erfolgt, sind es bei Blei die Landorganismen und ihre Produkte. Von den untersuchten Nahrungsmitteln weisen Eier (bis 1 ppm) und Käse (bis 1,3 ppm) die höchsten Werte auf, die damit um ein 10- bis 30faches über den Toleranzgrenzen anderer Länder liegen. Von der physikalisch-technischen Abteilung der Gesellschaft für Strahlen- und Umweltforschung in Neuherberg wurden Lebensmittel auf Selen und Quecksilber mit folgendem Ergebnis untersucht:

Lebensmittel	Quecksilber	Selen
Rindfleisch	0,321 ppm	
Aal	17,78 ppm	
Karpfen	0,162 ppm	0,78 ppm
Rotaugen	0,280 ppm	0,988 ppm
Reis	0,127 ppm	0,01 ppm

Die maximal zulässigen Mengen beider Elemente betragen jedoch jeweils 0,1 ppm. Für Quecksilberrückstände aus Biozidbehandlung gilt in der BRD sogar die Nulltoleranz.

I → N   Ein weiterer Faktor der Veränderung von Nahrungsmitteln mit Auswirkungen auf die menschliche Gesundheit sind die in der Massentierhaltung angewendeten Hormone, die inzwischen zwar verboten sind, aber dennoch z. B. aus Holland mit Futtermitteln vermischt eingeführt und hier dann illegal als Schnellmastmittel weiter verfüttert werden [227]. Das gleiche gilt für die riesigen Mengen von Antibiotika, die die Produktion für die Therapie beim Menschen längst bei weitem übersteigen. Beide Medikamente werden ähnlich wie die wachstumsbeschleunigenden Arsenverbindungen zur Erhöhung der Fleischausbeute (Antibiotika auch noch zur Erniedrigung der hygienischen Anforderungen) eingesetzt, Psychopharmaka zur Beruhigung bei zu gedrängter Massentierhaltung

I → N   und auf dem Transport [228]. Schätzungen des Umsatzes allein des sogenannten »grauen Marktes« an Tierarzneimitteln kommen auf 40 bis 50 Millionen DM pro Jahr, das sind 30 bis 40 %/0 des Gesamtmarktes in der Bundesrepublik [229]. Auf einem kürzlichen Hearing zum Thema »Arzneimittel im Tierfutter« [230] sprach man sogar von 150 Millionen DM pro Jahr.

Schließlich sind noch jene Stoffe zu erwähnen, die den Lebensmitteln bei der Be- und Verarbeitung und im Angebot an den Verbraucher zugesetzt werden. Die meisten dieser

I → N   Mittel dienen der Haltbarmachung und Schönung, nur wenige der qualitativen Verbesserung. Das große Spektrum der hier verwendeten Stoffe reicht von dem früher reichlich, heute nur noch hinterrücks benutzten Nitrit, das dem Fleisch seine rote Farbe erhält, über Thioacetamid, mit dem Zitronen und Apfelsinen gespritzt werden, bis zum Bleichromat, das zur Farbschönung z. B. dem Curry zugesetzt wird.

M → N   Aus den USA wird berichtet, daß dortige Firmen ausländische Märkte dazu benutzen, um in den USA verbotene Medikamente oder Nahrungsbestandteile zu verkaufen [231].

▷   So exportierte ein US-Unternehmen in den 16 Monaten seit dem Verbot von Cyclamaten in den USA 300 000 Kisten mit Cyclamat gesüßten Konserven nach Deutschland, Spanien und anderen europäischen Ländern (wobei die noch strittige Frage, ob Cyclamat wirklich mehr schadet als nutzt, hier ohne Belang ist).

▷   Ebenso wird DDT, obwohl es in den USA weitgehend verboten ist, als Insektizid an unterentwickelte Länder, die sich teurere, aber harmlosere Produkte nicht leisten können, in großen Mengen geliefert, wobei zugegebenermaßen in Entwicklungsländern die Umweltproblematik von der unseren sich weitgehend unterscheidet [232]. Per Nahrungsmittel-Import gelangt dieses DDT jedoch dann zurück in Länder wie die Bundesrepublik, wo zwar die Anwendung von DDT für viele Zwecke verboten ist, die Einfuhr von mit DDT behandelten Nahrungsmitteln aber nicht kontrolliert wird.

AS → N   Eine andere Quelle der Kontamination der Nahrungsmittel ist die Luftverschmutzung. Während die direkte Schadwirkung auf tierisches Leben (und somit tierische Nahrung) durch die Emissionskontrolle inzwischen stark zurückgegangen ist, reagiert die Vegetation jedoch selbst weit unterhalb der zulässigen Konzentrationen noch äußerst sensibel:

▷   Physiologische Immissionsschäden an Bäumen waren häufig noch über fünf bis zwanzig Kilometer Entfernung von Großrauchquellen, Abgasschäden an Feldfrüchten über einen bis fünf Kilometer Entfernung festzustellen. In einem Rauchschadengebiet der Dübener Heide wurde an Kiefern ein Zuwachsverlust bis zu 40 Prozent gemessen [78].

▷   Die Erträge im Feldfutterbau nahmen in Begasungsversuchen mit Schwefeldioxyd mit steigender Konzentration rapide ab [233]. Die Wirkung äußert sich in Verbrennungserscheinungen der Blätter oder Nadeln [78].

▷   Die schädigende Wirkung von Stickoxyden auf Pflanzen ist ähnlich derjenigen des Schwefeldioxyds, jedoch um etwa 1,5- bis 5mal schwächer als bei diesem [234].

▷   Fluor, vor allem aus den Abgasen von Phosphat-Düngemittelfabriken, schädigt merklich die Aufzucht von Zitrusfrüchten und Futterpflanzen und dadurch auch von Vieh, dessen Bestand in einem Fluorgasen ausgesetzten Gebiet in Florida (Radius 20 km) innerhalb 7 Jahren um 30 000 Stück zurückging. Chronische Fluorosis erfolgt bei Fluorgehalten von 60—100 ppm [235].

▷   Wenn auch in der Tierzucht die Haupteinwirkung über den Verzehr verseuchter Futterpflanzen erfolgt, so wurde doch z. B. durch Staubmengen von 1 g pro m³ und Tag eine direkte Fleischzuwachsminderung von 26 % festgestellt [78].

R → N   Abgesehen von solchen Abgasen im Umkreis bestimmter Industrien wirkt sich auf Landwirtschaftsprodukte besonders die Benutzung von bleihaltigem Benzin aus.

▷   An stark befahrenen Straßen konnte noch im Abstand von 300 Metern eine starke Verbleiung der Vegetation nachgewiesen werden. Bei Getreide fand man bis zu 8 mg Blei je kg Frischsubstanz.

▷   In unmittelbarer Nähe von Autobahnen kann ungewaschenes Gemüse den bis zu zehnfachen Bleigehalt von Gemüse in verkehrsarmen Gegenden aufweisen. Durch Waschen kann selbst das oberflächlich anhaftende Blei nur zu 30 bis 60 % entfernt werden (vgl. auch Kapitel 4, »Abgase und Stäube«).

AS → B
B → N   Ebenso gelangen cancerogene Kohlenwasserstoffe wie das Benzpyren aus der Luft, über das Wasser [236] und den Boden in fast alle Lebensmittelarten. Irgendwelche der bisher festgestellten, rund 430 Substanzen mit krebserzeugender Wirkung kommen daher in Konzentrationen von 0,0002 bis 0,05 ppm ständig in unserer Nahrung vor [237], wo sie — ähnlich wie das bei Röntgenstrahlen der Fall ist — je nach den sonstigen Belastungen
R → N   ihre sich allmählich summierende Wirkung entfalten. Getreideproben aus dem Ruhrgebiet enthielten beispielsweise zehnmal mehr cancerogene Kohlenwasserstoffe als Proben aus industriearmen Gebieten. Durch normales Abwaschen wird, entgegen der üblichen Meinung, nur ein sehr geringer Bruchteil dieser Verunreinigung entfernt [237].

M → N   Durch Räuchern und Grillen von Fleisch- und Fischwaren, durch Trocknen mit Hilfe von Verbrennungsgasen, z. B. von Getreide, oder durch das Rösten von Kaffee gelangen ebenfalls Spuren cancerogener Substanzen in die Nahrungsmittel. Pro 100 g von über Holzkohle gegrillten Steaks wurden Konzentrationen gemessen, die der im Rauch von 60 bis 100 Zigaretten enthaltenen Menge cancerogener Kohlenwasserstoffe entsprach [26]. Allerdings ist der Wirkungsmechanismus über den Magen-Darm-Trakt weit weniger direkt als derjenige beim Inhalieren.

Auswirkungen der direkt oder durch Umwelteinflüsse veränderten Nahrung

N → M

Soweit die Auswirkungen der verschiedenen Schadstoffe auf die Gesundheit des Menschen überhaupt untersucht sind, handelt es sich fast ausschließlich um die Wirkung *einzelner* Substanzen. Damit ist aber — wie heute überall zugegeben wird — nur die Spitze eines gefährlichen Eisberges erkannt. Die wirkliche Gesundheitsgefährdung liegt nicht, oder nur in Ausnahmefällen, in der Vergiftung mit Einzelsubstanzen. Gesundheit, Wohlbefinden und Leistungsfähigkeit des Menschen in der Gesamtgesellschaft hängen weit mehr von der Summierung und der nur sporadisch untersuchten sogenannten synergistischen Wirkung der gemeinsam auftretenden verschiedenen Schadstoffe ab. Toxikologische Forschungsergebnisse zeigen seit langem, daß das Zusammenwirken (Synergismus) verschiedener Schadstoffe häufig nicht nur eine Summation der Schadeffekte, sondern eine unerwartete Potenzierung derselben mit sich bringt, oder auch zu ganz neuen Symptomen führt. Letztlich ausschlaggebend ist dann die Gesamtbelastung des menschlichen Organismus durch Zusätze und Verunreinigungen der Nahrung und der Umwelt und durch andere Faktoren wie Streß usw.

M → M

Obwohl somit eine Betrachtung der einzelnen in der Nahrung möglicherweise vorkommenden Schadstoffe und Gifte eher geeignet ist, die wahre Problematik zu verschleiern, soll hier doch auf die häufigsten und gefährlichsten Belastungen der Lebensmittel und ihrer Auswirkungen auf die menschliche Gesundheit eingegangen werden. Soweit gesetzlich vorgeschriebene Toleranzwerte genannt werden, sollte man sich vor Augen halten, daß sie ohne Berücksichtigung kumulativer und synergistischer Effekte völlig unrealistisch und damit sämtlich in besonderem Maße fragwürdig sind. Dies ist daraus erklärlich, daß die wissenschaftlichen und praktischen Fortschritte der Lebensmittelchemie erheblich der Entwicklung hinterherhinken und daß die Qualitätsforschung gar noch weithin in den Kinderschuhen steckt. Die geltenden Qualitätskriterien sind in erster Linie solche der physikalischen und optischen Beschaffenheit, während ein präventivmedizinischer oder gar therapeutischer Wert von Nahrungsmitteln praktisch unberücksichtigt gelassen wird (vgl. Kapitel 14, »Lücken der Forschung«).

STICKSTOFF

B → N

Durch übermäßige Stickstoffdüngung, die zu starker Blattentwicklung führt, kommt es einerseits zu erhöhter Nitratanreicherung (z. B. in Spinat) und andererseits bei zahlreichen Futter- und Nahrungspflanzen zu einer merklichen Verringerung des Kalium-Natrium-Verhältnisses. Im Extrem bedeuten diese beiden Veränderungen folgendes:

N → M

— Stark nitrathaltiger Spinat bildet bei längerer Lagerung und bei zu langsamem Auftauen das giftige Nitrit, dessen toxische Wirkung auf einer Oxydierung des Bluteisens beruht. Das Blut verliert dadurch seine sauerstoffübertragende Funktion. Besonders bei Kleinkindern kommt es dann zur akuten Blausucht (Blaufärbung der Lippen, des Gesichts und der Hände). Längere Einwirkung kann Nervenschädigungen verursachen.

— Die häufig zu beobachtende Verringerung des Kaliumgehaltes andererseits führt bei

N → M

Tier und Mensch zu einer ähnlichen Verschiebung des Kalium-Natrium-Verhältnisses. Die Folge sind Belastungen des Blutkreislaufes, die bis zum Kollaps führen können.

CHLORIERTE KOHLENWASSERSTOFFE

N → M

Hierzu gehört das bekannte DDT und eine ganze Reihe weiterer Biozide wie Endrin, Dieldrin, Aldrin, etc. Die einzelnen Stoffe besitzen unterschiedliche Giftigkeit und Beständigkeit, DDT z. B. gehört zu den weniger giftigen, aber dafür sehr beständigen Bioziden dieser Gruppe. Wie an anderer Stelle bereits erwähnt, führt vor allem ein im DDT mit 15 bis 20 % enthaltenes Nebenprodukt, das op-DDT, sowohl bei Säugetieren als auch bei Vögeln zur Unfruchtbarkeit.

N → M

Akute Vergiftung durch chlorierte Kohlenwasserstoffe ist gekennzeichnet durch Brechreiz, Unruhe, Mißempfindung im Mundbereich, an Armen und Beinen, Muskelschwäche, Gleichgewichtsstörung usw. Endrin kann nach drei Stunden zu epilepsieähnlichen Krämpfen und Bewußtlosigkeit führen. Der Tod tritt unter Umständen erst nach zwei Wochen durch Kreislaufversagen, Atemstörungen oder Herzschädigung ein.

N → M

Die chronische Vergiftung ist sehr viel unspezifischer: Appetitlosigkeit, Abmagerung, Schwäche, Anämie, Nervenentzündungen, Leber- und Nierenschäden. Als Fermentgift wirken die chlorierten Kohlenwasserstoffe vor allem auf das Kleinhirn und das autonome Nervensystem. Bei Tieren wurden Störungen der Fruchtbarkeit und Schäden bei den Nachkommen beobachtet. Bei einer Anzahl von durch Karotten-DDT vergifteten Kindern stellte man Abmagerung, Abnahme des Vitamin-A-Gehaltes mit seinen Folgen (Austrocknung der Haut und Schleimhäute, Nachtblindheit, Farbsehstörungen bis zur Blindheit) fest. Von dem Biozid Aldrin genügen bereits 25 mg, um bei Kindern den Tod zu bewirken.

N,SL→M

Eine Arbeit aus dem Brookhaven National Laboratory [238] zeigt, daß Vögel offensichtlich ohne besondere Symptome hohe DDT-Konzentrationen lange Zeit ertragen können. Sobald jedoch Nahrungsmangel oder eine Streß-Situation eintritt, wird Fett und mit diesem auch DDT in hohem Maße aus dem Gewebe mobilisiert, das mit dem Blut ins Gehirn kommt und den Tod zur Folge haben kann.

N,I → M

Auf eine ebenso ausgeprägte, typisch synergistische Wirkung weist folgender Befund: Bei Arbeitern, die mit organischen Phosphaten umgingen, wurden Störungen des Hirnstrombildes, Störungen des Gedächtnisses und der Aufmerksamkeit festgestellt, die jedoch noch innerhalb der Grenzen des geistig Normalen lagen. Bei zusätzlichem Kontakt mit chlorierten Kohlenwasserstoffen, wie sie in der Nahrung enthalten sind, waren die Störungen sowohl klinisch als auch im Hirnstrombild weitaus schwerer und durchweg als pathologisch zu bezeichnen [238].

I → N
N → N

Eine lange Zeit kaum beachtete, weil weder in der Landwirtschaft noch in der Lebensmittelchemie verwendete Substanz dieser Gruppe ist das polychlorierte Diphenyl (PCB). PCB wird als Weichmacher in Kunststoff, als Isoliermaterial unterirdischer Kabel, als Schmier-, Kühl- und Farbzusatzmittel und in hydraulischen Ölen verwendet. Die Anreicherung des in Luft, Boden und Wasser vorhandenen PCB über die Nahrungskette

N → M   steht derjenigen von DDT in nichts nach, ja hat im menschlichen Fettgewebe dessen Gehalt bereits überrundet — es wird lediglich von dem Saatbeizmittel HCB (Hexachlorbenzol) noch übertroffen [239].

Analyse von (in mg/kg)	DDT	PCB	HCB
Fettgewebe	3,3	5,7	6,3
Milchfett	3,8	3,5	5,3

Selbstverständlich zählt auch hier nicht der Einzelwert, sondern die jeweilige *Summe* der sehr ähnlich wirkenden Substanzen (im obigen Fall also 15,4 mg/kg bzw. 12,6 mg/kg), was deutlich den Unsinn von Richtlinien zeigt, die auf Einzeltoleranzgrenzen aufbauen.

N → M   Die Wirkung von PCB (ähnlich wie die von DDT und HCB) ist indirekt: Es stimuliert den raschen Abbau von Schlafmitteln, Narkotika und Hormonen und deren Auswaschung aus dem Körper, was zu gefährlichen Störungen und Unsicherheit bei der ärztlichen Medikamentierung, ja selbst zu Schwangerschaften trotz Antibabypille und darüber hinaus zu hormonellen Verschiebungen und solchen des Kalkhaushaltes führen kann.

HERBIZIDE

N → M   Als Vertreter der Unkrautvernichtungsmittel sei hier Dinitrophenol genannt. Die ständige Aufnahme kleiner Dosen führt zu chronischen Erkrankungen, die gekennzeichnet sind durch Hemmung der intrazellulären Atmung und entsprechende Steigerung des Stoffwechsels. Es kommt zu Gewichtsabnahme, Blutschädigung, Nervenentzündung, Sehstörungen, Nachlassen der Hörfähigkeit usw.

WACHSTUMSVERZÖGERER

In der Landwirtschaft verwendete Wachstumsverzögerer wie das Cycocel (CCC), die kurzstämmiges, windfestes Getreide erzeugen und die bisher für Säugetiere als nicht

B → N   toxisch galten, können möglicherweise beim Menschen durch Anreicherung in Getreidearten doch erhebliche Schäden hervorrufen. Tierversuche zeigten, daß von der Mutter

N → N   aufgenommenes und ihr selbst nicht schadendes CCC die Eizellen der Töchter schädigen konnte. Auch für diese bestünde das Risiko lediglich in einer sporadisch auftretenden Sterilität, so daß in erheblichem Maße erst deren Kinder, also die Enkel der das CCC konsumierenden Mutter, durch Mißbildungen gefährdet sind. Solche, über mehrere Generationen sich erstreckende Langzeitwirkungen, wie sie zur Zeit Gegenstand wissenschaft-

N → M   licher Untersuchungen sind, legen die Vermutung nahe, daß es auch beim Menschen mehrere Generationen dauern könnte, bevor sich die eigentlichen Wirkungen zeigen.

QUECKSILBER

Quecksilber wird in der BRD nur noch in beschränktem Maße (jährlich noch rund 26 t) im Pflanzenschutz verwendet. Früher war es ein beliebtes Mittel zum Beizen von Saatgut.

Metallisches, aber auch organisch gebundenes Quecksilber wird in der Natur durch Mikroorganismen in das äußerst giftige Methylquecksilber umgewandelt. In dieser Form wird es vor allem von im Wasser lebenden Organismen aufgenommen, weshalb besonders die in der BRD jährlich bei der Chlorherstellung abfallenden 300 t Quecksilber besorgniserregend sind, da sie nahezu vollständig in die natürlichen Gewässer gelangen. Vor allem von Fischen und anderen der menschlichen Nahrung dienenden Süßwasser- und Meerestieren droht daher Gefahr für die menschliche Gesundheit.

I → W
W → N
N → M

▷ Anfang der 50er Jahre starben in Japan 43 Menschen der Minamata-Bucht an Quecksilbervergiftung durch Fischgenuß. 73 Menschen wurden Dauerinvalide.

▷ 1967 mußte Schweden den Verkauf von Fischen aus 40 Seen und Flüssen verbieten, da die Tiere zu hohe Quecksilbergehalte aufwiesen.

▷ 1970 mußten ähnliche Verbote im Bereich der großen Seen der USA und Kanada ausgesprochen werden.

▷ 1971 mußte importierter Thunfisch in der BRD aus dem gleichen Grunde beschlagnahmt werden.

▷ Die solche spektakulären Einzelfälle bei weitem überwiegende chronische Langzeitwirkung kleinster Dosen wird grundsätzlich nicht erfaßt, dürfte jedoch einen permanenten Prozentsatz unserer Gesundheitsbelastung ausmachen.

N → M Quecksilber wirkt, wie andere Schwermetalle, vor allem auf das Zentralnervensystem. Es kommt zu Muskelschwäche, Verlust des Sehvermögens und Schädigung anderer Hirnfunktionen, zu teilweiser Lähmung, Bewußtlosigkeit und schließlich zum Tod. Die chronische Vergiftung durch wiederholte geringe Dosen kann bei Embryonen angeborenen Schwachsinn verursachen. Bei Erwachsenen führt sie zur Reizbarkeit, Schreckhaftigkeit, Wutanfällen und Depressionen.

BLEI

N → M Akute Bleivergiftung zeigt sich durch Erbrechen, Darmkrämpfe, Kreislaufversagen. Als Enzymgift hemmt Blei jedoch schon in geringsten Dosen den Aufbau des Hämoglobins. Die Diagnose ist daher relativ einfach, da Vorstufen des roten Blutfarbstoffs im Urin ausgeschieden werden. Die chronische Bleivergiftung ist uncharakteristisch und daher schwer zuzuordnen: Müdigkeit, Appetitlosigkeit, Reizbarkeit, Kopfschmerzen, Schwindel. Längere Belastung führt zu chronischer Nierenentzündung mit verringerter Lebenserwartung.

Der Grenzwert der WHO für Blei im Trinkwasser ist 0,1 mg/l, derjenige der USA 0,05 mg/l. In der BRD besteht keine Höchstmengenverordnung für Blei in Nahrungsmitteln, obwohl es sich in der Tat in vielen Fällen nachweisen läßt.

ANTIBIOTIKA

I → N Die in der Massentierhaltung verwendeten Antibiotikamengen (etwa zum schnelleren Fleischansatz bei Kälbern) schädigen bzw. verändern die Darmflora der Tiere oder erzeugen — als Langzeiteffekt geringerer Mengen — eine Resistenz der Darmbakterien dieser Tiere gegen Antibiotika, was an sich sogar wünschenswert sein könnte. Die Bakte-

N → N
rien der Darmflora können jedoch die so erworbene Resistenz auf andere Mikroorganismen, also auch auf Krankheitserreger, übertragen. Auf diese Weise werden in unkontrollierbarer Weise neue, gegen Antibiotika immune, Mensch und Tier gefährdende Erregerstämme »gezüchtet«, für die es keine Behandlungsmöglichkeit gibt. Die nicht unmittelbar giftige Wirkung antibiotikahaltiger Nahrungszusätze kann somit indirekt die menschliche Gesundheit entscheidend gefährden und zu unerwarteten Todesfällen führen, da sie

N → M
die in der Humanmedizin durch Antibiotika inzwischen erreichte Eindämmung schwerer Infektionskrankheiten wieder zunichte macht [240].

M . . . N
Eine Kommission der Deutschen Forschungsgemeinschaft (DFG) warnt daher in einer Mitteilung eindringlich vor den Gefahren der Tiermast mit Antibiotika und fordert, daß der Verbrauch von Antibiotika außerhalb medizinischer Indikationen eingeschränkt und in Zukunft für die Tierernährung nur noch solche Antibiotika zugelassen werden sollen, die in der Therapie weder beim Menschen noch beim Tier eingesetzt werden. Daß auch dies keine Lösung ist, zeigt die Gefährlichkeit der Entstehung von Mehrfachresistenzen gegen Antibiotika, und zwar durch Bakterienstämme, die nach Kontakt mit *einem* Antibiotikum gleichzeitig gegen verschiedene *andere* resistent werden.

N → M
▷ 1957 schleppte ein aus Hongkong nach Japan reisender Patient Ruhrbakterien ein, die gegen vier zur Behandlung der Ruhr besonders wichtige Antibiotika »immun« waren, obwohl der Patient nur mit einem Antibiotikum in Kontakt gekommen war. Die Folge war eine verheerende Ruhrepidemie in Japan, die über viele Jahre nicht eingedämmt werden konnte.

Aufgrund der vorliegenden wissenschaftlichen Ergebnisse ist also die übliche Fütterung von Tieren mit bestimmten Antibiotika, vor allem den Tetrazyklinen, auf ideale Weise geeignet, die Entstehung und Ausbreitung mehrfach resistenter Bakterienstämme zu fördern [240].

Auswege – Abhilfen – Lösungen

M → N
Der Gehalt von Bioziden in Nahrungsmitteln wird zur Zeit durch die sogenannten Höchstmengenverordnungen geregelt. Es fehlt jedoch sowohl an ausreichenden Kontrollen als auch an Beobachtungen von Langzeitwirkungen und vor allem von akkumu-

M . . . N
N . . . I
lierenden und synergistischen Effekten. Die Forschungen auf diesen Gebieten wären dringend zu intensivieren. Ihre Kosten dürften sich durch den volkswirtschaftlichen Nutzen tausendfach bezahlt machen. Gerade das Fehlen konkreter Daten über die tatsächliche Gefährdung durch Schädlingsbekämpfungsmittel in Kombination mit anderen Umweltchemikalien, die durch zusätzliche Belastung des Organismus dessen Entgiftungsleistung stark herabsetzen können, sollte, solange keine ausreichenden Untersuchungsergebnisse vorliegen, Anlaß zu besonderen Vorsichtsmaßnahmen sein.

M . . . I
I . . . N
Hier dürfte das Beispiel Schwedens und der USA, nämlich bereits im Zweifelsfall die Anwendung solcher Stoffe zu verbieten, uns ermuntern, ein Ähnliches zu tun. Dies geschieht jedoch nur sehr zögernd, vor allem, wenn die ins Auge gefaßten Abhilfemaßnahmen keinen Marktwert besitzen.

I . . . N   Dagegen bemüht sich die Industrie unter beträchtlichem Forschungs- und Entwicklungs-
aufwand, Zusatzstoffe mit weniger komplexem Wirkungsspektrum zu entwickeln. Es soll
jedoch, z. B. was die Antibiotika-Verwendung für Tiere, die als Fleischnahrung dienen,
betrifft, noch einmal darauf hingewiesen werden, daß auch die von der Industrie ange-
I → N   botenen Ersatz-Antibiotika — auch wenn sie für die menschliche Therapie von vorne-
herein nicht in Anwendung gebracht werden sollen und auch außerhalb der dort verwendeten Wirkstoffgruppen fallen — wegen der inzwischen bewiesenen Möglichkeit
multipler Resistenzübertragung keine Lösung sind.

I → I   Da letztlich nur der Konkurrenzkampf, z. B. der bei der Intensivhaltung von Geflügel
beteiligten Industrien, zur allgemeinen Einführung jener produktionssteigernden Zusätze
geführt hat, dürfte auch wieder nur eine internationale Übereinkunft in Gesetzesform,
M . . . I   welche *alle* am Markt beteiligten Firmen betrifft, Abhilfe schaffen, da nur dies ohne
weitere Nachteile für den Erzeuger wäre.

Die Aufstellung eines übersichtlichen Flußdiagramms (flow-chart) mit sämtlichen erfaßbaren Daten über Herstellung, Vertrieb, Verbleib, Anreicherung, Rückstände und Wirkung von Antibiotika, Hormonen und Pestiziden könnte darüber Auskunft geben, wie
M . . . I   man schon gleich von der Produktion her steuernd eingreifen könnte.

Eine Eindämmung der Giftspirale in der Landwirtschaft bei gleichzeitiger Verbesserung
der Nahrungsqualität und Verminderung der Umweltbelastung durch Nährstoffaus-
M . . . B   waschung könnte weiterhin erreicht werden durch Anwendung besserer Düngemethoden.
»Die Düngemaßnahmen müssen so getroffen werden«, heißt es im Materialienband zum
Umweltprogramm der Bundesregierung, »daß Lebensmittel und Futtermittel pflanzlichen
B . . . N   Ursprungs sowie Trinkwasser einen möglichst geringen Gehalt an Umweltchemikalien
ausweisen, wobei gegebenenfalls bei Lebensmitteln zulässige Grenzwerte von düngungs-
abhängigen Pflanzeninhaltsstoffen, Wachstumsreglern und deren Metaboliten festzulegen
sind. Besonderes Augenmerk ist dabei auf Nitratgehalte und mögliche Rückstände von
Wachstumsreglern zu richten. Durch Steuerung der Düngung muß ferner der Übertritt
B . . . W   von Stickstoffverbindungen ins Grundwasser sowie der Phosphate in das Oberflächenwasser möglichst vermieden werden«. Diesen schönen Wunsch in die Tat umzusetzen,
verlangt eindeutige Gesetze, Maßnahmen (wie integrierten Pflanzenschutz) [241], steuerliche
Auflagen und Strafen. Das Prinzip ist einfach: Es darf sich für den einzelnen nicht mehr
lohnen, unökologisch zu verfahren. Dann werden die im großen Systemzusammenhang
N . . . M   und für die Allgemeinheit profitableren Methoden auch diesem einzelnen, d. h. der
M . . . I   Industrie, der Landwirtschaft, der Gemeinde und nicht zuletzt dem Händler profitabler
erscheinen. Der Boom der Reformhäuser (eine US-Gesundheitskette ist in kurzer Zeit
auf 2500 Geschäfte angewachsen) und der Lieferanten biologisch einwandfreier Kost
zeigt, wohin die Tendenz geht.

Umweltbereich: Ozean

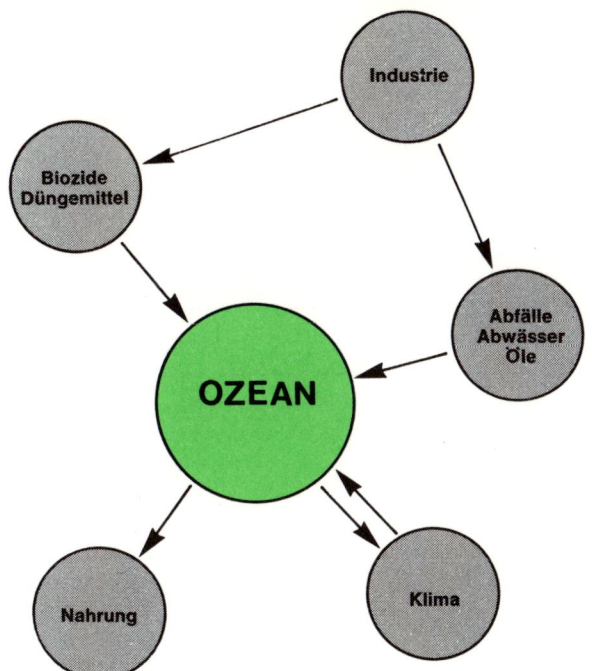

9

Ozeane als Nahrungs- und Sauerstofflieferant.
Ozeane als Hauptfaktor im klimatischen Wechselspiel.
Ozeane als Abfallgruben. Wieweit ist das vereinbar?
Meeresboden als Anbaugebiet: er wird in Zukunft genauso geschützt werden müssen wie der Boden des Landes. Die Meere lohnen es uns.

Die Wassermassen der Weltmeere erscheinen unendlich groß, gemessen an den durch Menschen verursachbaren Veränderungen. Die knapp zwei Drittel des Erdballs umspannenden 1,4 Mrd. km³ Meerwasser enthalten ca. 50 000 Billionen t gelöster Stoffe, eine Menge, die ausreichen würde, um alle Kontinente mit einer 150 m hohen Salz- und Mineralschicht zu bedecken. Der Ozean bildet jedoch nicht nur die riesigste zusammenhängende Minerallagerstätte und Nahrungsquelle (s. Tabelle 13), sondern auch die größte grüne Lunge: 70 % des irdischen Sauerstoffs werden von Plankton und Meeresalgen produziert und selbstredend auch das immense Reservoir für den lebensnotwendigen Wasser- und Wärmekreislauf unserer Erde (s. die Kapitel 6 und 10: »Wasser« und »Klima«).

Trotz dieser gewaltigen Ausmaße und mächtigen Eigenfunktion veränderten sich mit zunehmender Bevölkerungszahl und mit der damit zusammenhängenden schrittweisen Einbeziehung der Ozeane in unseren Lebens- und vor allem Abfallbereich eine Reihe von Aspekten, vor allem die so wichtige biologische Struktur der Weltmeere.

TABELLE 13

Das Meer — die größte Minerallagerstätte und Nahrungsquelle
(Angaben in Tonnen pro qkm, errechnet nach [242])

Magnesium	1 500 000
Schwefel	1 000 000
Brom	85 000
Kohlenstoff	31 000
Jod	66
Zink	11
Eisen	11
Aluminium	11
Kupfer	3,3
Uran	3,3
Plankton	2
Fische	0,4

Belastungen der Meere

M → O   In die Ozeane gelangen jährlich riesige Mengen von Verunreinigungen, die direkt oder indirekt aus folgenden Quellen zugeführt werden:

— aus mit Abfall- und Schadstoffen belasteten Flüssen

— durch direktes Einleiten von kommunalen oder industriellen Abwässern und Schlämmen an der Küste

— durch Verklappen von festen und flüssigen Abfallprodukten auf hoher See

— durch Verluste und Rückstände von Öltankern und aus der Schiffahrt im allgemeinen

— durch Bohrinseln und an den Küsten installierte technische Anlagen

— durch die mit Abgasen, Stäuben und Radioaktivität belastete Atmosphäre

AF → O
Außerhalb der küstennahen Hoheitsgebiete (für die meisten Nationen zwischen 3 und 12 Meilen) gilt der Ozean als internationales Gewässer, das allen und somit niemandem gehört. Aufgrund mangelnder internationaler Gesetzgebung und in dem Glauben an die unerschöpfliche Selbstreinigungskraft des Meeres wurde es mittlerweile zur größten Abfallkippe unseres Planeten. Zahlenangaben über die jährlich zugefügten Schadstoffmengen sind oft schwer zugänglich oder gar nicht vorhanden, weil man glaubt, das Recht auf uneingeschränktes Handeln zu besitzen. Erst durch die erschreckende Verschmutzung der Weltmeere sah man sich genötigt, eingehende Studien über den Verschmutzungsgrad sowie Art und Ausmaß der dem Meer zugefügten Schadsubstanzen anzufertigen. Viele der so erhaltenen Angaben sind Schätzdaten, aber sie können durchaus ein erstes realistisches Bild vermitteln.

I → O
Allein aus Industrie und Minen werden jährlich die in Tab. 21, S. 171, angegebenen Mengen von Abfallstoffen mineralischen Ursprungs in die Ozeane geschwemmt, von denen jedoch nicht alle das ökologische Gleichgewicht stören. Auch kann man ausrechnen, daß beim
O . . . I
Meeresabbau umgekehrt z. B. eine Verzehnfachung der heutigen Magnesiumgewinnung aus dem Meerwasser auf jährlich 1 Mio. t selbst nach 1 Million Jahre den für den Pflanzenwuchs wichtigen Magnesiumgehalt von heute 1,272 g/Liter erst in der dritten Stelle hinter dem Komma, d. h. auf 1,271 g/Liter verringern würde.

Anders jedoch ist es mit der zunehmenden Ölverschmutzung der Meere. Nach einer umfassenden amerikanischen Studie (SCEP) sind, global gesehen, die Hauptölverschmutzer nicht etwa die Supertanker-Katastrophen (wie z. B. der »Torrey Canyon«, die im März 1967 110 000 t Rohöl südlich von England verschüttete), sondern die große Zahl
AF → O
ganz normaler Schiffe, die auf hoher See ihre Ölabfälle und Bilgenwässer unkontrolliert in das Meer pumpen. Außerdem gelangt allein durch ölverschmutzte Flüsse etwa die
W → O
5fache Menge des Öls von Tanker-Unglücken ins Meer. 1969 waren es insgesamt über 2000 Mio. t Petroleumprodukte, die aufgrund der Angaben von SCEP ins Meer flossen (s. Tabelle 14) und sich dort ausbreiten[243].

Interessanterweise gibt eine neuere Studie der kanadischen ALCAN-Reederei aus dem Jahre 1972 die Verschmutzung der Weltmeere mit Petroleumprodukten im Jahr 1969 mit nur 5 Mio. t an[244]. Der erhebliche Unterschied zur SCEP-Studie erklärt sich daraus, daß ALCAN für die Menge der anderen industriellen Abfallprodukte zu höheren Werten gekommen ist (s. Tab. 14). Außerdem schätzt ALCAN, daß zu den 5 Mio. t direkt in das Meer geflossenen Ölprodukten eine zusätzliche Menge von 9 Mio. t Kohlenwasser-
AS → O
stoff-Fallout hinzukommen, die vom Land aufs Meer geweht wurden und noch weiterhin ansteigen werden. Diese Werte basieren auf der Annahme einer zehnprozentigen Niederschlagsrate und berücksichtigen auch große Verbesserungen bei der Emissionskontrolle von Kraftfahrzeugen und industriellen Anlagen für 1975 und 1980.

TABELLE 14

Ozeanverschmutzung mit Petroleum-Produkten
(Schätzwerte in Millionen Tonnen pro Jahr)
[nach SCEP [243] und ALCAN[244]]

	1969 (SCEP)	1969 ALCAN	1975 ALCAN	1980 ALCAN
1. Industrielle Abfallprodukte				
— aus durch Industrie und Kfz verschmutzten Flüssen	450			
— Öltanker kontrolliert	30	3 300	4 400 (± 600)	6 500 (± 1 000)
unkontrolliert	500			
— andere Schiffe (z. B. durch Bilgenwasser etc.)	500			
— maritime Industrie		1 000	1 050	390
zusammen	1480	4 300	5 500	7 000
2. Verschüttungen				
— Raffinerien	300	300	330	550
— Bohrinseln	100	100	320	460
— Tankerkollisionen und Wracks	100	200	200	200
— andere	100	100	150	220
zusammen	600	700	1 000	1 430
3. Vom Land aufs Meer geweht		9 000	10 000	11 000
insgesamt	2080	14 000	16 000 (± 700)	19 430 (± 1 200)

AF → O   Als besonders lukratives Geschäft gilt das Verklappen von industriellen Abfällen in internationalen Gewässern. Nach einer Studie der ICES aus dem Jahre 1968 wurden mehrere Millionen Tonnen von Abfallprodukten in das Meer gekippt. Hier einige Auszüge [245]:

— 3600 t jährlich an Schwefelsäure und 750 000 t jährlich an Schwefeldioxyd von den Holländern,

— 375 t täglich an Schwefelsäure, 750 t täglich an Eisensulfat, 200 000 t jährlich an Gips und 40 t pro Monat an chlorierten Kohlenwasserstoffen von den Deutschen.

Die Zeitschrift »Chemical Week« [267] berichtet, daß die belgische Schiffahrtsgesellschaft AHLERS eine Verklappungsfirma ins Leben gerufen hat, um schätzungsweise 100 000 t Titandioxyd jährlich von einer Anlage des Chemiekonzerns BAYER in Antwerpen ins

I → AF

AF → O

AF ... I

Meer zu versenken, und die britische Firma JOHN HUDSON besitzt sogar ein Spezial-schiff, das in einem Jahr 375 000 t Industriemüll in die Nordsee versenken kann. In den USA hat das Verklappungsgeschäft in den letzten 20 Jahren um das Fünffache zuge-nommen und wird schätzungsweise jährlich um weitere 4,5 % zunehmen — dreimal so rasch wie das Bevölkerungswachstum!

R → O

I → O

So waren es gerade die strengen Abwasservorschriften zur Verunreinigung der Flüsse und Binnengewässer — und das Fehlen ähnlicher Vorschriften zur Verschmutzung der Meere —, die z. B. die Weißpigmentindustrie veranlaßten, sich mit Vorliebe in Küsten-nähe anzusiedeln. Nach Angaben des Materialienbandes zum Umweltprogramm der Bundesregierung gelangen allein aus der Titandioxydproduktion vor der belgischen, niederländischen und deutschen Küste jährlich 1,65 Mio. t zehn- bis zwanzigprozentige Schwefelsäure (Dünnsäure) in die Nordsee [246].

I → O

M → O

Besonders gefährdet ist die Ostsee, die — obwohl sie kleinere Mengen industrieller Abfall-stoffe als die Nordsee empfängt — als Binnenmeer eine kaum nennenswerte Wasser-erneuerung besitzt. Die stärkste Verschmutzung entsteht vor der schwedischen und finni-schen Küste durch Abfälle der holzverarbeitenden Industrien, vor allem durch Queck-silber. Die nach dem letzten Krieg versenkten großen Mengen an Arsen und Kampfgas (in Bomben, Granaten und korrodierbaren Behältern) stellen eine weitere, wenn auch latente Gefahr dar, die einer ständigen Überwachung bedarf. Die vielen Kanalisations-leitungen, die in einem Großteil der Fälle (z. B. in Kiel, s. Kap. 3, »Abwässer«) mit völlig unbehandelten Kloaken die Ostsee belasten und die Abfälle der zahlreichen Fähr-schiffe mit ihren jährlich rund 22,5 Mio. Passagieren [247] beschließen diesen appetitlichen Reigen. Nach Angaben der FAO gilt die Ostsee heute als das am stärksten verschmutzte Meer der Erde.

Auswirkungen der Ozeanbelastung auf andere Umweltbereiche

O ... K
O ... W
O ... N
O ... M

Angesichts der riesigen Ausmaße und ungeheuren Wassermengen der Weltmeere könnte man fast glauben, daß die bis jetzt durch den Menschen verursachte Ozeanverschmutzung letzten Endes ebensowenig ausmachen würde wie ein paar Tropfen Industrieabwasser in einer Badeanstalt. Was die Mengenverhältnisse betrifft, so stimmt der Vergleich viel-leicht. Was die Belastung betrifft, so könnte er ebenfalls stimmen, wenn der Ozean eine Badeanstalt wäre. Der Ozean ist jedoch kein toter Wasserkörper, sondern das um-fassendste Ökosystem unserer Erde, dem wir unter anderem Sauerstoff, Nahrung, Wasser, Wärme und Erholung verdanken. Veränderungen, die am Gesamtvolumen gemessen nur geringfügig erscheinen, wirken sich daher sehr empfindlich aus, potenziert durch noch mindestens sieben bedeutende Verstärkungsfaktoren:

O → N

▷ Im Wasser gelöste Schadstoffe können durch Flora und Fauna stark angereichert werden, in Extremfällen auf millionenfache Konzentrationen. Der Verdünnungs-effekt wird so praktisch rückgängig gemacht.

O → K

▷ Eine physikalische Anreicherung findet bei Erdölprodukten statt, die sich über riesige Flächen in nur wenige Moleküle dicken Schichten auf der Wasseroberfläche halten und dort Verdunstung, Luftaustausch und andere Oberflächenaktivitäten verändern.

O → M

▷ Die größten Belastungen spielen sich hauptsächlich in Küstennähe ab (z. B. Schiff-fahrt, Schadstoffeinleitungen), wo sie noch ohne wesentliche Verdünnung auf den Menschen zurückwirken.

O → O

▷ Eine Reihe von Ländern, wie z. B. die Bundesrepublik, liegen an flachen Rand-meeren (Nordsee) oder Binnenmeeren (Ostsee, Mittelmeer, Schwarzes Meer), die mit dem offenen Ozean nur durch schmale Auslässe verbunden sind und somit über verringerten Wasseraustausch verfügen.

O → O

▷ Ungünstige Strömungen (besonders bei Flachmeeren) können bewirken, daß sich die sogenannten Abwasserfahnen lange in Küstennähe aufhalten, ehe sie aufs offene Meer hinaustreiben.

O → O
O → M

▷ Tankerunglücke und andere Schadstoffkatastrophen stoßen auf begrenztem Raum riesige Öl- und Giftmengen aus, die als geballte Schadstoffexplosionen verheerende Folgen haben, ehe sie sich auf weniger gefährliche Konzentrationen verdünnt haben.

O → M

▷ Durch die enge Vernetzung ökologischer Abhängigkeiten, wie z. B. Nahrungsketten, wirkt sich das Überhandnehmen oder Absterben einer gewissen Tier- oder Pflanzen-art sogleich auf andere Lebewesen des Ökosystems — oft über Umwege nach ent-sprechender Latenzzeit — in möglicherweise verstärkter Form aus.

M → O

Da die Meeresforschung trotz ihrer großen Leistungen noch ein sehr junger Wissen-schaftszweig ist, der mit vielen unbekannten Größen operieren muß, wird ein Großteil der möglichen Belastungen, besonders was das ökologische Gleichgewicht betrifft, zur Zeit nur unvollkommen verstanden. Trotzdem gibt es für einige Schadstoffe genügend Beispiele, die deren Auswirkungen relativ gesichert illustrieren können. Im folgenden seien einige dieser Schadstoffgruppen besprochen.

PETROLEUMPRODUKTE

AF → O

Obwohl spektakuläre Ölkatastrophen, wie diejenige der 1970 vor der englischen Südküste explodierten »Pacific Glory« mit 77 000 t Rohöl an Bord, die katastrophalen Folgen der Ölverschmutzung der Öffentlichkeit am stärksten vor Augen führen können, kommt der weitaus größte Teil der Ölverschmutzungen aus andauernden, aber unauffälligen und daher für die Öffentlichkeit nicht so interessanten Quellen (s. Tab. 14).

O → N

Ein Indiz für die steigende Belastung ist hier die Zahl verölter Vögel. In Holland und Belgien hat sich diese Zahl von 1958 bis 1968 verdoppelt [248] (Funde pro 10 km Strand-linie):

— Jahresdurchschnitt 1958 bis 1962 = 19 Vögel
— Jahresdurchschnitt 1963 bis 1968 = 38 Vögel

O → N   Allein an den deutschen Küsten sind es jährlich 10 000 Seevögel, die durch ölverklebtes Gefieder zugrunde gehen [249]. Wale und Robben sterben an Ölverschmutzungen durch verstopfte Nasenlöcher und entzündete Augen. Fische reagieren dank einer auf der Haut sitzenden Schleimschicht weit weniger empfindlich als z. B. Muscheln, die dazu noch in Öl gelöste Schadstoffe, die oft karzinogener Natur sind, anreichern.

O → M   Besonders spektakulär zeigt sich die Ölverschmutzung an Badestränden:

▷   Eine Expertenkommission kam zu dem Resultat, daß inzwischen 60 % aller Badestrände Italiens stark verschmutzt sind und bei 75 % dieser Strände das Meerwasser

O → M   gesundheitliche Gefahren mit sich bringt [250].

▷   Die Ölbelastung des Mittelmeers wird in den kommenden Jahren voraussichtlich noch weiter stark ansteigen, da man schon für 1976 mit einem Anwachsen der Öl-

I → O   transporte vom östlichen Mittelmeer um mehr als 280 % rechnet [251].

O → O   ▷   Bereits heute gilt die Selbstreinigungskraft des Mittelmeers aufgrund eingehender Studien als überschritten.

▷   Zur Ölpest an Nordseestränden heißt es im Materialienband zum Umweltprogramm der Bundesregierung: »Eine seit 1961 durchgeführte Befragung der Kurverwaltun-

O → M   gen der Nordseebäder ergab, daß während der Badesaison an den Stränden an etwa

O → I   51 % aller Tage Ölverschmutzungen von leichter bis mittlerer Art, in 34 % schwere Ölverschmutzungen festgestellt wurden« [249].

Da wenige Liter Öl ausreichen, um 1 km² Wasseroberfläche mit einem moleküldünnen Ölfilm zu bedecken, genügen im Prinzip einige hundert Tonnen, um über große Gebiete

O → K   die Verdunstung zu beeinträchtigen und durch Störung des Wasserkreislaufs zu Niederschlagsrückgang und Trockenzeiten zu führen. Diese Beziehungen sind noch wenig erforscht.

Die Anwendung von Detergentien, wie sie zur besseren Verteilung der unlöslichen Ölstoffe im Meerwasser zeitweise vorgenommen wurde, verschlimmert nur noch die Lage, weil erst dadurch die Schadstoffe von den Meerestieren aufgenommen werden können.

O → N   Anfang 1971 mußten über 1000 t Muscheln aus dem Jade-Gebiet als genußuntauglich zurückgewiesen werden, weil sie mit übelschmeckenden aromatischen Bestandteilen des Öls (die zudem noch lange anhalten) behaftet waren [252]. Außerdem haben sich in eingehenden Laborversuchen alle angewandten Detergentien als hochtoxisch erwiesen. Bei den meisten Tieren der Felsküsten führten auch verdünnte Detergentienlösungen schon nach 30 Sekunden zum Tode [253].

SAUERSTOFFZEHRENDE BIOLOGISCHE ABFÄLLE

AW → O   Durch das Einleiten ungenügend oder überhaupt nicht geklärter Abwässer (vgl. Kap. 3, »Abwässer«) können Seuchenherde in Küstennähe entstehen, deren Umgebung dann als

O → M   Erholungsgebiet ausfällt. Das trifft bereits für weite Teile der italienischen und franzö-

O → I   sischen Mittelmeerküste zu, weiterhin für bestimmte Partien der deutschen Ostseeküste, der belgischen und der holländischen Nordseestrände. Hierüber wurde ausreichend in der Presse berichtet sowie z. B. auch auf dem Hearing »Reinhaltung der Hohen See und der Küstengewässer« [254] des Deutschen Bundestags im Februar 1971.

O → N
N → M

Die mit ungeklärten Abwässern in das Meer gelangten Krankheitserreger (Salmonellen, Typhus- und Paratyphusbakterien, Polio- und Hepatitisviren) können durch Muscheln und Krabben angereichert werden und dann in geballter Form besonders schädlich auf den Menschen einwirken. Die Typhus- und Paratyphus-Epidemien 1942 in Husum und 1947 in Cuxhaven [255] entstanden durch auf diese Weise infizierte Krabben [255].

AF → O
O → O

O → N

Das Mündungsgebiet der Ems gehört zu den besonders gefährdeten Küstengebieten der BRD. Durch die starke Belastung mit biologischen Abfällen sank zumindest zeitweise der Sauerstoffwert auf die Hälfte des Sättigungswertes ab. Die von den Holländern in der Emsmündung geplante »Dreckpipeline« mit einer Kapazität von 24 Mio. »Einwohneräquivalenten« wurde im letzten Jahr scharf abgelehnt, weil sie für ein jetzt schon überlastetes Küstengebiet zum Ruin führen würde. Durch die starke Sauerstoffarmut des Wassers kann es zur Massenentfaltung giftiger Algen kommen (wie z. B. der »roten Tiden«). Die erzeugten nervengiftähnlichen Stoffe reichern sich in Muscheln an und können so zu Nahrungsmittelvergiftungen führen.

CHLORIERTE KOHLENWASSERSTOFFE UND PESTIZIDE

AF → O

W → O

Allein durch die BRD werden Monat für Monat durchschnittlich 40 000 kg hochgiftige chlorierte Kohlenwasserstoffe in der Nordsee verklappt [245]. Über die Flüsse und selbst per Luftfracht werden weitere massive Mengen von Pestiziden in das Meer abgeladen. Für die Gesamtheit der Weltmeere errechnete SCEP, daß allein an DDT durch Flußwasser bis zu 3,8 Mio. kg, durch Niederschläge gar 24 Mio. kg/Jahr zugeführt werden. Danach gelangt auf diese Art etwa ein Viertel der DDT-Weltproduktion in den Ozean [256].

O → N

N → M

N → N

Die Folgen sind ebenso eindeutig. Das norwegische Forschungsschiff »Johan Hjort« konnte im Sommer 1970 feststellen, daß die Gewässer der Nordsee bis über das Nordkap Skandinaviens hinaus mit chlorierten Kohlenwasserstoffen belastet sind. Der höchste Wert lag bei 0,2 ppm, einem Zehntel der Menge, die bei Meerestieren einen sofortigen toxischen Effekt auslöst [245]. Die untersuchten Meerestiere (darunter der Ruderfußkrebs Calamus finmarchicus), reicherten jedoch von dieser Konzentration ausgehend die Schadstoffmengen bis zur letalen Konzentration an bzw. geben sie über die Nahrungskette in steigenden Konzentrationen oft bis zum Menschen weiter (vgl. Kapitel 8, »Nahrung«). Da die chlorierten Kohlenwasserstoffe nur sehr langsam in der Natur zersetzt werden (Halbwertszeit mehrere Jahre bis Jahrzehnte) treiben sie unter ständiger Akkumulation jahrelang im Meer. Eingehende Studien an der Küste von Long Island, USA [257], zeigten, daß die DDT-Anreicherung vom Plankton (0,04 ppm) bis zu den Möven (75 ppm) eine etwa 2000fache ist; gegenüber dem Meerwasser selbst eine millionenfache. Die schädlichen Wirkungen auf Vögel (brüchige Eierschalen und Verringerung der Schlüpffähigkeit) [258], ist ebenso ausführlich untersucht worden wie die auf Fische (allein im Jahre 1968 starben in den USA an die 700 000 junge Lachse an DDT-Vergiftung) [259].

N → M

Beim Menschen liegt die Gefahr in erster Linie nicht in akuten Vergiftungen, sondern in der ständigen Einwirkung der im Fettgewebe gespeicherten subtoxischen Dosen. Langzeiteffekte wie Veränderung der Erbanlagen, Schwächung der körpereigenen Abwehr sowie Unterstützung einer möglichen Krebsdisposition können nicht ausgeschlossen werden.

O → K
Chlorierte Kohlenwasserstoffe zählen zu den Schadstoffen, die die Fähigkeit des Phytoplanktons, Sauerstoff zu produzieren, drastisch senken[88]. Sowohl in Labor- als auch in Freilandversuchen wurde gezeigt, daß einige Tausendstel ppm an DDT ausreichen, um bei Phytoplankton die Photosynthese zu hemmen[260]. DDT ist nur einer von vielen hundert den Ozean belastenden chlorierten Kohlenwasserstoffen. Manch andere üben noch weit toxischere Wirkungen auf die Photosynthese aus. Eine weiter ansteigende Verschmutzung der Meere könnte somit eines Tages durchaus dazu führen, daß der Aus-

I → K
gleich der durch die Verbrennungsprozesse der Zivilisation bedingten Sauerstoffverluste durch das Phytoplankton nachläßt (es sei daran erinnert, daß das Meeresplankton für

O . . . K
70 % der gesamten irdischen »Lufterneuerung« verantwortlich ist!). Da durch die Photosynthese im selben Maße, wie Sauerstoff produziert wird, auch Kohlendioxyd verbraucht wird, würde ihr Nachlassen auch zu einer Anreicherung von Kohlendioxyd in der Atmo-

O → K
sphäre führen. Weitere Folgen könnten eine globale Temperaturerhöhung und klimatische Veränderungen sein, durch die unser gesamtes ökologisches Gleichgewicht verschoben würde sowie die Polkappen zum Schmelzen gebracht und durch das folgende Ansteigen des Meeresspiegels weite Landstriche überflutet würden (vgl. Kapitel 10, »Klima«). Die Darlegung solcher zur Zeit noch utopisch erscheinenden Katastrophen sollte niemanden in Panik versetzen wollen, sondern uns nur ins Bewußtsein rufen, daß schon durch die jetzige Belastung der Meere die ersten Schritte in die Richtung einer solchen Katastrophe gegangen werden.

SCHWERMETALLE

I → O
Eine besondere Gefahr für den Menschen bilden die in zunehmendem Maße ins Meer gelangenden Schwermetalle wie Quecksilber, Blei, Kadmium, Zink, Kupfer und Arsen.

▷ Allein in den letzten Jahrzehnten stieg der Bleigehalt im Oberflächenwasser der nördlichen Meere von 0,02 μg/l auf 0,07 bis 0,4 μg/l, also auf das 3- bis 20fache[261].

N → M
▷ Muscheln mit angereichertem Kupfergehalt führten zu Vergiftungen in Holland[261].

O → N
▷ In der Bucht von Minamata (Japan) erkrankten an schwerer Quecksilbervergiftung 100 Menschen, von denen 44 starben (»Minamata-Krankheit«)[262].

O → N
▷ Ein Gehalt von nur 5 Tausendstel ppm Quecksilber (eine Menge, die in den Vereinigten Staaten und in der Sowjetunion für Trinkwasser noch zugelassen ist) hemmt bereits die Entwicklung von Meeres- und Süßwasserplankton um mehr als die Hälfte. Bei der zehnfachen Konzentration wird das Wachstum des Planktons bereits völlig unterbrochen[263].

N → M
▷ Auch von Säugetieren kann Quecksilber in den roten Blutkörperchen und im Nervengewebe angereichert werden: Methylquecksilber drang bei trächtigen Versuchstieren durch die Plazenta und den Fötus ein, wurde dort angereichert und führte zu Mißbildungen des Fötus.

N → N   ▷ Ebenso wie die chlorierten Kohlenwasserstoffe werden Schwermetalle von Flora und Fauna stark angereichert: Muscheln können z. B. die hunderttausendfache Menge des im umgebenden Meerwasser gelösten Zinks enthalten [264].

O → N   ▷ Biochemische Vorgänge im Meer können die Toxizität von Schwermetallen durch Überführung in organische Verbindungen, wie z. B. Methylquecksilber, beträchtlich erhöhen. Bei Pflanzen und Mäusen wurden Erbschäden nachgewiesen [264].

SONSTIGE ANORGANISCHE STOFFE

Folgende Substanzen gelangen weiterhin laufend in die Ozeane:

— lösliche Stoffe wie starke Säuren (Salzsäure, Schwefelsäure), Natronlauge und Salze (Magnesiumchlorid, Eisensulfat, Phosphate und Nitrate aus der Landwirtschaft). Schätzwert: mehrere Millionen Tonnen pro Jahr

— schwerlösliche Feststoffe wie Kraftwerkasche, Kohleabfallprodukte, Rotschlamm und Titandioxyd. Schätzwert: mehrere Millionen Tonnen pro Jahr

— hochgiftige Substanzen wie Zyanide und Fluoride. Schätzwert: unbekannt.

O ... O
AW → O
O → N
Von den starken Giftstoffen sowie von Säuren und Laugen hofft man, daß sie durch die hohe Verdünnung im Ozean unschädlich gemacht werden. Phosphat- und Nitratsalze tragen jedoch mit Sicherheit zur Eutrophierung der küstennahen Gewässer bei, wodurch ein großer Teil des weltweiten Fischreservoirs dezimiert werden kann [256].

Obwohl die wasserunlöslichen Feststoffe physiologisch gesehen bislang als ungiftig galten, sind seit neuestem schädliche Auswirkungen auf Meerestiere erwiesen. So können sich z. B. die Eisenoxydhydratteilchen des Rotschlamms bei genügend starker Konzentration auf dem Kiemenepithel der Fische ablagern und zum Erstickungstod führen oder bei Muscheln die Filtriertätigkeit beeinträchtigen. Resultat: langsamer Hungertod [265].

AF → N   Alarmierend sind kürzliche Untersuchungsergebnisse der Biologischen Anstalt Helgoland [266], daß Rotschlamm noch bei Verdünnungen von 1:100 000 (!) heranwachsende Ruderfußkrebse (als vorherrschende Zooplanktonart die Hauptnahrungsquelle der
AF → N   Fische) achtmal so schnell sterben läßt wie in gewöhnlichem Meerwasser. Die Bedeutung dieses Befundes wird offenbar, wenn man weiß, daß allein die deutsche Industrie plant,
I → O   jährlich 800 000 m³ Rotschlamm ins Meer zu verklappen [267].

Auswege – Abhilfen – Lösungen

Die Problematik der Aufstellung und Durchführung schützender Maßnahmen liegt in erster Linie darin, daß die Meere außerhalb der nationalen Hoheitsgrenzen (in der Regel 3 bis 12 Meilen) internationale Gewässer sind, die jedem gehören und für deren Reinhaltung sich doch niemand zuständig fühlt. Die laufende Verschmutzung läßt sich also
M ... O   nur durch ein international koordiniertes Vorgehen unter Kontrolle bringen, und auch
O ... I   nur ein solches kann — bis einmal die zur Zeit Profitierenden selber einen »Anbau« dem
F ... O   »Raubbau« vorziehen — einer zukünftigen stärkeren Belastung entgegenwirken. Strenge

Gesetze und Vorschriften müssen ausgearbeitet werden, die für alle beteiligten Staaten bindend sind und die zugleich eine Grundlage für die mit Sicherheit zu erwartende verstärkte Bewirtschaftung des Meeresbodens (sowohl seinen Anbau als auch seinen Abbau) darstellen.

M ... M

M → M

Vorschriften über Art und Ausmaß der Belastbarkeit des Ozeans werden den Betroffenen nur dann sinnvoll erscheinen, wenn sie auf fundierten Forschungsresultaten beruhen. Allzuoft werden ernsthafte Probleme verniedlicht und im Glauben an die ungeheure Selbstreinigungskraft mit einem Achselzucken quittiert. Andererseits können grobe Übertreibungen und Schwarzmalerei zu einem ebensolchen Achselzucken und zur Lethargie führen — und höchstens eigene Angriffsflächen bieten, so etwa die Behauptung des prominenten französischen Tiefseeforschers Cousteau, daß bereits 40 % der Fauna aller Weltmeere durch chemische Verseuchung vernichtet seien. Harte Tatsachen über wirkliche Vorgänge sind also am ehesten vonnöten (vgl. auch Kap. 14 »Öffentlichkeitsarbeit«).

M ... I

Die Verbreitung von Schadstoffen wie Öl, Schwermetalle, Fäkalien, chlorierte Kohlenwasserstoffe, anorganische Substanzen und Müll kann ähnlich wie bei der Verschmutzung der Binnengewässer wirkungsvoll nur an der Quelle selbst bekämpft werden. Die Einführung strenger Vorschriften, hoher Gebühren und Strafen für umweltbelastende Abfallstoffe auf dem Festland (s. z. B. Kap. »Wasser«) müssen daher folgerichtig auch auf den Ozean erweitert werden.

I ... O

Während strenge Überwachung in Küstennähe durchaus möglich ist, wird die Kontrolle von Vorgängen in internationalen Gewässern noch gewisse Schwierigkeiten bereiten. Die technischen Aspekte des Problems sind jedoch prinzipiell lösbar. Neben der Überwachung von Schiffen durch ihre jeweiligen Heimatländer würde die Installation eines koordinierten Überwachungssystems in Form von Satelliten äußerst sinnvoll sein, da durch spezielle optische Techniken Verseuchungsvorgänge damit sehr rasch erfaßt werden können.

I ... O

M → I

Auf die Unzahl technologischer Überwachungs-Ansatzpunkte bei Pipelines, Raffinerien, Löschanlagen, Tankern, Frachtschiffen und anderen, deren Vervollständigung zumindest in Küstennähe zur Reduzierung der Ölverschmutzung beitragen kann, sei hier nur am Rande verwiesen. Die zögernde Installation solcher Kontrollsysteme hängt weniger von begrenzten technischen Möglichkeiten ab, als von der mangelnden Gesetzgebung und dadurch laxen Überwachung. Ein gewisses Risiko der Ozeanverschmutzung z. B. durch Tankerunglücke wird sich allerdings nie ganz ausschalten lassen. Für diese Fälle sollten Umweltversicherungen abgeschlossen werden, die bei einem durch höhere Gewalt verursachten Unfall für die ökologischen Schäden aufkommen.

Umweltbereich: Klima

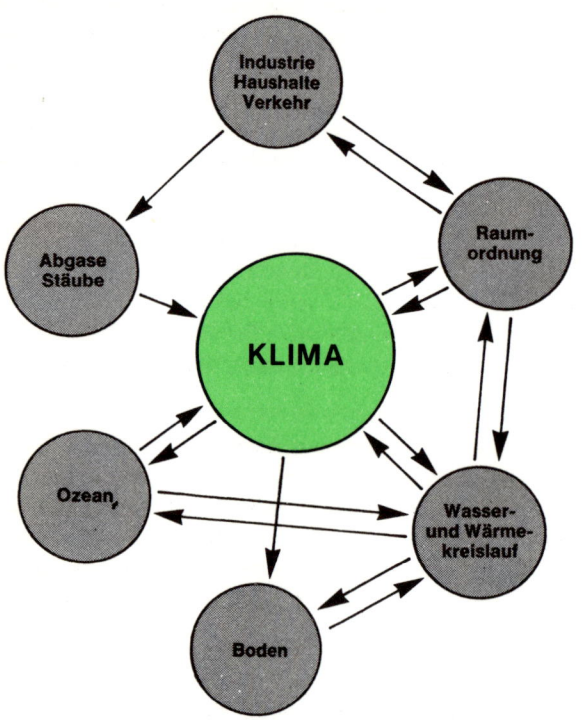

10

Wärmespeicherung, Lichtreflexion, Raumordnung, Abgase sind nur wenige von vielen klimabeeinflussenden Faktoren. Stäube bedingen Temperaturabfall, Smog und Inversionslagen; Kohlendioxyd einen stetigen Wärmeanstieg. Die Folgen sind einschneidend. Vorbeugen lohnt sich.

Unter Klima versteht man die Gesamtheit aller Wettererscheinungen über einem bestimmten Gebiet. Zu den klimabestimmenden Faktoren gehören u. a.

— Sonneneinstrahlung
— Wasserdampfgehalt der Luft
— Winde
— Luftdruck
— Wärmerückstrahlung der Erde
— Staubgehalt der Luft
— Kohlendioxydgehalt der Luft.

Der geologische Nachweis von fünf oder sechs Eiszeitperioden, deren letzte (Pleistozen) über eine Million Jahre dauerte, zeigt die großen Schwankungen, denen unser Klima unterworfen sein kann.

Der allmähliche Anstieg der Weltdurchschnittstemperatur um 0,4° C im Laufe dieses Jahrhunderts bis etwa 1940, gefolgt von einer wieder allmählichen Abkühlung über einige Zehntel Grad, deutet auf weitaus abruptere Schwankungen künstlichen Ursprungs hin (gut um den Faktor 1000 stärker, d. h. 1000mal rascher als von Natur zu erwarten), deren ökologischer Mechanismus zur Zeit untersucht wird [291].

Trotzdem sind wir noch weit davon entfernt, auch nur annähernd das Wechselspiel der subtilen Einzelvorgänge, die sich fortdauernd in unserer Erdatmosphäre abspielen, genau zu durchschauen. Das beweist allein schon die große Zahl meteorologischer Theorien, die oft zu widersprüchlichen Voraussagen über die Auswirkungen der durch den Menschen verursachten Klimaveränderungen gelangten. Während in geologischen Zeiträumen die Bindung von CO_2 durch Pflanzenwuchs ein allmähliches Absinken der Temperatur, Eiszeiten und Absterben des Pflanzenwuchses zur Folge gehabt haben kann und umgekehrt die Dominierung von tierischem Leben, vulkanischer Tätigkeit oder Austauschvorgängen mit Karbonaten (Kreide) durch Erhöhung des CO_2-Gehaltes über viele Jahrtausende wieder zu einer allmählichen Temperaturerhöhung geführt haben mögen [297], greifen zur Zeit die industriellen Abgase massiv in dieses Gleichgewicht ein, was für die kybernetische Erfassung dieser Vorgänge von großem Interesse ist. So können computerisierte Simulationsmodelle, die die vielen hierbei zu berücksichtigenden Parameter erfassen (Luftverkehr, Fahrzeugverkehr, Vulkanismus, Staubbewegungen, Industrieabgase, Kondensationskeime, Rodungen, Entlaubungen usw.) durchaus in der Lage sein, anhand von deren unterschiedlichen Einflüssen die nötigen Steuermechanismen zu empfehlen, um weder eine Eiszeit noch eine Erwärmung der Welttemperatur um einige Grad (unter Abschmelzung der Polkappen und Anstieg des Ozeanspiegels) eintreten zu lassen. Die einzige Gewißheit, die wir jedoch zur Zeit haben, ist diejenige, daß beide Entwicklungen nicht zur gleichen Zeit eintreten können. Auch was die Beeinflussung des Klimas durch den Menschen betrifft, steht lediglich fest, daß diese schon vor vielen tausend Jahren mit den ersten ökologischen Eingriffen des Menschen (landwirtschaftliches Urbarmachen von Wäldern durch Abholzung) ihren Anfang genommen hat.

Einflüsse auf das Klima

R → K   Die Umgestaltung von Wäldern in Äcker und Weideflächen führt zu Temperaturerhöhungen über der Bodenoberfläche und Änderungen in der Bewegung der lokalen Luftschichten. Außerdem verändern sich die Windgeschwindigkeiten in Bodennähe, da eine kultivierte, glatte Oberfläche geringeren Luftwiderstand bietet als eine wirbelreiche rauhe Waldoberfläche.

W → B
B → K   Ausgedehnte künstliche Bewässerungsanlagen erhöhen nicht nur entscheidend die Boden-, sondern auch die Luftfeuchtigkeit und damit die Niederschlagsneigung. So haben z. B. in den riesigen, insgesamt 6,2 Mio. ha großen Ländereien der US-Staaten Oklahoma, Kansas, Colorado und Nebraska, die seit den dreißiger Jahren intensiv bewässert werden, die Regenfälle im Frühjahr um 10 % zugenommen [268].

R → K   Ähnliche klimatische Veränderungen können durch künstlich angelegte Stauseen entstehen. In der näheren Umgebung des Wasserkörpers tritt eine gewisse Verschiebung in Richtung Seeklima ein: wärmere Winter, kältere Sommer. Die Temperaturverschiebungen sind allerdings oft nur gering. Eines der klimatisch am besten überwachten Beispiele ist das 3000 ha große Staubecken am Nysaklodzka-Fluß (Polen), das vor 30 Jahren in Betrieb genommen wurde. In der 1000 m unter dem Wasserbecken gelegenen Ortschaft Otmuchow, wo schon seit 1881 ein genaues Temperaturjournal geführt wird, hat sich die mittlere Jahrestemperatur um 0,7° C erhöht. Der Effekt nimmt mit der Entfernung allerdings rasch ab und ist weiter als 3 km vom Ufer des Staubeckens nicht mehr meßbar [269].

R → K   Schon im letzten Jahrhundert bemerkte man, daß Großstädte — weit mehr als Landschaftsveränderungen dies vermögen — einen besonders starken Einfluß auf das lokale Klima ausüben können: auf Sonneneinstrahlung, Wärmerückstrahlung, Luftschichtung, Windbewegung, Kondensationsneigung und Luftzusammensetzung. Dafür sind besonders folgende Faktoren verantwortlich:

— stark erhöhte Wärmespeicherfähigkeit durch Häuser und Straßen

— verringerte Verdunstung durch das Auffangen von Regenwasser in den Sielen

— eine aerodynamisch rauhe Oberfläche

I → K   — hohe eigene Wärmeerzeugung

AS → K   — Luftverunreinigung durch Abgase und Stäube.

Besonders der letzte Faktor hat in unserem Jahrhundert in zunehmendem Maße zur Entwicklung des typischen Stadtklimas beigetragen, obgleich auch die anderen Faktoren, wie sie bei einer staub- und abgasfreien Idealstadt immer noch bestünden, wesentlich zur Bildung eines eigenen Stadtklimas beitragen können.

I → K   In der Tat gleicht die Wetterveränderung über großen Industriestädten derjenigen eines tätigen Vulkans: [270] (Angaben für eine Stadt von 1 Million Einwohner)

1 Std. weniger Sonnenschein
10 % mehr Regen
25 % weniger Wind
50 % weniger Ultravioletteinstrahlung
100 % mehr Nebel
50 000 t tägliche Luftverunreinigungen durch Abgase, Öl- und Benzindämpfe mit all ihren Einwirkungen auf Mensch, Material und umliegende Landwirtschaft (vgl. auch Tab. 15).

M → K   Amerikanische Ökologen der Cornell University haben errechnet, daß im Jahre 1966 die gesamte Festlandbevölkerung der Vereinigten Staaten (ohne Alaska) 40 % mehr Sauerstoff verbrauchte als dort die Pflanzen produzieren konnten [271]. Für das Globalklima entscheidender als diese Eingriffe in den Sauerstoffkreislauf der Luft sind solche in andere

AS → K   Gaskreisläufe, besonders in denjenigen des Kohlendioxyds. Hier entspricht die durch den Menschen erzeugte Menge schon etwa einem Fünftel des natürlichen Vorkommens (s. Tabelle 16). Allein von dem tödlichen Giftgas Kohlenmonoxyd (CO) werden, global gesehen, 200 Mio. t jährlich produziert. Obgleich das Ausmaß der natürlich erzeugten CO-Mengen nicht jedem bekannt ist und auch in der Atmosphäre CO zu CO_2 oxydieren

M → K   kann, wird doch angenommen, daß der heutige CO-Gehalt in der Atmosphäre fast ausschließlich auf das Konto der menschlichen Gesellschaft kommt.

TABELLE 15

Vergleich zwischen dem Klima einer Großstadt und ihrer ländlichen Umgebung
(nach H. C. WOHLERS) [117]

Luftverunreinigungen	Staubteilchen	10mal höher
	Schwefeldioxyd	5mal höher
	Kohlendioxyd	10mal höher
	Kohlenmonoxyd	25mal höher
Sonneneinstrahlung	gesamt auf horizontaler Ebene	15—10 % weniger
	ultraviolett im Winter	30 % weniger
	ultraviolett im Sommer	5 % weniger
Bewölkung	Wolken	5—10 % höher
	Nebel im Winter	100 % höher
	Nebel im Sommer	30 % höher
Niederschlag	Menge	5—10 % höher
	Tage mit 5 mm	10 % höher
Temperatur	jährlicher Mittelwert	$1/2$—1° C mehr
	Tiefstwert Winter	1—2° C mehr
Relative Luftfeuchte	jährlicher Mittelwert	6 % weniger
	Winter	2 % weniger
	Sommer	8 % weniger
Windgeschwindigkeit	jährlicher Mittelwert	20—30 % weniger
	Böen	10—20 % weniger
	Windstille	5—20 % öfter
Sichtweite		80—90 % weniger

I → K Ähnlich bedeutend sind auch die Ausmaße des menschlichen Eingreifens in den Schwefelkreislauf: Jährlich sind es 73 Mio. t Schwefelgase, die durch Industrie, Hausbrand und Kraftfahrzeuge in die Luft geblasen werden (s. Kap. 2, »Abgase und Stäube«) — das ist gut die Hälfte der jährlich im natürlichen Schwefelkreislauf umgesetzten Menge.

M ... I Ein weiterer klimatischer Effekt, dessen Folgen noch unbekannt sind, mag von der Einführung des SST (super-sonic-transport = Überschallflugverkehr) ausgehen. Überschallflugzeuge, die vor allem wegen ihrer Lärmentwicklung zu dem spektakulären erstmaligen Verzicht einer Nation (USA) auf eine technisch mögliche Entwicklung führten und dadurch Schlagzeilen machten, fliegen vornehmlich in der Stratosphäre (10 000 bis 50 000 m Höhe), in der die vertikale Durchmischung mit der darunterliegenden Atmosphäre relativ gering ist. Dadurch gelangen die von den Flugzeugen ausgestoßenen Abgas- und Wasser-

I → AS dampfmengen erst bis spätestens nach 5 Jahren wieder zurück zur Erde. Eine womöglich

TABELLE 16

Natürliche und durch den Menschen verursachte Gaskreisläufe
(nach R. F. NEWELL) [272]

Gase (in Mrd. t/Jahr)	natürlich	durch den Menschen
Kohlendioxyd	70	15
Kohlenmonoxyd	?	0,2
Schwefelgase	0,142	0,073
Stickstoff	1,4	0,015
Ozon	2	gering
Wasserdampf	500 000	10

AS → K   folgenreiche negative Beeinflussung der UV-Filterwirkung (der Ozonschicht) vor allem durch Wasserkondensfahnen und Stickoxyde kann nicht ausgeschlossen werden.

Angesichts dieser Eingriffe des Menschen in Gaskreisläufe und Klima stellt sich die Frage nach den so verursachten Folgen.

Klimaveränderungen und ihre Folgen

Die Stabilität der gesamten Klimavoraussetzungen auf dieser Erde basiert auf dem natürlichen Gleichgewicht zwischen Sauerstoff, Kohlendioxyd, Staub und Flüssigkeitsteilchen und damit zwischen Ein- und Ausstrahlung von Energie. Der Grad der Beeinflussung dieses Gleichgewichts durch den Menschen geht aus den Tabellen 15 u. 16 hervor. Über das Ausmaß der Folgen dieser Eingriffe auf das globale Klima sind sich die Experten allerdings noch nicht einig.

Am deutlichsten werden die Klimaveränderungen im Lokalklima einer Stadt (Mikroklima) registriert. Doch auch für durch den Menschen erfolgte Veränderungen des globalen Klimas liegen Beweise vor. Ihr Ausmaß ist bisher noch relativ gering, ein Zustand, der sich bei einer Weiterentwicklung des derzeitigen Verschmutzungstrends der Atmosphäre in Zukunft radikal ändern kann. Im folgenden seien einige Faktoren diskutiert.

KOHLENDIOXYD (CO_2)

K → M   Ab Mitte des vorigen Jahrhunderts, und in verstärktem Maße seit der Jahrhundertwende, trat eine einwandfrei nachweisbare Erwärmung der Erde ein — besonders auf der Nordhalbkugel (säkulare Erwärmung). Ebenso nahm der Kohlendioxydgehalt der Atmosphäre kontinuierlich um ca. 0,7 ppm jährlich zu. Der amerikanische Meteorologe PLASS glaubte aus eingehenden Studien ableiten zu können, daß die allgemeine Temperaturerhöhung eine Folge der verstärkten Kohlendioxydanreicherung der Atmosphäre sei [273]. Diese Folgerung erscheint durchaus verständlich, weil CO_2 aufgrund seines Absorptionsspektrums

AS → K   die von der Erde zurückgeworfene Wärmestrahlung festhält. Die Theorie der durch CO_2 verursachten säkularen Erwärmung erwies sich jedoch später als nicht mehr ausreichend, als in den 40er und 50er Jahren die Temperaturen stetig fielen, obwohl in der gleichen Zeit die industrielle Entwicklung und somit die Erzeugung von CO_2 weiter zugenommen hat. Diese Umkehr des Effektes kommt möglicherweise auf das Konto einer den Kohlen-

AS → K   dioxydanstieg noch überrundenden Verschmutzung der Luft mit Staubteilchen und der dadurch (erhöhte Reflexion und Vermehrung der Kondensationskeime) verminderten

AS . . . AS Sonneneinstrahlung. Beide Effekte zusammen scheinen sich zu neutralisieren, jedoch die Entwicklung in Richtung einer globalen Treibhausatmosphäre zu begünstigen.

Aufgrund neuerer Berechnungen amerikanischer Wissenschaftler ist bei dem jetzigen Trend des atmosphärischen CO_2-Gehaltes erst in 400 Jahren mit einer Verdoppelung von

AS → K   den heutigen rund 300 ppm auf 600 ppm und einer Temperaturerhöhung um zwei Grad C zu rechnen [274]. Die Bedeutung solcher Berechnungen ist allerdings begrenzt, weil sie nur Extrapolationen der jetzigen Verhältnisse auf die Zukunft darstellen und andere mögliche Ereignisse nicht miteinbeziehen. Eine Erhöhung der Welttemperatur um 3 bis 4° C würde jedenfalls durchaus zu einem Abschmelzen der polaren Eiskappen, einem

K → O   entsprechenden Anstieg des Ozeanspiegels (um bis zu 60 m !) und somit zu gewaltigen

K → R   Überschwemmungen ausreichen.

Am Massachusetts Institute of Technology wurde mit Hilfe eines Computermodells versucht, die Veränderung des Wärmehaushalts der Atmosphäre für den Fall einer Erhöhung des jetzigen Kohlendioxydgehalts von 320 ppm auf 1000 ppm zu bestimmen [272]. Das Resultat war überraschend: Die Abkühlungsrate würde in den unteren Regionen der Atmosphäre pro Tag nur um den Bruchteil eines Grades verringert und in der Stratosphäre sogar beschleunigt werden. Andere Untersuchungen geben an, daß von dem nach neueren Erhebungen auf 375 000 Mrd. t geschätzten Weltvorrat an fossilen Brennstoffen

I → AS   höchstens ein Dreißigstel verbrannt werden könnte, weil mit dem dann erreichten CO_2-

AS → K   Gehalt von 1000 ppm bereits einschneidende klimatische Veränderungen begonnen

K → I   hätten [275]. Da jedoch alle anderen Klimafaktoren, wie z. B. Bewölkung und Albedo (= Streuung, Reflexion) sich dadurch ebenfalls wieder verändern, werden sich genaue Angaben über die klimatischen Auswirkungen der riesigen, vom Menschen erzeugten Kohlendioxydmengen erst machen lassen, wenn die komplexen Zusammenhänge voll-

M . . . K   ständig erforscht sind. Um so mehr ist es daher an der Zeit, ein weltweites Überwachungsnetz zu koordinieren, um etwaige vom Menschen verursachte Klimaveränderungen frühzeitig genug feststellen zu können.

STÄUBE UND AEROSOLE

Jährlich werden in die niederen atmosphärischen Schichten etwa 1,6 Mrd. t Staub von Teilchendurchmessern unter 0,005 mm geblasen und verweilen dort einige Tage bis

I → AS   Wochen. Etwa 300 Mio. t dieses Staubs (fast 20 % der Gesamtmenge) verdanken ihre Entstehung zivilisatorischen Prozessen. Er setzt sich zusammen aus

▷   200 Mio. t Schwefelsäure-Sulfat-Aerosolen, entstanden aus Schwefeldioxydemissionen

▷   40 Mio. t »Schmutzstoffen« aller Art

▷ 35 Mio. t Nitraten, entstanden aus Stickoxyden

▷ 15 Mio. t umgewandelten Kohlenwasserstoffen (Zahlen von 1968). [208]

Rund 80 % des Gesamtstaubs stammen dagegen aus natürlichen Quellen, wie beispielsweise Wüstenstürmen, Salzen (Versprühen von Gischt) und Vulkanausbrüchen.

AS → K

K → M

Eingehende Untersuchungen vom Gipfel des Mauna Loa auf Hawaii zeigen eine deutliche Zunahme der atmosphärischen Trübung durch Staub und Aerosole in den letzten Jahren[276]. Da dies auch eine entsprechende Zunahme der Albedo bedeutet, wurde die seit den 40er Jahren gemessene Abnahme der Welttemperatur als klimatische Auswirkung dieser atmosphärischen Verschmutzung erklärt[277]. Allerdings ist noch völlig unklar, wie stark der vom Menschen erzeugte Anteil von ca. 20 % dazu beigetragen hat. Vermutlich sind größere Mengen dieses Anteils gar nicht bis in die oberen Schichten der Atmosphäre vorgedrungen. Durch Reflexion und Streuung der Bodenstrahlung wird ein Teil der Wärme mit Sicherheit in den niederen Schichten der Atmosphäre festgehalten und könnte dadurch sogar zu einer Temperaturerhöhung beitragen.

Die relativen Werte dieser gegenläufigen Staub- bzw. Aerosol-Effekte in niederen und hohen Schichten der Atmosphäre sind zur Zeit noch nicht bekannt[208] und damit auch nicht der auf den Menschen zurückzuführende Anteil an den beobachteten Klimaveränderungen[278].

SAUERSTOFF

Obwohl der Sauerstoffverbrauch durch den Menschen und seine Zivilisation in bestimmten Weltgegenden höher ist, als ihn die Natur daselbst wieder ausgleichen kann (z. B. in den USA, s. S. 132), scheinen die weltweiten klimatischen Auswirkungen dieses Verbrauchs vorläufig noch minimal zu sein. So würden unter Beibehaltung des gegenwärtigen Verbrauchsanstiegs von jährlich 5 % im Jahre 2000 etwa 0,2 % des vorhandenen Sauerstoffs durch Verbrennungsprozesse verbraucht sein[279]. Selbst nach Verbrennung sämtlicher fossiler Energiereserven der Erde würde sich der derzeitige Gesamtsauerstoffgehalt der Luft — vorausgesetzt seine Regeneration durch die Vegetation des Landes und das Phytoplankton der Meere ist gesichert — von 20,946 Vol.-% lediglich auf 20,800 Vol.-% erniedrigt haben[280].

DIE OZONSCHICHT

Ozon (O_3) entsteht besonders in den mittleren Schichten der Stratosphäre (über 25 km Höhe) durch die Einwirkung des UV-Anteils der Sonnenstrahlen auf den Luftsauerstoff. Mit der Ozonschicht wurde im Laufe der geologischen Zeiträume ein bedeutsamer Strahlenschutz geschaffen, der die besonders für den Menschen schädliche hohe Intensität des ultravioletten Sonnenlichts wesentlich verringert.

K ... M

Eine im Jahre 1970 durchgeführte Studie kam zu dem Ergebnis, daß eine Transportflotte von Überschallflugzeugen (SST) den Ozongehalt der Atmosphäre höchstens um 3,8 % reduzieren könne und somit keine wesentliche Gefahr darstelle[281]. Spätere Untersuchungen (1971) kamen zu grundverschiedenen Resultaten: So wird besonders den in den Auspuffgasen der SST-Flugzeuge enthaltenen Stickoxyden ein starker Einfluß auf die Ozonkonzentration zugeschrieben. Nach diesen Berechnungen würde eine Überschalltransportflotte die Ozonkonzentration in wenigen Jahren auf die Hälfte reduzieren können[282]. Die gesamten Auswirkungen eines solch schweren Eingriffs in einen wichtigen globalen Klimafaktor können auch hier wieder noch nicht völlig überschaut werden. Fest steht jedenfalls, daß eine derartige Verringerung der Ozonkonzentration den für das irdische Leben so wichtigen Schutz vor einem Teil der solaren und kosmischen Strahlung ernstlich in Frage stellen würde.

I → K

K → M

Abgesehen davon, daß beide Ergebnisse weiterer Überprüfungen bedürfen, zeigen sie ein für die Umweltproblematik typisches Dilemma auf: daß namhafte Experten, selbst wenn sie von den gleichen Voraussetzungen ausgehen, aufgrund der bestehenden Forschungslücken bei der Beurteilung der durch den Menschen verursachten Einflüsse oft zu grundsätzlich verschiedenen Ergebnissen gelangen (vgl. Kapitel 14, »Lücken der Forschung«).

WÄRME

I → K

Nach Schätzungen von SCEP beträgt die gegenwärtige Abfallwärme (durch Industrie, Elektrizitätswirtschaft, Wärmeerzeugung, Kraftfahrzeuge usw.) auf der ganzen Welt 6 Mio. MW; im Jahr 1980 werden es voraussichtlich 9,6 Mio. MW sein und im Jahr 2000 bereits 32 Mio. MW[283]. Einen ungefähren Eindruck von der ungeheuren »Heizkraft« der zur Zeit durch den Menschen an die Atmosphäre abgegebenen Wärmeleistung gibt die Berechnung, daß damit in weniger als zwei Monaten der gesamte Bodensee zum Kochen gebracht werden könnte und bis zum Jahr 2000 — den weiteren Anstieg vorausgesetzt — die gesamte Wassermasse der noch etwa tausendmal größeren Ostsee! Allerdings ist auch das immer noch ein Bruchteil der Gesamtenergie, die jeden Augenblick von der Sonne auf die Erde gestrahlt wird und die Frage, von wann an die vom Menschen erzeugte Wärme zu einem Klimafaktor wird, kann zur Zeit noch von niemandem beantwortet werden[283]. Anders ist die Lage für das Mikroklima in Ballungszentren, wo die Wärmeabgabe schon jetzt mehr als 5% (1995: 20%) der durch Sonneneinstrahlung gelieferten Wärme ausmachen kann[284].

I → K

MIKROKLIMA

R → K

Während sich also das globale Klima gegenüber menschlichen Einwirkungen bislang noch als relativ stabil erweist, können die Gesamtwetterbedingungen einer begrenzten Gegend durchaus durch den Menschen beeinflußt werden. Durch die gegenüber unbebauten Flächen stärkere Speicherung der Sonnenstrahlen durch Gebäude und Straßen erwärmen sich Stadt- und Industriegebiete stärker (Wärmeinseln) als das umliegende Land, eine Wirkung, die durch Heizanlagen und Kraftwerke noch gesteigert wird. Über dem Ballungszentrum entsteht eine Zone relativ warmer Luft, die aufgrund ihrer geringeren Dichte vertikal entweicht. Der resultierende Unterdruck wird durch den horizontalen Zufluß kühler Luft ausgeglichen. Während normalerweise die Temperatur mit zunehmender Höhe im Durchschnitt alle 100 m um 0,64° C abnimmt, kann sich durch diesen Wärmeaustausch zwischen Luft und bebautem Boden häufig eine stabile kühle Luftschicht unter die warme leichtere Luftmasse schieben. In diesem Fall kann die untere Luftschicht

K → K   nicht mehr aufsteigen, und die zur Erneuerung der verbrauchten Luft erforderliche Zirkulation unterbleibt: Die Atmosphäre befindet sich im stabilen Gleichgewicht einer Tempe-
K → M   raturumkehr (Inversion), und wir haben die gefürchteten »smog«-bildenden Inversionstage.

K → AS   Besonders während der Wintermonate bilden sich mitunter sehr stabile Inversionsschichten, die zu einer stetigen Anreicherung schädlicher Abgase, Aerosole und Stäube
führen können. So haben sich z. B. in der Stadt München in den Jahren von 1953 bis
1960 durchschnittlich an 124 Tagen pro Jahr Inversionen von mehr als 12 Stunden
gehalten [285].

K → AS   — Dabei kann es besonders in den Wintermonaten zur Entstehung einer »Dunstglocke«
kommen. Die normale ultraviolette Sonneneinstrahlung wird erheblich verringert (im
Sommer um 5 %, im Winter um 30 %), was ebenso nachteilig ist wie eine zu hohe
K → M   Intensität und z. B. die über die Haut erfolgende Entstehung wichtiger antirachiti-
scher Wirkstoffe verhindert.

— Die Anreicherung von Feinstaubteilchen mit absorbierten Giftstoffen und von
Schwefeldioxyd-Schwefelsäure-Aerosolen führte in Smogperioden zu einer sprung-
K → M   haft erhöhten Sterblichkeit der Stadtbevölkerung. In der berüchtigten Londoner
Smogkatastrophe vom Dezember 1952 z. B. schnellte die Sterblichkeit schlagartig
um 20 % über den Normalwert (s. »Produkt Abgase und Stäube«).

AS → K   — Staubteilchen und Aerosole bilden Kondensationskeime, die in und in der direkten
Umgebung von Städten zu häufigeren Regenfällen führen, was Freizeitwert und
K → M   Naherholung nicht unwesentlich beeinträchtigt. London verzeichnet so rund 30 %
mehr Regen aus Gewitterschauern als die Nachbargebiete [286]. Tröstlich ist, daß die
tägliche Niederschlagsmenge von Montag bis Freitag in der Tat höher ist, als von
I → K   Samstag bis Sonntag. Ein eindeutiger Effekt der verstärkten Abgasbelastung an
Werktagen [287].

K → W   Die verstärkte Niederschlagsneigung (durch die ja der in der Atmosphäre gelöste Wasser-
anteil entfernt wird) trägt mit dazu bei, daß die relative Luftfeuchtigkeit in den Städten
gegenüber dem Lande um durchschnittlich 6 % niedriger liegt. Eine wesentliche Verstärkung des trockenen Stadtklimas bewirkt das schnelle Ableiten (statt erneuter Verdun-
I → K   stung) der Regenfälle durch die Kanalisation. Die klimatischen Unterschiede zwischen
Stadt und Land wurden in Tabelle 15 bereits zusammengefaßt.

Auswege – Abhilfen – Lösungen

Eine mögliche »positive« Beeinflussung des Wetters durch den Menschen scheitert zur
Zeit noch daran, daß wir zu wenig über die gegenseitigen Wechselbeziehungen zwischen
den einzelnen Klimafaktoren wissen. Gelegentlich sehr erfolgreichen aber auch äußerst
kostspieligen Versuchen von »Wettermachern«, die z. B. durch das Impfen von Regen-
M ... K wolken mit Silberjodidkristallen die Niederschläge zu fördern versuchen und Hurrikane
im Entstehungsprozeß vernichten wollen, wird noch beträchtliche Skepsis entgegen-
gebracht [278]. Ähnliches gilt für Großprojekte, wie z. B. das Umleiten des Golfstromes ins

M . . . K   Arktische Meer, um eine bessere Bewirtschaftung Sibiriens zu ermöglichen, oder die
M . . . K   Begrünung der Sahara mit Hilfe ihres kürzlich entdeckten riesigen unterirdischen Wasser-
reservoirs [288]. Ganz abgesehen von den noch zu überwindenden technischen und finanziellen Klippen solcher prinzipiell verwirklichbarer Utopien, würde der vermeintliche
M → K   Nutzen mit Sicherheit auf irgendeinem anderen Teil der Erde seinen Preis fordern und
K → M   evtl. sogar zu weltweiten Katastrophen führen, da wir noch lange nicht die Gesamtheit
aller beteiligten Faktoren kennen.

Praktikablere Lösungen liegen in der Verringerung der schädlichen Auswirkungen des
I . . . K   Stadtklimas durch abgasfreie Fahrzeuge und durch Verringerung der Schwefeldioxyd-
produktion aus Hausbrand, Kraftwerken und Fabriken. Die Erfolge solcher Maßnahmen
sind handgreiflich: London hat durch strenge Abgasvorschriften und raucharme Brenn-
M . . . K   stoffe eine deutliche Verbesserung des Stadtklimas erreicht. Im Winter scheint heute 70 %
K . . . M   mehr Sonne als vor 10 Jahren, und die Sicht hat sich unter starker Abnahme der Nebel
K . . . I   in der gleichen Zeit um das Dreifache erhöht.

I . . . K   Ein Versuchsmodell zum Aufreißen von Inversionsschichten durch Dampfstrahlkanonen,
die einen Kegel von 30 bis 40 m Durchmesser in die Smogglocke schießen, wird zur Zeit
in Kalifornien getestet. Obwohl damit die Smogursache nicht an der Wurzel bekämpft
wird (Abgase, mangelnde Durchlüftung), könnte so zumindest bei schlimmen Smog-
K . . . M   zusammenballungen Abhilfe geschaffen werden.

Dauerhaftere Möglichkeiten zur Vermeidung von Schadstoffanreicherungen und Dunstglocken bietet eine verstärkte Be- und Entlüftung der Stadtgebiete durch Frischluft-
R . . . K   schneisen und in Form einer geschickten Raumordnung von Industrie- und Wohngebieten
unter Berücksichtigung der vorherrschenden Windrichtungen. Weiterhin sind Grünflächen,
Hecken und Bäume wirksame Filter von Luftverunreinigungen (bis zu 100 %) [78], tragen
aktiv zur natürlichen Lufterneuerung bei und bewirken zusätzlich eine günstige Temperaturerniedrigung.

I . . . M   Durch Smogwarnungssysteme, wie sie in manchen Städten der USA installiert wurden,
wird bei gewissen Höchstwerten an Luftverunreinigung und bei meteorologischen Gegebenheiten, die mit einem wirkungsvollen Abzug der Schadstoffe einstweilen nicht rech-
M . . . AS   nen lassen, »Alarm« ausgelöst, der ein sofortiges Emissionsverbot weiterer Schadstoffe
(wie z. B. SO_2) in Kraft treten läßt. Dadurch konnten schon verschiedentlich sonst mit
Sicherheit eingetretene Smogkatastrophen größeren Ausmaßes, wie z. B. 1971 in Birming-
M . . . M   ham, Alabama, abgewendet werden.

Neben solchen lokalen Überwachungsnetzen über die Situation des Stadtklimas wird ein
I . . . M   weltweites Alarmsystem auf der Erde immer dringlicher, um mögliche Veränderungen
des globalen Klimas (z. B. der chemischen Zusammensetzung der Atmosphäre, Beimengungen im Niederschlag) rechtzeitig erkennen zu können. Das nach und nach aus-
gebaute globale meteorologische Überwachungsnetz durch automatische Wetterstatio-
nen [290] wird damit koordiniert werden müssen, um die subtilen und in ihren Einzelheiten
M . . . M   noch nicht verstandenen Vorgänge der irdischen Lufthülle näher verstehen zu lernen,
damit endlich ein gerade auf diesem Gebiet entscheidender Faktor der globalen Umweltbelastung abgebaut werden kann: unsere Ignoranz.

Umweltbereich: Raumordnung   11

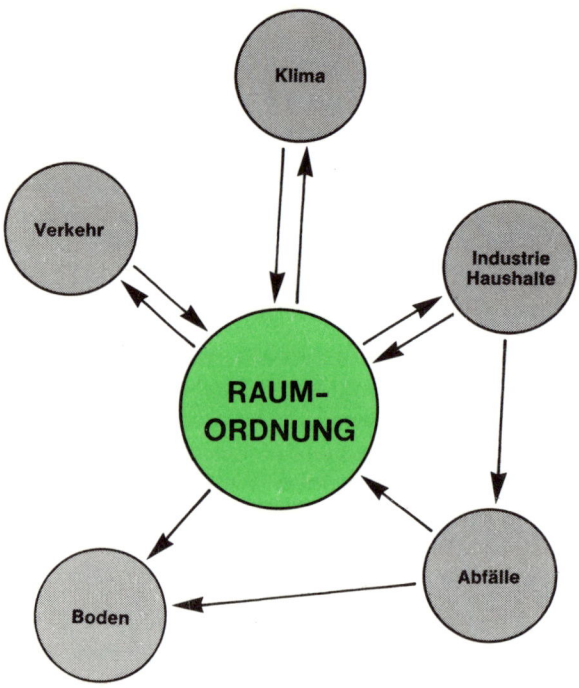

Die Menschen beanspruchen immer mehr Raum. Unser Erdball bleibt jedoch gleich groß. Wie kann eine sinnvolle Raumordnung helfen, die begrenzte Erdoberfläche so zu gestalten, daß Ökosysteme erhalten bleiben und so eine auf die Dauer lebenswerte Umwelt entsteht?
Die Biosphäre selbst gibt uns eine Reihe von seit Milliarden Jahren erprobten Richtlinien.

Die Erdoberfläche gehört zu den Umweltbereichen, deren Endlichkeit am augenfälligsten geworden ist. Wie alle Güter der Biosphäre, von denen nicht mehr produziert werden kann als nun einmal da ist, verlangt auch der dem Menschen zustehende Anteil des Umweltbereichs »Raum« mit jedem Schub von zur Zeit jährlich 70 Mio. neuer Erdenbürger eine entsprechende Veränderung seiner inneren Struktur, um diesen laufenden Eingriff ohne schädliche Aus- und Rückwirkung zu ermöglichen.

Solche Veränderungen sind mit entsprechenden Mühen verbunden (z. B. der stärkeren Einbeziehung der dritten und damit eigentlichen Dimension des Raumes in Verkehr und Behausung). Um diese Mühen zu umgehen, weicht der Mensch zunächst in die Fläche und dort in ihm an und für sich nicht zustehende Areale aus, zerstört dort wichtige Ordnungen, was ihn selbst zunächst nicht zu betreffen scheint, ihn jedoch nach der jedem Regelsystem eigenen verzögerten Rückwirkung (»time-lag«) dann in um so größere Kalamitäten stürzt.

Außer diesem unmittelbaren Problem der zunehmenden Ausdehung des Menschen über die Fläche unseres Erdballs brachte ihre immer engere Besiedlung und intensivere Nutzung durch den Menschen eine zunehmende Funktionstrennung in Berufe, Produktion, Verwaltung, Dienstleistung usw. und somit gegenseitige Abhängigkeit der verschiedenen Menschengruppen mit sich. Das bedeutete eine zunehmende Verflechtung ihrer Tätigkeiten und darüber hinaus sämtlicher Beziehungen des Menschen mit der Umwelt. Hierbei kommt einerseits der *Bewegung im Raum* und andererseits der *Vermaschung des Raums* durch Verkehrs- und Versorgungsnetze eine völlig neuartige Bedeutung zu, die mit der zunehmenden Verdichtung immer noch weiter anwächst.

Zwei Grundtriebe des menschlichen Verhaltens stellen dabei an die Raumordnung ganz bestimmte Forderungen, wie dies in Abb. 13 veranschaulicht ist.

So werden die beiden gegenläufigen Tendenzen, nämlich die *soziale* Tendenz, zusammenzukommen, und die *individuelle* Tendenz, getrennt zu leben, durch das Zusammenspiel entsprechender Behausungen und Verbindungsnetze in ein lebensfähiges System gebracht.

Die Aussicht, daß nach den meisten Schätzungen schon innerhalb der nächsten 100 Jahre 95 % aller Menschen in Stadtlandschaften leben werden (zur Zeit etwa 35 %), bedeutet, daß wir zum einen das Generalproblem einer ökologischen Aufteilung der Erdoberfläche unter Berücksichtigung der Wechselwirkungen ihrer verschiedenen Arten (Wasserflächen, Wälder, bebautes und unbebautes Land usw.) lösen müssen, und weiterhin für den menschlichen Bereich die Aufgabe einer sinnvollen Planung unserer zukünftigen Stadtlandschaft. Diese gliedert sich einmal in eine dem angeführten Doppelanspruch des Menschen (auf Gesellschaft *und* Alleinsein) adäquate Anordnung der Wohn-, Lebens- und Arbeitsstätten und zum anderen in den Aufbau funktionstüchtiger und störungsfrei in das Gesamtsystem eingegliederter Versorgungsnetze, d. h. des Verkehrs von Materie (inkl. Personen), Energie und Information.

Zur Zeit ist die Situation folgende:

— Das Verhältnis bebauter Flächen zu Wasserflächen und Vegetation nimmt ständig zu, da der Bedarf an Wohn- und Industriegelände, Verkehrsflächen, Flughäfen usw. auf Kosten von Wald und Grünland gedeckt wird.

— In den Ballungszentren dringen Dienstleistungs- und Handelsbetriebe sowie Verwaltungszentren in den Stadtkern vor, wodurch Wohngebiete in die Peripherie verdrängt werden.

— Der somit zu einem immer größeren Transportproblem werdende Privatverkehr scheint eine ständige Vergrößerung des Straßennetzes zu verlangen.

— Neben der Verdrängung vor allem ökologisch nutzbringender Landschaftsarten wie Grünflächen und Wälder bei gleichzeitiger Vermehrung bebauter Gebiete werden hierdurch — weit weniger sichtbar — auch für den Menschen wichtige Ökosysteme zerschnitten, gestört oder nachteilig verändert.

— Alle Faktoren zusammen können die Belastungen der Biosphäre und des Menschen durch Luftverunreinigungen, Vegetationsschäden, Klimabeeinträchtigungen, Lärm und Streß vervielfachen.

Hier kann eine Raumplanung, die sich nach ökologischen Gesichtspunkten orientiert, die zunehmenden Schäden eindämmen und darüber hinaus die zukünftige, einmal den ganzen Erdball umspannende Stadtlandschaft nicht etwa als gefährlichen Störfaktor, sondern — was für uns selbst immer auch am ökonomischsten ist — als stützendes Glied der Biosphäre gestalten.

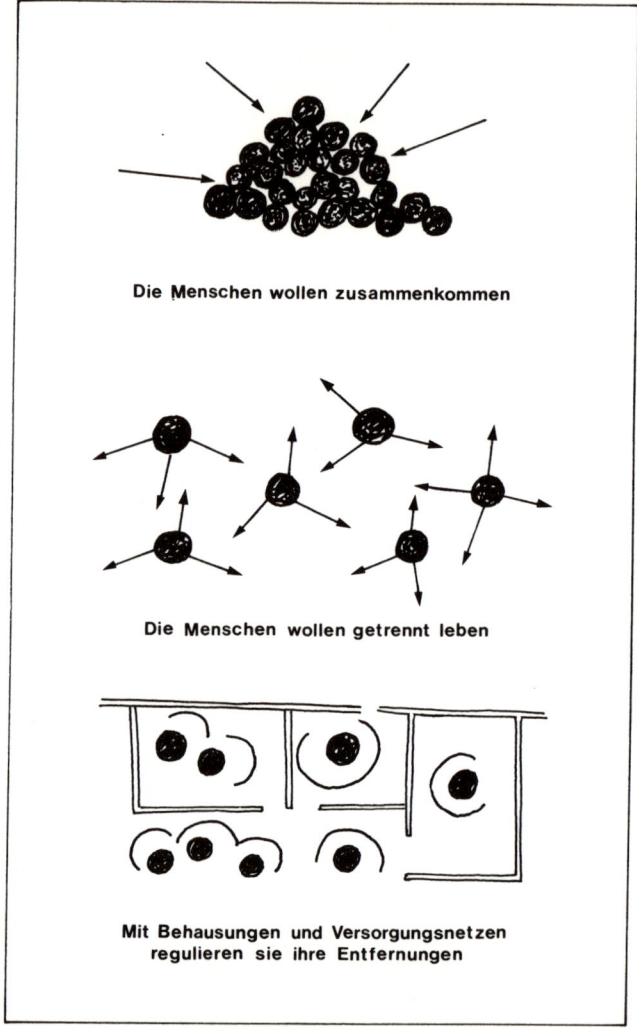

Die Menschen wollen zusammenkommen

Die Menschen wollen getrennt leben

Mit Behausungen und Versorgungsnetzen
regulieren sie ihre Entfernungen

ABBILDUNG 13

**Phänomen Stadt als Lösung zweier gegenläufiger
Tendenzen** (nach loc. cit. [292])
Die soziale Tendenz zusammenzukommen, und die individualistische Tendenz, getrennt zu leben, werden durch das Zusammenspiel entsprechender Behausungen und Verbindungsnetze in ein lebensfähiges System gebracht.

Eingriffe in die Raumordnung

Drei Dinge haben sich hier im Laufe der industriellen Revolution entscheidend geändert.

1. die Gesamtfläche, die von der exponentiell anwachsenden Menschheit beansprucht wird,

2. die Art und Weise, wie dies geschieht,

3. die Verbindungsnetze im Raum: Kommunikation und Verkehr.

Art und Ursache unserer Eingriffe in die Raumordnung sollen daher auch in dieser Reihenfolge behandelt werden.

VERÄNDERTER RAUMBEDARF

M → R   Jedes Jahr muß die Erde über 70 Millionen Menschen mehr tragen, davon die BRD eine halbe Million. Angesichts der Endlichkeit der nutzbaren Erdoberfläche würde dies bedeu-
R → M   ten, daß sich jeder Mensch jedes Jahr mit etwas weniger Raum bescheiden müßte. Das Gegenteil ist der Fall. Die Bevölkerungsvermehrung als wesentliche Ursache der Raumbeanspruchung (vgl. Kapitel 12, »Menschheit und Wachstum«) geht in großen Teilen der
I → R   Welt durch die wachsende Industrialisierung mit einer Erhöhung des Lebensstandards und entsprechenden Änderungen in den Lebensgewohnheiten einher. Trotz wachsender Menschendichte (im Bundesgebiet: 1935 167 Einw./km², 1967 241 Einw./km²) [293] erhöht sich daher vor allem der indirekte Pro-Kopf-Bedarf an Raum und Verkehrsfläche (mit Verdoppelung des Familieneinkommens wächst allein die Anzahl der Verkehrsbeziehung auf das Dreifache) [13] ganz beträchtlich. (Ein ähnliches Phänomen, wie wir es für den Pro-Kopf-Bedarf an Energie vorliegen haben, der vom eingeborenen Pflanzer bis zum Großstadtmensch sich auf das Vierzigfache erhöht.)

▷ In der Industrie rechnet man heute für jeden Beschäftigten mit einem durch Technisierung und Automation ständig steigenden Bedarf an Gewerbefläche von 4 bis 6 m².

▷ Die Bruttobodenfläche für eine Wohnung ist inzwischen auf 300 m² gestiegen. Bei Neuerschließungen benötigt man zusätzlich noch etwa 150 m² pro Wohnung für Folgeeinrichtungen wie Straßen, Parkplätze, Kinderspielplätze usw. [13].

▷ Der Ausbau der Verkehrswege der BRD beanspruchte im letzten Jahrzehnt zusätzliche 240 km², pro Kopf also rund weitere 4 m².

I → R   Die Erdoberfläche wird nicht größer. Es gilt also, Entwicklungen frühzeitig zu erkennen, um sie noch lenken zu können, ehe durch hohe Investitionen Strukturen festgelegt werden,
R → I   die ökologisch unsinnig sind, dadurch hohe Kosten verursachen und dann doch wieder durch andere teure Investitionen ersetzt werden müssen.

VERÄNDERTE RAUMAUFTEILUNG

Zu den ausschlaggebenden Tendenzen in Raumbeanspruchung und Flächennutzung zählt in erster Linie der Verstädterungsprozeß. Die Zusammenballungen immer größerer Bevölkerungsteile in Städten und stadtähnlichen Gebilden sind charakteristisch für das moderne Siedlungswesen. Sie wurden ermöglicht durch den gewaltigen wissenschaftlich-

I → M   technischen Fortschritt, der Anfang des 19. Jahrhunderts mit der industriellen Revolution
begann [295]. So machte der prozentuale Anteil der Stadtbevölkerung in Städten mit 20 000

M → R   und mehr Einwohnern im Jahre 1800 nur 2,4 % der Weltbevölkerung aus, im Jahre 1950
bereits 21 %, also fast das Zehnfache. Innerhalb der letzten 150 Jahre blieb der jährliche
Zuwachs der ländlichen Bevölkerung konstant bei einem Prozentsatz von 0,5 %, während
die städtische Bevölkerung rund 5mal schneller anwuchs, ja mit einem 3- bis 4mal höheren
Prozentsatz als die gesamte Weltbevölkerung. Bis zum Jahre 2000 dürfen wir so mit einer
insgesamt sechsfachen Erhöhung der städtischen Bevölkerung rechnen, womit das Verhältnis der städtischen (urbanen) zur ländlichen (ruralen) Bevölkerung auf 60 zu 40 angestiegen sein wird (vgl. Abb. 14). In Absolutzahlen bedeutet dies, daß schon am Ende
unseres Jahrhunderts fast 4 Milliarden Menschen — also wesentlich mehr als die gesamte
heutige Weltbevölkerung — in Städten leben werden.

Die Entwicklung zur globalen Stadtlandschaft

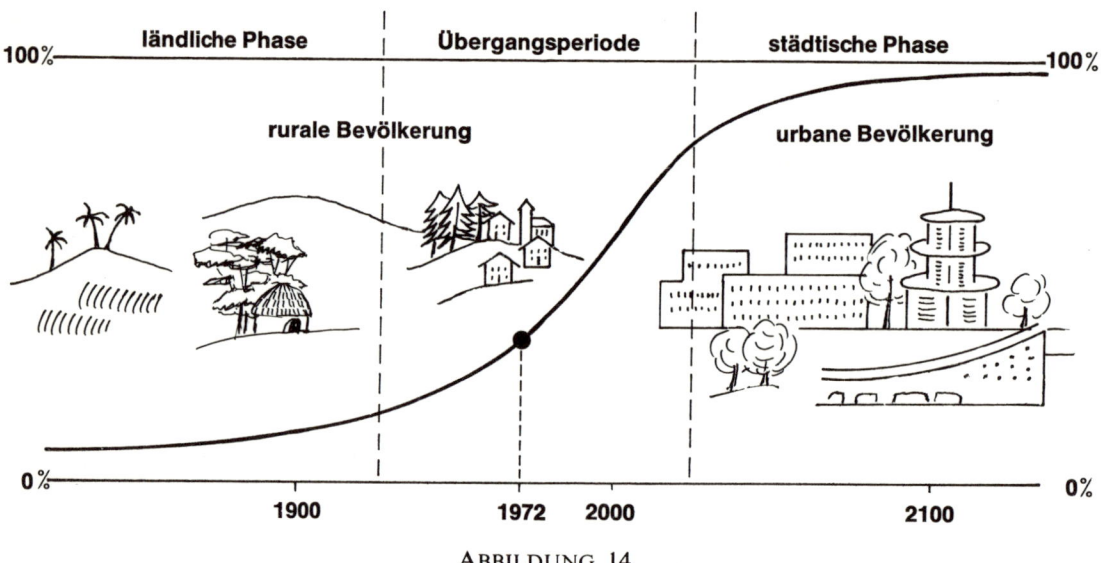

ABBILDUNG 14

Der Städteplaner H. M. SKRZYPCZAK-SPAK äußert sich zum Durchbruch des urbanen Bewußtseins
— welches diesen Prozeß, soll er nicht ins Chaos führen, begleiten muß — recht optimistisch, quasi
als automatisch eintretend:

»Die urbanistische Revolution, die also ihr Ziel erreicht hat, wenn der Rhythmus des städtischen
Wachstums dem der Bevölkerung in ihrer Gesamtheit angeglichen ist, wird einen explosionsartigen
Durchbruch des menschlichen Bewußtseins zur Folge haben. Dieser Durchbruch wird sich in dem
Augenblick vollziehen, in dem die tragende Schicht der Menschheit auf unserem Planeten begreift,
daß für sie das städtische Leben Schicksal geworden ist.
Nachdem der Mensch diesen kritischen Punkt in der Formung seines Bewußtseins erreicht hat, wird
er sich auf sein urbanes Schicksal so stark konzentrieren, daß er das Vermögen der Voraussicht und
die Gabe der Erfindung und alles was sich daraus an forschendem und schöpferischem Denken ergibt,
zu dessen Bewältigung voll einsetzen wird.« [308]

M → I

Der Verstädterungsprozeß ist jedoch nur *ein* markanter Ausschnitt aus dem allgemeinen weltweiten Trend: Urlandschaft → Nutzlandschaft → Industrielandschaft → zukünftige Stadtlandschaft. Laut Prognose des Raumordnungsberichts der BRD von 1970 kann man bis 1980 mit folgenden Änderungen der Flächennutzung rechnen:

— Abnahme der landwirtschaftlich genutzten Fläche um rund   650 000 ha

   Demgegenüber steht eine Mehrbeanspruchung von insgesamt
   574 000 ha für:

— Bedarf für Siedlungen   290 000 ha
— Bedarf für Straßen und Wege   120 000 ha
— Zunahme der bewaldeten Fläche um   120 000 ha
— Bedarf für militärische Zwecke   33 000 ha
— Bedarf für Flughäfen   11 000 ha

Eine Übersicht über die verschiedenen Bodennutzungsarten und ihre zahlenmäßigen Anteile an der Gesamtfläche der BRD im Jahre 1966 (im Vergleich zu 1935) gibt Abb. 15:

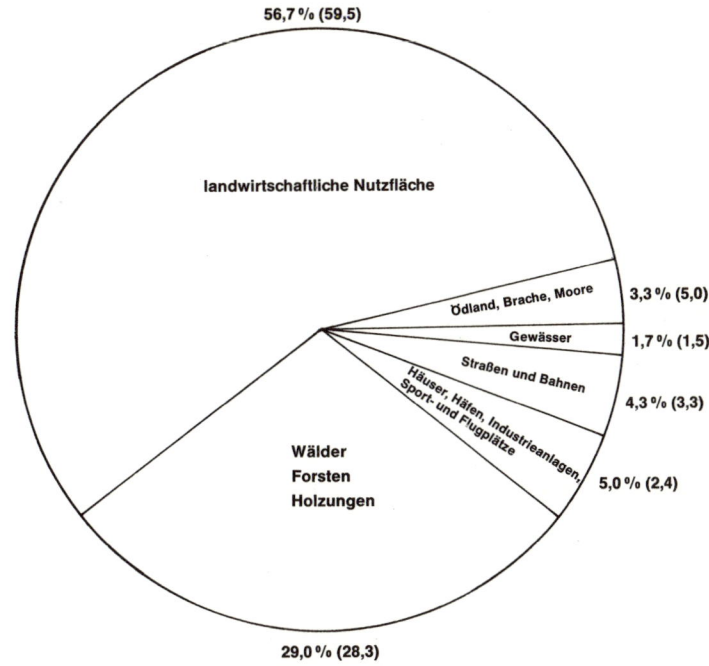

ABBILDUNG 15

Die Gesamtfläche der BRD (24,8 Mio. ha) nach Nutzungsarten
In Klammern: Vergleichszahlen von 1935
für das heutige Bundesgebiet
(nach loc. cit. [296]).

R → B

Auffallend ist vor allem die Verdoppelung der Siedlungs- und Industriefläche seit 1935 und die Vergrößerung des Verkehrsnetzes um ein Drittel — beides Nutzungsarten mit erheblichen Umweltbelastungen. Doch auch der ökologisch so wichtige Waldanteil nahm insgesamt leicht zu. Gegenüber dem starken Anwachsen von Bevölkerung und Industrie und damit der Umweltbelastung ist hier jedoch der Pro-Kopf-Anteil an Waldflächen ein aussagereicheres Indiz: Dieser Anteil nahm um mehr als ein Drittel ab [13].

N → R

R … B, W

Im Umweltprogramm der Bundesregierung [62] wird für den Fall einer 70 %igen Selbstversorgung mit heimischen Landwirtschaftsprodukten damit gerechnet, daß in den nächsten 15 Jahren bis zu 3 Mio. ha landwirtschaftlicher Nutzfläche aus der Produktion ausscheiden, zum Teil unter Vermehrung von Brachland. Für den ökologischen Wert der verschiedenen Landschaftsformen bedeutet dies, wie wir noch sehen werden, eine ausgesprochene Verbesserung. Denn auf der anderen Seite gibt es in der BRD fast keine Urlandschaften mehr, da in den vergangenen Jahren noch die letzten Reste (vor allem die für den Wasserhaushalt so wichtigen Moore) für landwirtschaftliche Zwecke kultiviert wurden. Diese als fortschrittlich und oft unter dem Signum des Umweltschutzes propagierte Kultivierung erscheint angesichts der Tatsache, daß jedes Jahr viele tausend ha Landwirtschaftsfläche wegen Nicht-Inanspruchnahme brach fallen, besonders unsinnig und zeugt von einem Grundübel in der Behandlung der Umweltproblematik: der mangelnden Koordinierung der verschiedenen Ressorts.

M → M

N → B
B → W, R
R → K

AF → R

AS → R

Als weitere, die Raumaufteilung beeinflussende Faktoren seien noch die auf Höchsterträge ausgerichteten Methoden der landwirtschaftlichen Nutzung und Bodenbearbeitung genannt (vgl. Kapitel 7, »Boden«). Sie führen zu einer zunehmenden Erosion und Zerstörung von für den Wasserhaushalt und das Mikroklima wichtigen Ökosystemen. Zur Zeit noch untergeordnete, jedoch stark zunehmende Eingriffe sind die Ablagerungen von Müll, Autowracks und Klärschlamm in der Landschaft (s. Kapitel 2, »Abfälle«) und schließlich die auch für die Vegetation schädlichen Luftverunreinigungen, die in Extremfällen ganze Wälder zum Absterben bringen können [13].

M → R
R → I
I → R

Neben diesen Ursachen des zunehmenden Raumbedarfs und einer veränderten Raumaufteilung, muß die wachsende Rolle der Verbindungsnetze im Raum als dritter wichtiger Eingriff in die Raumordnung angesehen werden: der Verkehr.

URSACHEN DES VERKEHRSPROBLEMS

Warum wirft gerade der Verkehr die augenscheinlich größten Umweltprobleme auf? Wieso scheinen wir auf diesem Gebiet von einer Lösung weiter entfernt zu sein als in manchen anderen Bereichen, obwohl doch gerade auf dem Verkehrsgebiet bis jetzt am meisten geforscht und die meisten Lösungen angeboten wurden — nicht zuletzt deshalb, weil alles, was mit dem Verkehr zu tun hat, einen besonders hohen Marktwert besitzt (allein auf der Volkswagen-Produktion basiert direkt oder indirekt die Existenz von weitaus mehr als einer Million Menschen).

I → M
M → R

In diesem hohen Marktwert liegt wahrscheinlich schon zum Teil die Antwort. Denn wo viel Kapital im Spiel ist, arbeiten starke Interessengruppen mit entsprechend großer Einflußnahme. Die Interessenkollisionen sind hier nur allzu deutlich spürbar:

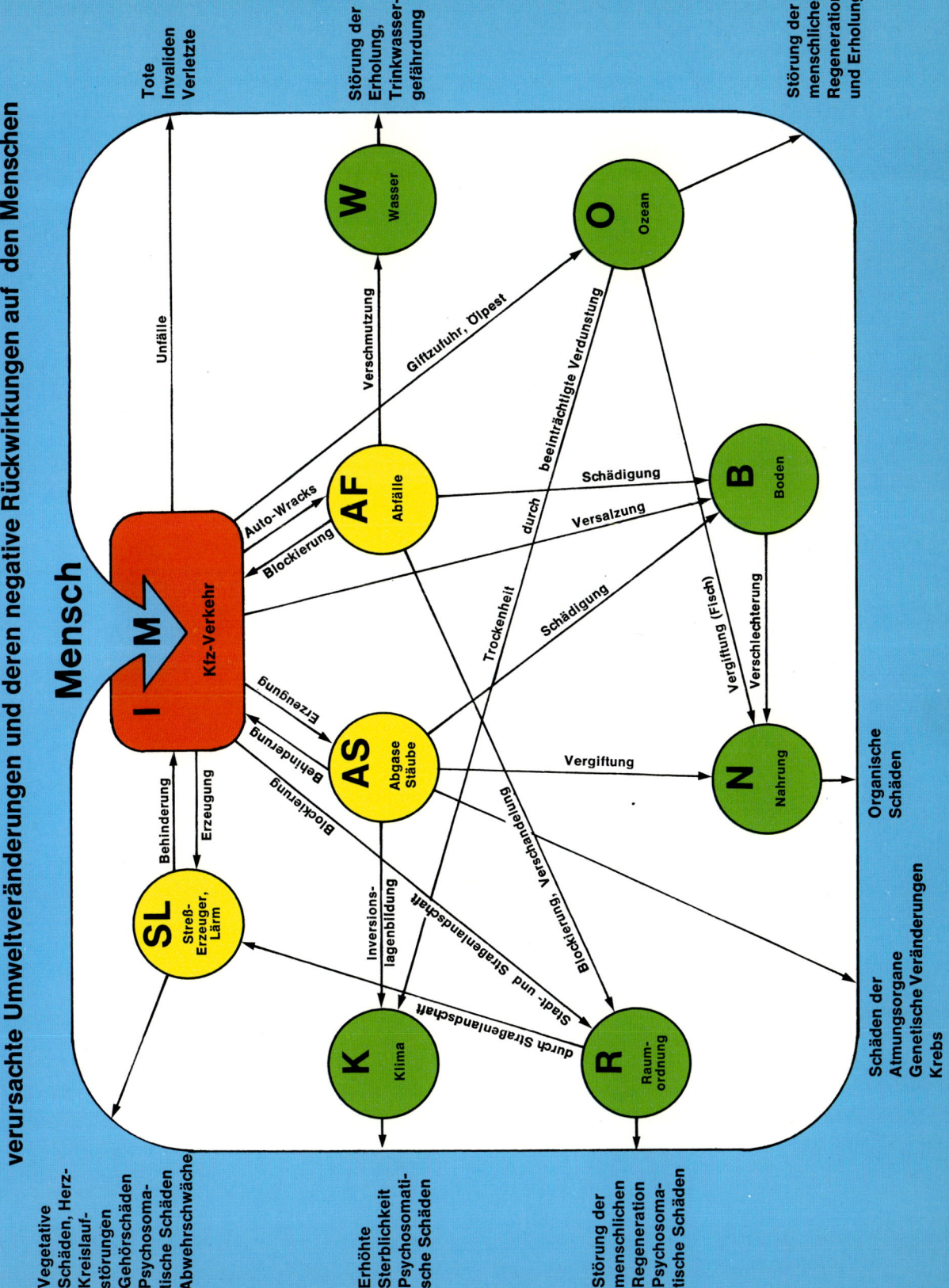

Durch Kraftfahrzeuge

verursachte Umweltveränderungen und deren negative Rückwirkungen auf den Menschen

Mensch

M — Kfz-Verkehr

W — Wasser
O — Ozean
B — Boden
N — Nahrung
AF — Abfälle
AS — Abgase Stäube
SL — Streß-Erzeuger, Lärm
K — Klima
R — Raum-ordnung

Tote
Invaliden
Verletzte

Störung der Erholung, Trinkwasser-gefährdung

Störung der menschlichen Regeneration und Erholung

Unfälle
Verschmutzung
Giftzufuhr, Ölpest
beeinträchtigte Verdunstung
Auto-Wracks
Blockierung
Schädigung
Versalzung
durch
Trockenheit
Schädigung
Vergiftung (Fisch)
Verschlechterung
Vergiftung
Erzeugung
Behinderung
Blockierung
Behinderung
Erzeugung
Inversions-lagenbildung
Blockierung, Verschandelung
Stadt- und Straßenlandschaft
durch Straßenlandschaft

Vegetative Schäden, Herz-Kreislauf-störungen
Gehörschäden
Psychosoma-tische Schäden
Abwehrschwäche

Erhöhte Sterblichkeit
Psychosomati-sche Schäden

Störung der menschlichen Regeneration
Psychosoma-tische Schäden

Schäden der Atmungsorgane
Genetische Veränderungen
Krebs

Organische Schäden

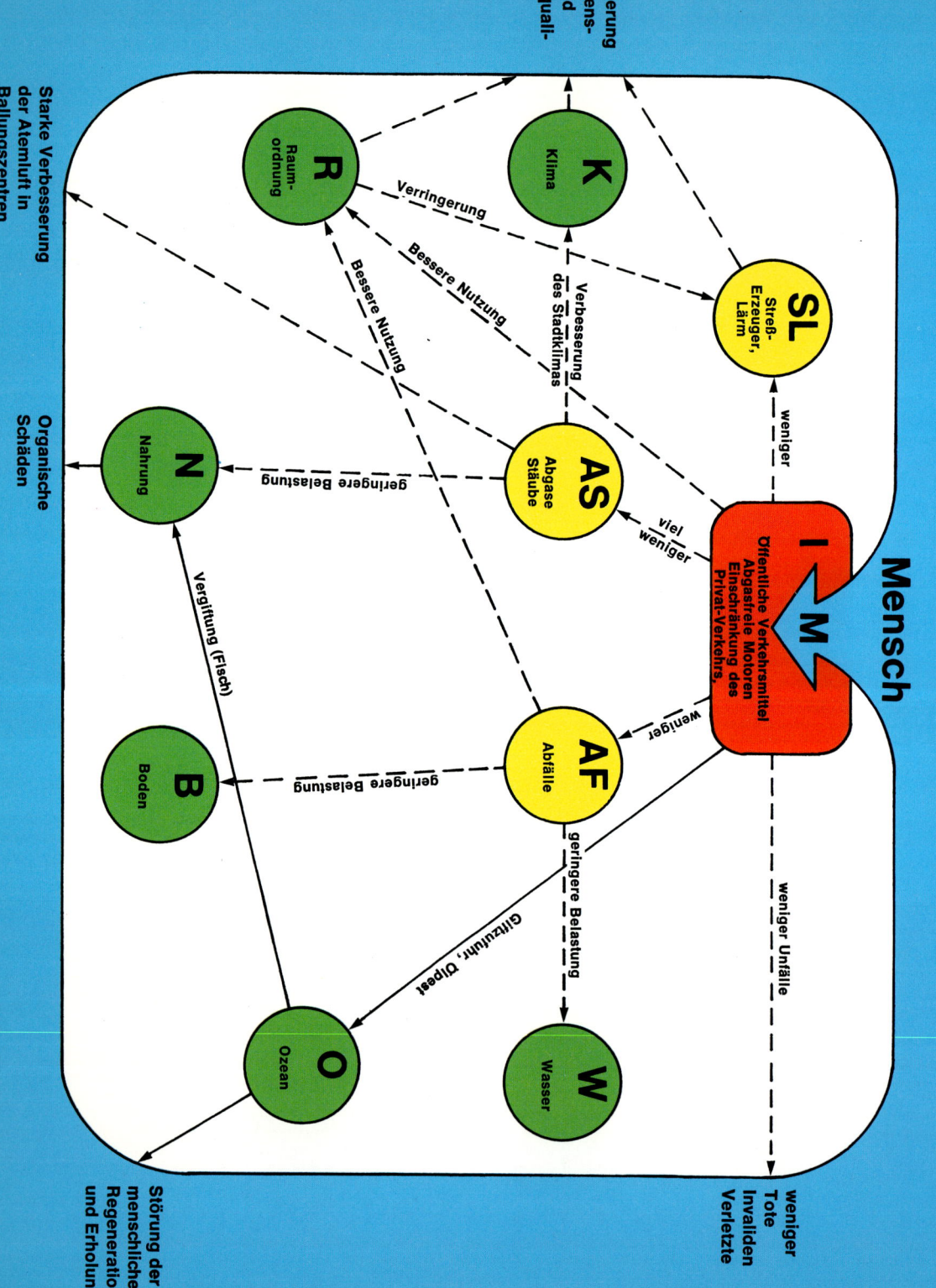

Verbesserung der Gesundheit von Mensch und Umwelt durch öffentliche Verkehrsmittel, abgasfreie Motoren und Einschränkung des privaten Individualverkehrs

Mensch

I — M Öffentliche Verkehrsmittel Abgasfreie Motoren Einschränkung des Privat-Verkehrs,

Verbesserung von Lebensraum und Lebensqualität

Starke Verbesserung der Atemluft in Ballungszentren

Organische Schäden

R Raumordnung

K Klima

SL Streß-Erzeuger, Lärm

AS Abgase Stäube

N Nahrung

B Boden

O Ozean

W Wasser

AF Abfälle

Verringerung

Bessere Nutzung

Bessere Nutzung

Verbesserung des Stadtklimas

geringere Belastung

weniger

viel weniger

weniger

geringere Belastung

Vergiftung (Fisch)

Glitzuluhr, Ölpest

geringere Belastung

weniger Unfälle

weniger Tote Invaliden Verletzte

Störung der menschlichen Regeneration und Erholung

— Für eine autogerechte Verkehrsentwicklung in unseren Städten werden gewaltige Summen bereitgestellt werden müssen. Noch teurer wäre es allerdings auf die Dauer, dieses Geld nicht aufzubringen (ADAC) [298].

— Die autogerechte Stadt, der der ADAC anscheinend immer noch nachträumt, ist eine Utopie (Verb. Öffent. Verkehrsmittel) [299].

— Das Auto wird mindestens bis zum Jahre 2000 Verkehrsmittel Nr. 1 bleiben (Prof. K. H. SCHAECHTERLE) [298].

— Ich halte die Vergötzung des Automobils und die Tatsache, daß die Zuwachsrate der Automobilindustrie bei uns geradezu ein Tabu ist, für einen der Krebsschäden unserer Gemeinschaft (Oberbürgermeister H.-J. VOGEL) [300].

— Die allgemeine Entwicklung unseres Lebensstandards in Richtung auf mehr Wohlstand ist auch ein Ausfluß der Entwicklung der deutschen Automobilindustrie (Verkehrsmin. G. LEBER) [301].

— Das Auto ist ein Verkehrsmittel, mit dem, wenn alle fahren wollen, keiner fahren kann. Eine umwälzende Entwicklung ist in Gang gekommen, die die bisherigen Verkehrsmittel nach und nach ablösen wird (Städteplaner H. BORCHERDT) [294].

— Elektrowagen für den Stadtverkehr werden sich zumindest in den nächsten 10 bis 15 Jahren nicht durchsetzen und auch im Jahr 2000 werden Fahrzeuge mit Benzinmotor unsere Städte beherrschen (ADAC) [298].

— Auf den Straßen unseres Landes werden bis 1985 bereits 5 Millionen Elektroautos laufen, deren Prototypen bereits heute für die Massenproduktion ausgereift sind (Shuba-Elektrizitätswerke, Japan).

— usw.

Wie dringend in der Tat entscheidende Änderungen fällig sind, zeigt z. B. folgende Gegenüberstellung.

Während die Verkehrsfläche in einer Stadt wie München zwischen 1961 und 1970 um den Faktor 1,16 zunahm, wuchs die Zahl der zugelassenen Kraftfahrzeuge fast siebenmal schneller. Die folgende Tabelle gibt eine Übersicht über das Verhältnis der Flächen zu den Kraftfahrzeugzulassungen zwischen 1961 und 1970 am Beispiel von München:

I → R

TABELLE 17

Anstieg der Kfz-Zulassungen in München im Vergleich zum Straßennetz.

Jahr	Gesamtfläche Münchens	Straßen, Plätze, Flugplätze, Bahngelände		Kfz-Zulassungen	
	ha	ha	%	Zahl	%
1961	31 001	3601	100	194 000	100
1965	31 011	3968	110	278 000	143
1970	31 155	4178	116	404 000	208

I → I   Nicht zum erstenmal haben — bei mangelnder Zukunftsplanung — auch im Verkehr große Investitionen die Entwicklung festgelegt und angemessenere Wege auf lange Zeit verbaut.

▷ Die Installationen zur Massenfabrikation des Ottomotors mit seiner großen Zulieferungsindustrie verhinderte eine frühzeitige Entwicklung von Elektroautos und Brennstoffzellen.

▷ Der große Wert der Installation von Eisenbahnen, Straßenbahnen, Untergrundbahnen zwingt zu ihrer weitgehenden Amortisation, ehe andersartige öffentliche Verkehrsmittel eingeführt werden.

▷ Die Festlegung auf Blei-Alkyle als Antiklopfmittel und die entsprechenden Raffinerien zog die Entwicklung von Motoren nach sich, die nur Treibstoff hoher Oktanzahlen vertragen und verhinderte die Weiterentwicklung anderer, zu einem Zeitpunkt, als die Schädlichkeit dieser Zusätze längst erkannt war.

M → R   Vorschläge zu einer vorausschauenden, systemgerechten Steuerung solcher Entwicklung, also Vorschläge, die die gesamten Umweltzusammenhänge berücksichtigen, sind also gerade dort, wo viel Kapital im Spiel ist, am dringendsten vonnöten. Unser heutiges Verkehrschaos beruht letztlich auf der mangelnden Planung vor zwanzig oder mehr Jahren, die ausschließlich von den damaligen Gegebenheiten ausging, anstatt auch die heutige Situation mit einzubeziehen, eine Situation, deren Entwicklung in vieler Hinsicht ohne weiteres vorausschaubar war [302].

Warum auch heute viele an und für sich machbare Lösungen auf dem Verkehrssektor nur zögernd oder gar nicht zur Anwendung kommen, liegt daher auch selten an ihnen selbst oder in ihrer prinzipiellen technischen oder organisatorischen Realisierbarkeit (denn was ist all dies verglichen mit der Realisierung der Mondlandung?), sondern fast immer wo-

I → R   anders: in den erwähnten Interessenkollisionen, in einer echten oder scheinbaren »Unwirt-
M → R   schaftlichkeit«, in ungünstiger oder fehlender Gesetzgebung, in den Fallen unseres Ressortdschungels, in mangelnder Vorausplanung, fehlender Experimentierfreudigkeit, wachsender Risikoscheu von Industrie- und Forschungsinstituten und anderen Bereichen, die mit dem eigentlichen Verkehrsproblem anscheinend nichts zu tun haben. Manche Maßnahmen entpuppten sich als Scheinlösungen, weil sie die anderen Umweltbereiche

R → M   unberücksichtigt gelassen hatten, scheiterten durch eine zu erwartende Unpopularität oder konnten wegen notwendiger vorheriger Änderungen in der Verhaltensweise nicht in die Praxis umgesetzt werden.

Gerade in dieser Hinsicht ist der Verkehr in gewissem Sinne ein »kritisches Element«, d. h. ein solches, welches sowohl andere Umweltbereiche stark beeinflußt als auch von diesen wiederum stark verändert wird. Geringe Veränderungen im Verkehr fallen also

R → R   innerhalb dieses Regelkreises wiederum sehr stark auf ihn selbst zurück:

— Verkehr greift in alle Umweltbereiche ein.

— Verkehr steht mit dem sozialen und politischen Bereich in Wechselwirkung.

— Verkehr bestimmt Städtebau und Städteplanung und wird von ihnen verändert.

— Vom Verkehr und seinen Trägern lebt ein großer Prozentsatz von Wirtschaft und Industrie.

Auswirkungen unökologischer Raumordnung
auf andere Umweltbereiche

Die verschiedenen Flächennutzungsarten beeinflussen und beeinträchtigen nicht nur sich gegenseitig, sondern vor allem auch die natürlichen ökologischen Zusammenhänge, auf deren Funktionieren auch der Mensch des Atomzeitalters direkt oder indirekt angewiesen ist. Die beschriebenen Veränderungen der Raumaufteilung bewirken eine Verarmung der Landschaft an ökologisch nutzbringenden Landschaftsarten (Wälder, Parks, Moore, Brache und andere Grünflächen) zugunsten industrieller Nutzungsarten, die das Gesamtgefüge belasten, indem sie z. B. Luftverunreinigungen produzieren oder den Wasserhaushalt stören, was sich wiederum ungünstig auf die Vegetation auswirkt. Dadurch ergeben sich Veränderungen des lokalen Klimas, der Bodenbeschaffenheit (durch Erosionsbegünstigung) und nicht zuletzt ein Absinken des Regenerationswertes von immer mehr Landschaften, die bisher der menschlichen Erholung dienten.

R → R
M → I
I → R
R → AS
R → K
R → W, B

R → M

In einer Untersuchung der ökologischen Wirkung einzelner Bodennutzungsarten nach den Kriterien:

R . . . B — Schutz vor Bodenerosion
R . . . K — Schutz vor Kaltluftentstehung
R . . . N — Schutz vor Artenverarmung der Bodenorganismen
R . . . W — günstige Auswirkungen auf Wasserhaushalt und Grundwasserbindung
R . . . AW — geringere Belastung der Gewässer durch Düngemittel und Pestizide

kommen BIERHALS und SCHARPF zu folgendem Ergebnis: Wald übt eindeutig die günstigsten ökologischen Wirkungen aus. Danach kommen Brachflächen, gefolgt von Grünland und Ackerland, die ungünstiger zu beurteilen sind[303]. Ähnlich gelangt OLSCHOWY zu der Erkenntnis:

»Eine Kulturlandschaft im mitteleuropäischen Raum sollte normalerweise einen Waldanteil von 20 bis 40 % und möglichst viele Wasserflächen aufweisen, um neben dem ökologisch-biologischen Ausgleich auch die erforderlichen Erholungsfunktionen erfüllen zu können«[304].

M → M

Die Bedeutung von unzerstörter Natur in Form intakter Ökosysteme wird jedoch vielfach nur solange anerkannt, als dadurch nicht eigene Interessen berührt werden. Ihre vernetzte Bedeutung als ökologische Regenerationszellen, als Regulator des Wasserhaushaltes und damit als Garant der Trinkwasserversorgung und des Hochwasserschutzes, als Ausgleichs- und Erholungsbereich für den überlasteten Städter, ist — da meist indirekte Wirkungen vorliegen — oft schwierig zu analysieren und zu verstehen und daher um so leichter als nichtexistent beiseite zu schieben. Das Thema »Naturgenuß und Kostenträger« bedarf daher dringend der Diskussion und einer Lösung. Es ist zu einem zentralen Thema der Raumordnung geworden (vgl. auch die Sanierungsbeispiele aus Kapitel 7, »Wasser«). Im folgenden seien zunächst wieder einige für die zukünftige Stadtlandschaft wichtige Zusammenhänge erörtert. Zur ergänzenden Information sei auf spezielle Literatur verwiesen[305—308].

RAUMORDNUNG UND STADTLANDSCHAFT

R → K

Unsere bisherigen Studien zeigen, daß ein wesentlicher Punkt der Raumordnung, nämlich das Verhältnis der einzelnen Bodennutzungsarten, insbesondere das Verhältnis von bebauten zu unbebauten, bewachsenen und Wasserflächen, eine entscheidendere Rolle für die Regeneration unserer Luft und für die Erzeugung eines erträglichen Stadtklimas spielt als bisher in der Landschafts- und Stadtplanung realisiert wurde. Besonders in der Stadtplanung ging man häufig davon aus, die Bedeutung von Grünflächen und Parks vor allem in ihrer ästhetischen Wirkung zu sehen. Auch OLSCHOWY korrigiert diese Einstellung [304]:

R ... K

R ... AS

»Den Grünflächen kommt hier die Aufgabe zu, Stadtgebiete zu gliedern, aufzulockern und zu durchlüften, wodurch die Temperatur gemäßigt und die hohen Strahlungswerte gemildert werden. Darüber hinaus sollen hier die bepflanzten Grünflächen als Filter für Rauch-, Staub- und Gasimmissionen der Industrie, des Hausbrandes und des Verkehrs wirken.«

R ... SL

M → R

Die Bedeutung der Grün- und Freiflächen für das Stadtklima, für die Dämpfung von Streß-Situationen (z. B. Lärm) und für das psychische Wohlbefinden des Städters ist zwar von verschiedener Seite längst erkannt und anerkannt. Die einzelnen Auswirkungen berühren jedoch im allgemeinen die Interessen sehr unterschiedlicher Ressorts. Daher werden städteplanerische Maßnahmen oft ohne Kenntnis mancher wichtiger Faktoren des Systemzusammenhanges getroffen. Einige Wechselwirkungen seien daher im folgenden kurz beschrieben:

R → K

— Die Beeinflussung des lokalen Klimas durch äußerlich oft nur gering erscheinende Maßnahmen, wie Schließung einer Baulücke oder Entfernung von Baumbestand, kann gerade in Großstädten, wo beispielsweise an heißen Tagen eine 50 bis 100 m breite bepflanzte Grünfläche eine Temperatursenkung von 3 bis 4° C (und damit auch wieder einen »Motor« zur Luftdurchmischung) bewirkt, bei Mißachtung solcher Zusammenhänge permanente Folgen haben.

R → AS

— Die Regeneration der Luft wird empfindlich gestört, sobald Flächen mit Kohlendioxyd absorbierenden und Sauerstoff produzierenden Pflanzen durch Bodennutzungsarten ersetzt werden (Industriegelände, Verkehrswege), die statt dessen Kohlendioxyd produzieren und Sauerstoff verbrauchen [309].

R → AS

— Das gleiche gilt, wenn Frischluftschneisen verbaut werden, durch die die unverbrauchte Luft vom Land in das Stadtinnere geführt werden könnte.

R → K

— Verunreinigungen der Stadtluft, die auf diese Weise zusammen mit der Produktion von Heizungswärme und der hohen Wärmespeicherfähigkeit der Gebäude zur Erzeugung eines eigenen Stadtklimas führen (in Los Angeles z. B. stammen nur noch 94 % der Wärme aus der Sonneneinstrahlung, 6 % steuern die fossilen Brennstoffe bei) [309], können dann nicht mehr ausreichend abgeführt werden [310] und führen zur Smog-Bildung.

K → M

— Besonders während austauscharmer, winterlicher Inversionslagen werden Smog-Perioden begünstigt und führen zur Erhöhung der Mortalität. So starben während einer langanhaltenden Smog-Periode in London 20 % mehr Menschen als normal.

Ähnlich erhöhte Sterbeziffern wurden auch in anderen Städten während der Smog-Periode beobachtet (vgl. »Umweltbereich Klima«).

R → R   In Städten wie Hannover, München und Berlin mögen zwar die Grünanlagen oft einen relativ hohen Anteil der Stadtfläche einnehmen. Durch das ungeachtet ökologischer Prinzipien geplante Wachstum der Städte üben diese Areale ihren positiven Einfluß jedoch meist nur in der unmittelbaren Umgebung aus, wenn es an durchgehenden, nichtbebauten Grünflächen, vor allem in der Hauptwindrichtung WSW → ONO, fehlt [309]. Solche Grünschneisen können bei Inversionslagen, bei denen die Konzentration an Giftstoffen im Stadtzentrum besonders hoch ist, als Frischluftstraßen dienen und der gefährlichen Stabilität von Inversionslagen entgegenwirken (vgl. Kapitel 10 »Klima«).

M → R
R → M
Auch andere Folgen ungenügend durchdachter Städteplanung beeinflussen direkt die Lebensqualität des Menschen. Der bei der üblichen Raumaufteilung unserer Städte stark angestiegene Kraftfahrzeugverkehr verursacht zunehmend Lärm, der durch schallreflektierende Häuserwände noch gesteigert wird und zu erheblichen gesundheitlichen Schäden

R → SL   führen kann (vgl. Kap. 5 »Streß und Lärm«). Auch hier würden lärmschluckende Vegetationszonen und -streifen Abhilfe schaffen, statt dessen werden sie zunehmend der Straßenverbreiterung geopfert. Darüber hinaus kann ungünstige städtische Raumordnung

R → M   durch Verkehrsstauungen, Zeitverlust, unzureichende Erholungsmöglichkeit und die dem Organismus abverlangte erhöhte Entgiftungsleistung (vgl. auch Kap. 4 »Abgase«) bedenkliche Schädigungen des vegetativen Nervensystems verursachten:

Außer Krankheitsbefall und erhöhter Sterberate sind als Folgen einer dem menschlichen Organismus nicht gemäßen Stadtstruktur die typischen Auswirkungen des generellen
R → M   Adaptationssyndroms zu nennen, wie Kriminalität, Alkoholismus und Drogenanfälligkeit mit ihrer Sozialbelastung sowie Verhaltensstörungen und Neurosen mit entsprechendem Leistungsabfall.

RAUMORDNUNG UND VERKEHR

Betrachten wir die städtischen Ballungsgebiete unserer Erde als Einheiten, deren Lebensfähigkeit von der sie umgebenden Natur, von den sie belebenden Einzelwesen (also dem
M . . . R   Menschen), von der Art ihres strukturellen Aufbaus und schließlich von der Versorgung
R → M   und Entsorgung ihrer einzelnen Organe und dem Austausch mit anderen Ballungsgebieten abhängt, so erkennen wir in ihnen die Gesetzmäßigkeiten eines jeden Organismus. Alle lebensfähigen Organisationen (auch die von Menschen geschaffenen) werden durch *Kommunikation* als dem wichtigsten Element jedes Organismus zusammengehalten.

Mit dem Funktionieren oder Nicht-Funktionieren dieser Kommunikation steht oder fällt in der Tat jedes lebensfähige System. Damit besitzt der Verkehr als wesentliches Element dieser Kommunikation eine naturgesetzliche Schlüsselposition. Wenn wir das Verkehrsproblem nicht in die Hand bekommen, können wir also nicht erwarten, daß die
R → M   Ballungszentren (als Teilorganismen) und schließlich der Regelkreis Mensch-Umwelt-Mensch (als Gesamtorganismus) gesundet und damit lebensfähig bleibt.

Man sollte Analogien nicht überstrapazieren, aber zwischen den Einheiten eines solchen
R → R   Organismus, man könnte sagen den Organen, kommt dem Straßen- und Schienenverkehr

als der materiellen Kommunikation (neben der Nachrichten- und Energiekommunikation)
M → M   offensichtlich eine ähnlich wichtige Rolle zu, wie im menschlichen Organismus dem Blutkreislauf mit seinem Sauerstoff-, Nährstoff- und Schlackentransport zwischen den Orga-

ANALOGIE 1

Krankheiten des Kreislaufsystems	Krankheiten des Straßenverkehrs
Funktion des Kreislaufs: Beförderung von Materie, Energie und Information zwischen und innerhalb von Organen.	Funktion des Verkehrs: Beförderung von Materie, Energie und Information zwischen und innerhalb von Ballungszentren.
Störungen Gefäßverengung durch Ablagerung von beförderter Materie (Cholesterin, Kalk).	*Störungen* Straßenverengung und Stauungen durch haltende und parkende Fahrzeuge.
Infarkte durch Verstopfung der Blutgefäße. Embolien, Thrombosen.	Zusammenbruch durch Verstopfung der Straßen. Auffahrunfälle, Massenkarambolagen.
Absinken der Leistung durch brüchige Gefäße, Bildung von Gefäßumleitungen.	Verminderter Verkehrsfluß durch Zerstörung der Straßendecke, Schlaglöcher, Reparaturen, Umleitungen.
Totales Versagen des Kreislaufsystems als Todesursache Nr. 1 für den menschlichen Organismus.	Totales Versagen des Verkehrs als Todesursache für die Industriegesellschaft.

ANALOGIE 2

Vorgänge beim Krebswachstum	Verkehrs-Chaos
Regelloses Wachstum. Gestörter Zellstoffwechsel.	Zusammenbruch eines geregelten Verkehrs. Gestörtes Verkehrsverhalten.
Zunehmende Zerstörung und Schädigung gesunder und kranker Zellen durch wilden Stoffwechsel.	Zunehmende Zerstörung von Menschenleben und Invalidität durch Verkehrsunfälle.
Belastung und Vergiftung des Körpers durch Verwesung und Abfallstoffe.	Belastung und Vergiftung der Umwelt durch Abgase und Autowracks.
Rücksichtslose Wucherung in Nachbargewebe und Invasion in gesunde Organe.	Rücksichtsloses Vorstoßen des Verkehrs- und Straßennetzes in natürliche Ökosysteme.
Ungehemmte Teilung und Vermehrung der Zellen zu Lasten des Gesamtorganismus.	Ungehemmte Automobilproduktion zu Lasten der Gesamtleistung der Gesellschaft.
Herauslösung des Krebswachstums als eigenständiger Faktor aus dem übergeordneten Regelsystem und Tod — auch des Krebses — durch Zerstörung des Wirtsorganismus.	Herauslösung des Verkehrswachstums als mächtiger Wirtschaftsfaktor aus der Kontrolle der Gesellschaft und Zusammenbruch — z. B. auch der Autoindustrie — durch Störung des Wirtsorganismus.

nen. Wir konnten in den letzten Jahrzehnten beobachten, wie für den menschlichen Organismus die Kreislaufkrankheiten zur Todesursache Nr. 1 geworden sind. Wir sollten daraus lernen, damit der Verkehr es nicht für das lebendige System Mensch-Umwelt-Mensch wird. Die beiden in den obigen Analogien dargestellten Krankheiten, *Kreislaufschäden* und *Krebs*, zeichnen sich gegenüber anderen Krankheiten dadurch aus, daß es für sie kein Heilmittel gibt — höchstens Operationen. In beiden Fällen ist eine Abhilfe in erster Linie nur durch frühzeitige Vorbeugung und gesunde, d. h. den Gesetzen des Organismus gemäße Lebensweisen zu erreichen.

R → AS

Die speziellen Auswirkungen des Kraftfahrzeugverkehrs sind ausgiebig in der Öffentlichkeit diskutiert worden. So weisen die in verschiedenen Städten der Welt gemessenen Werte der Luftverschmutzung darauf hin, daß der Verbrennungsmotor der Automobile der Hauptluftverschmutzer ist, während die Schädigung durch Energieerzeugung, Industrie und sonstige Verbrennungsanlagen dank der in den meisten Ländern durch behördliche Maßnahmen inzwischen eingeleiteten Umstellung auf umweltfreundlichere Verfahren in den letzten Jahren stark im Zurückgehen ist. So werden fast 100 % der Belastung mit Kohlenmonoxyd, Stickoxyden und Bleiverbindungen heute durch den Kraftfahrzeugverkehr, also durch ein Teilproblem der Raumordnung, erzeugt.

Die gerade in diesem Bereich so ungeheure Expansion (mit der dreifachen Rate der Bevölkerungsexplosion) von »gestern« (1969) auf »morgen« (1975) sei daher in folgenden Zahlen zusammengefaßt:

TABELLE 18

Expansionstrend des Straßenverkehrs

Verkehrsfaktor		1969	1975
Kraftfahrzeuge	Pkw-Kombi	11,6 Mio.	16,8 Mio.
	Lkw-Busse	0,9 Mio.	1,2 Mio.
Kraftstoffverbrauch	Benzin	13,9 Mio. t	17,3 Mio. t
	Diesel	5,8 Mio. t	7,9 Mio. t
Schadstoffemissionen	CO (Kohlenmonoxyd)	3 600 000 t	4 600 000 t
	NO_x (Stickoxyde)	820 000 t	1 100 000 t
	CH (Kohlenwasserstoff)	480 000 t	600 000 t
	SO_2 (Schwefeldioxyd)	58 000 t	77 000 t
	Feststoffe	51 000 t	64 000 t
	PCP durch Reifenabrieb	unbekannt	unbekannt
Verkehrsmüll	Schrottfahrzeuge	820 000 t	1 400 000
	Altreifen	250 000 t	330 000 t
	Reifenabrieb	60 000 t	79 000 t
	Altöl	420 000 t	530 000 t
Verkehrsopfer	Tote	19 193 *	25 000
	Verletzte	531 795 *	650 000

* 1970

Diese Auswirkungen betreffen — abgesehen von direkten gesundheitlichen Schäden — praktisch alle in unserem Systemzusammenhang aufgeführten Umweltbereiche (vgl. Tafel 5), deren Veränderungen und Belastungen sich durch die gegenseitigen Wechselbeziehungen summieren und potenzieren.

Wenn wir auf den Ausgangspunkt der heutigen Raumordnung zurückschauen, sind es letzten Endes also unter anderem die Auswirkungen der fortschreitenden Trennung in Wohn-, Arbeits- und Lebensbereiche, die aus dem einstigen Pulsieren des Verkehrsstromes ein sich ad absurdum führendes Verkehrschaos entstehen ließen. Erst diese Trennung mit ihren Wegstrecken führte zum Drang nach Zeitersparnis durch Kraftfahrzeuge, diese (wegen ihres hohen Preises — anders als das Fahrrad — als voluminöses Mehrzweckvehikel konstruiert) führten zu einer schlagartigen 50- bis 100fachen zusätzlichen Raumbeanspruchung (1 Mensch = 0,1 m³; 1 Auto = 8,4 m³) und dadurch schließlich wieder zur Immobilität des Gesamtsystems.

M → R

R → R
R → I

Wenn auch der private Kraftfahrzeugverkehr von allen Möglichkeiten der zukünftigen städtischen Kommunikation sicher die schlechteste ist und sein zügiger Ersatz durch ein leistungsfähiges öffentliches Nahverkehrssystem (als Massen- wie auch als Individualtransport) angestrebt werden muß, sollte man sich also nicht darüber hinwegtäuschen, daß Verkehrsprobleme nicht Probleme der Verkehrsmittel, sondern in erster Linie solche der räumlichen Zuordnung und damit der Raumplanung sind. Wo Wohnung und Arbeitsstätte so nahe beieinander liegen, daß man zwischen ihnen zu Fuß oder mit dem Fahrrad verkehren kann, gibt es auch kein Problem Berufsverkehr.

AF → R
I → R
R → R

Das gleiche gilt für den Verkehr im Zusammenhang mit Freizeit und Erholung. Durch die unterlassene Raumplanung ist die Umgebung der meisten Ballungsräume in abschreckender Weise zersiedelt und durch wildwuchernde Müllplätze, Kiesgruben und unkoordinierte Industrieansiedlungen verunstaltet. Je mehr Menschen Naherholung suchen, desto weiter wird diese wegrücken, desto obligatorischer werden Besitz und Nutzung eines Wagens und die Belastung der Stadtein-, -aus- und -durchfahrten sein.

Der »Blueprint of Survival« gibt im Vergleich zwischen Privatverkehr zu öffentlichen Transportsystemen Zahlen, die eindeutig den Straßenbau als Fehlinvestition dokumentieren:

▷ Der Kraftaufwand zum Gütertransport über die Straße ist 5- bis 6mal größer als über die Schiene.

▷ Die Luftverschmutzung in Verbindung mit der dazu nötigen Energieproduktion ist um genau den gleichen Betrag höher.

▷ Der Energieaufwand zur Zement- und Stahlherstellung für den Bau einer Autostraße ist 4- bis 5mal größer als derjenige für einen Schienenstrang.

▷ Die Flächeninanspruchnahme für eine Autostraße ist viermal größer als diejenige für einen Schienenweg.

Öffentlicher Transport, gemessen am Pro-Kopf-Aufwand, ist — ganz gleich, ob über die Schiene oder die Straße — in jedem Falle leistungsfähiger als Privatverkehr und kann

I . . . R — so das Ergebnis des Blueprint of Survival — bei einer ähnlichen Anstrengung, wie sie für den Privatverkehr aufgewendet wurde, mit neuen Technologien auch ebenso flexibel gestaltet werden.

M → R Nach Berechnungen einer Studie der Rand Corporation, USA, über »Möglichkeiten zur Minderung des Bevölkerungsdrucks auf vorhandene Städte im Wege der Auflockerung und Dezentralisierung«[311] ist es angesichts der zukünftigen Entwicklung direkt unsinnig, wenn Kommunen in ökonomisch kurzsichtiger Weise immer noch riesige Summen zur Verbesserung des Kraftfahrzeugverkehrs investieren und sich auf der anderen Seite über den steigenden Mangel an Mitteln zur Sanierung und Aufrechterhaltung wichtiger anderer Lebensbereiche beklagen.

R → m Eine ähnliche Überbewertung der Bedeutung des Autoverkehrs gibt eine Untersuchung über 16 neue Siedlungen der BRD im Hinblick auf ihre Umweltbedingungen wieder. Ein Vergleich der »Sonderflächen für das kindliche Spiel« mit den Parkplätzen zeigt, daß für Kinder aller Altersgruppen in den neuen Siedlungen 1,5 (!) bis 4 qm pro Kind zur Verfügung standen. Einem Auto dagegen waren durchschnittlich etwa 25 qm der Siedlung zum »Ruhen« zugestanden worden[312].

Auswege – Abhilfen – Lösungen

M . . . R Die Tatsache, daß in wenigen Jahrzehnten fast die gesamte Menschheit in Stadtlandschaften leben wird, bedeutet eine Dynamik im Bereich der Raumordnung, welche nur durch eine kybernetisch angelegte Grundkonzeption, die die gesamten bisher besprochenen Wirkungen berücksichtigt, befriedigend gesteuert werden kann. Da die Vision einer weltumspannenden urbanen Landschaft aus dem Bereich der Utopien in greifbare Nähe gerückt ist, erscheint es angebracht, in diesem Abschnitt ausschließlich die heutige und zukünftige Stadtlandschaft und ihre Kommunikationsnetze sowie den Aspekt der geistigen und körperlichen Gesundheit des Stadtmenschen zu behandeln, zumal in den Kapiteln »Abgase und Stäube« sowie »Klima« bereits wesentliche allgemeine Richtlinien auch der städtischen Raumordnung besprochen wurden. Es sei nur noch einmal daran erinnert, daß für Luft, Klima und Gesundheit des Menschen besonders günstige Wirkun-

R . . . AS gen durch Baumbewuchs und Parkanlagen erzielt werden, die Abgase absorbieren und

R . . . K Stäube durch Filterung auf ein Tausendstel reduzieren können und sich durch Sauerstoffproduktion und Temperaturerniedrigung günstig auf das Stadtklima auswirken, besonders wenn ihre Anlage mit Frischluftschneisen gekoppelt ist.

— Eine einzige hundertjährige Buche produziert pro Stunde 1,7 kg Sauerstoff und nimmt 2,3 kg Kohlendioxyd auf. Darüber hinaus ist sie ein wirksamer Staub- und Lärmfilter und absorbiert toxische und radioaktive Substanzen. Der pro Jahr in ihrem Holz festgelegte Kohlenstoff entspricht der Lufterneuerung von 400 000 cbm, d. h. von 800 Einfamilienhäusern zu je 500 cbm umbauten Raumes.

— Frischluftschneisen, die in den Hauptwindrichtungen die Bebauung des Stadtgebietes unterbrechen, können die Zirkulation der Stadtluft verbessern und Inversionslagen mit ihren gesundheitsschädigenden Folgen verhindern.

M . . . R

In einer »Städteplanung als vorausschauende Neugestaltung der menschlichen Umwelt«[313] sollten selbstverständlich alle Gesichtspunkte menschlicher, soziologischer, wirtschaftlicher und technischer Art enthalten sein. So BORCHERDT: »Eine schlagkräftige Stadtplanung muß sich als Bestandteil der Futurologie sehen, d. h. sie muß unpopuläre Maßnahmen treffen und dem Zeitgeist entgegenschwimmen. Sich den Forderungen des Tages anpassen, heißt für gestern planen, denn sie werden morgen schon überholt sein.« Die Zahl der unterschiedlichen Stadtentwicklungsprojekte bis zu den schwimmenden Städten in Küstengewässern[314] ist Legion. Es sei hier auf das einschlägige Schrifttum verwiesen[315].

M → R

R → M

Das große Manko bisheriger Entwürfe lag darin, daß man die technische Umwelt zwar in gewisser Weise auf den Menschen aufbaute, sie aber in keiner Weise auch an die Natur anpaßte. Das führte zu Schäden in der natürlichen Umwelt, die, da Mensch und Umwelt ein symbiotisches System bilden, letzten Endes wieder auf den Menschen zurückfallen mußten und ihn heute mit Problemen konfrontieren, deren Bewältigung höchste Anforderungen an ihn stellt und nur durch ein tieferes Eindringen in die Grundlagen dieses biologischen Geschehens ermöglicht wird (vgl. Kapitel 14, »Lücken der Forschung«).

M . . . R

Es soll versucht werden, im folgenden einige der wichtigsten Punkte zu summieren, die gerade unter Beachtung bionischer Aspekte[316] in der Städteplanung und im Städtebau berücksichtigt werden sollten[317]:

▷ Eine Stadt sollte wie ein Embryo auf Wachstum angelegt sein und alle zukünftigen Funktionen bereits latent enthalten, um deren Entwicklung nicht zu blockieren.

M . . . R

R . . . M

▷ Das Wachstum sollte sich innerhalb einzelner geschlossener Gruppen (Zellen) vollziehen, die sich zu größeren ausbaufähigen Einheiten zusammenschließen (organisches Wachstum). Dadurch Risikoverteilung, kurze Entfernungen und keine Abkapselung zusammengehöriger Lebensbereiche. Auch die bestehende Konzeption der Industrieparks[318] ist unter diesem Gesichtspunkt erneut zu überdenken, um nicht als momentan günstige Zwischenlösung unorganische Zustände zu zementieren.

I . . . R

▷ Tiefliegendes kontinuierliches Versorgungssystem. Verkehr auf mehreren Ebenen unter Nutzung der dritten Dimension. Fließbandtrottoirs aus mehreren parallel laufenden Bändern, die ein bequemes Überwechseln auf höhere Geschwindigkeitsstufen gestatten (Blutkreislauf). Abfallbeseitigung, Kaminabgase ebenso wie Zuführung von Wasser, Nahrungsmitteln und Gütern durch Pipelinesysteme nach dem Rohrpostprinzip. Statt Privatverkehr individuelles Einordnen in vollverzweigten Fließbandverkehr.

R . . . I

▷ Nutzung bionischer Strukturen aus der Pflanzen- und Tierwelt mit ihrer besonderen Statik sowie von bionischen Materialien mit ihren besonderen Werkstoffeigenschaften, besonders auch aus dem zellulären und subzellulären Bereich. Die Bauforschung sollte multidisziplinär und aufgabenorientiert betrieben werden[319]. »Papier«häuser hoher Stabilität nach alten japanischen Falttechniken ebenso wie die Kunststoffhäuser mit ihren Vor- und Nachteilen dürften sehr davon profitieren.

▷ Die Stadt sollte als neugeschaffenes Ökosystem verstanden werden, damit die äußerst wichtigen Hilfen natürlicher Regenerationszyklen in Anspruch genommen werden können und andererseits selber nicht durch die Auswirkungen von Ballungsräumen diese Fähigkeiten einbüßen. Das Problem der Freizeit und Naherholung sollte daher innerhalb der Stadt selbst gelöst werden können, die bei entsprechender bionischer Anlage voll in die Natur integriert werden und mit ihr zusammen eine organische Einheit bilden könnte.

R . . . R

▷ Eine mehrdimensionale Anlage der Stadtstruktur unter Vergrößerung des Verhältnisses von Oberfläche zu Masse könnte zu den gleichen, äußerst platz-, raum- und energiesparenden funktionellen Strukturen führen, wie sie z. B. in den Christae der Mitochondrien (Atmungspartikel im Innern der Zelle) oder im größeren Maßstab im Kapillarsystem der Niere und im Aufbau der Lunge vorgegeben sind (vgl. Abb. 16).

M . . . R

▷ Für utopische Projekte wie Städte unter Wasser oder in klimatisch extremen Erdzonen kann die Bionik von ausschlaggebender Hilfe sein (Sauerstoffaustausch durch künstliche Großkiemen und andere verschiedenartigste Prinzipien).

I . . . R

▷ Als wichtigste aus der Biologie gezogene Konsequenz gilt: 1. keine der städtischen Einzelstrukturen oder -funktionen darf getrennt betrachtet oder gebaut werden. 2. Alle müssen dynamisch konzipiert werden, d. h. die künftige Weiterentwicklung in der Anlage bereits beinhalten.

R . . . R

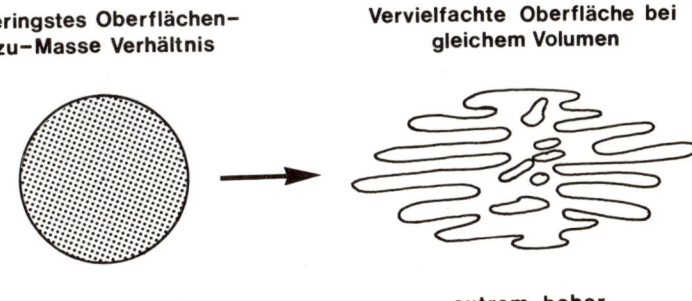

Geringstes Oberflächen-zu–Masse Verhältnis   **Vervielfachte Oberfläche bei gleichem Volumen**

extrem geringer   **extrem hoher**
Stoff- Energie- und Informationsaustausch

ABBILDUNG 16

Auswirkungen des Oberflächen- zu Masse-Verhältnisses

Abschließend zu diesem Problemkreis soll das grundlegende Fazit von John Kenneth GALBRAITH, einer der führenden amerikanischen Nationalökonomen, stehen, der die »Stadt der Wirtschaft« als den Grund für alle unsere urbanen Probleme bezeichnet: »In einer Gesellschaft, in der hemmungslos und im Überfluß produziert wird, weil immer noch wirtschaftliches Wachstum die oberste Maxime ist, haben zwangsläufig die großen Städte unter diesem Zerstörungswerk der industriellen Expansion zu leiden.«

PROBLEMBEREICH VERKEHR

Es ist erstaunlich, daß gerade auf dem Verkehrsgebiet Vorstöße zur Verbesserung der Situation meist punktueller Natur sind, und daß ein Problem in den seltensten Fällen unter Beachtung des Ineinanderspiels der gesamten Faktoren eines solch komplizierten Regelkreises mit seinen vielen »Sollwerten«, »Stellgrößen«, »Störgrößen« und »Regelgrößen«, mit einem Wort »kybernetisch« angegangen wird. Erstaunlich deshalb, weil die Kybernetik die theoretischen Grundlagen der Regeltechnik liefert, die gerade in den Domänen des Verkehrs (vom Vergaserschwimmer bis zur Feedback-Steuerung sich selbst regelnder Ampeln, vom Reaktionsmuster des einzelnen Autofahrers bis zu den Auswirkungen der gleitenden Arbeitszeit) eine so bedeutende Rolle spielt.

I . . . R Wie schon anfangs betont, hat der Sektor Verkehr bereits eine stattliche Anzahl von Projekten, Gutachten, Studien und technischen Lösungsvorschlägen privater und staatlicher Initiativen aufzuweisen. Elektroautos, U-Bahnen, Sterling-Motor[320], Kabinenbahnen[321], Feedback-Ampelsteuerung[322], Verschrottungszwang[323], Brennstoffzellen, Fließbandtrottoirs, Güterpipelines, Personenrohrpost und vieles andere[293] sind jedoch letzten Endes punktuell entwickelte Einzellösungen, die ohne entsprechende Raumordnung, Sozialstruktur, Gesetzgebung, Bioqualität und Verhaltensweisen auf die grundlegende Frage des zukünftigen Verkehrs noch keine Antwort geben. Mit Sicherheit ist ein wesentlicher Grund in dem nur zögernden Umschwung zum kybernetischen Denken und Handeln zu suchen. Der Ansatz zu echten Lösungen liegt daher in diesem Problembereich neben der Entwicklung neuer technischer Möglichkeiten gerade bei jenen Schwierigkeiten, die mit den erwähnten »Hintergründen« zusammenhängen.

M . . . R Mit dem gleichen Ernst, wie man Ideen zu neuen raumordnerischen Alternativen entwickelt, sollten daher auch Überlegungen ausgearbeitet werden, wie bestimmte Interessenkollisionen vermieden werden können oder wie man z. B., anstatt dies immer nur auf der Basis isolierter, eigenbetrieblicher Rentabilität zu tun, eine Entwicklung nach ihrer der Gesamtbevölkerung zugute kommenden Rentabilität bewertet, so wie wir dies bereits in der Ausarbeitung des kürzlichen »Pro-Umwelt-Wettbewerbs« des X-Magazins für Wissenschaft und Technik angeregt hatten[302].

M → R Ansätze zu einer Kosten-Nutzen-Rechnung von Umweltbelastung zu Umweltschutz finden wir zwar z. B. im Auftrag des Verkehrsministers an den VDI zur gesamtwirtschaftlichen Kostenberechnung der Umweltbelastung durch Kraftfahrzeuge. Aber auch diese Studie berücksichtigt wiederum nur zwei Teilaspekte, nämlich Lärm und Abgase, während sie an den Verlusten durch Verstopfung, Zeitverlust, Zerstörung der Raumordnung, Streß, Müll, Salzstreuung, Unfällen und vielem anderen vorbeigeht. Ihre Aussage mag in sich noch so exakt sein, sie wird wegen der Nichtbeachtung der anderen Faktoren immer Angriffsflächen bieten[302].

M . . . R So wie sich schon in der Vergangenheit erst im Nachhinein eine »Lösung« durch Schädigung anderer Umweltbereiche als Scheinlösung entpuppt hatte, sollte man andererseits zu früh ad acta gelegte Ideen — wie es letztlich ja auch die Elektrofahrzeuge waren — erneut überprüfen, da man ihren eigentlichen Wert vielleicht zunächst nur nicht erfahren hatte, weil dieser erst in der Wechselbeziehung mit anderen Umweltbereichen erkennbar ist.

Eine kritische Sichtung aller Möglichkeiten des materiellen Verkehrs zeigt, daß langfristig in den Städten der Ausbau eines öffentlichen Massen- und Individualverkehrsnetzes, gekoppelt mit einer behördlichen Einschränkung des Privatverkehrs, die einzig sinnvolle Lösung ist, da nur durch sie wesentliche Verbesserungen der Umweltfaktoren Luft, Lärm, Streß, Klima und Raum erzielt werden können.

M...I
I...R
Die Experten des »Blueprint of Survival« kamen zu dem Schluß, daß z. B. die Auflage, keine weiteren Straßen mehr zu bauen und das dadurch freigesetzte Kapital zur Entwicklung des öffentlichen Transports zu verwenden, ein ausgezeichneter Weg sei, den Teufelskreis der Verkehrsverstopfung zu durchbrechen [324].

Als Zwischenlösung könnte die Sperrung begrenzter Stadtgebiete für den Individualverkehr dienen. Diese Maßnahme könnte in den restlichen Stadtgebieten von automatischer Registrierung von Verkehrsfluß und -dichte mit dessen Feedback-Steuerung durch computerbediente Ampeln flankiert werden.

Welche Konsequenzen im Systemzusammenhang der Umweltproblematik die Einführung solcher Vorschläge haben kann, wurde versucht, in Tafel 6 anzudeuten. Die vorgeschlagene, durch öffentliche Maßnahmen erzwungene langsame Reduzierung des Privatverkehrs in den Städten mit dem Ziel, ihn völlig durch öffentlichen Verkehr zu ersetzen, würde zu weitgehenden Strukturveränderungen in der Wirtschaft führen. Da die Automobilindustrie mit den ihr angeschlossenen Industrien einen wesentlichen Teil des Sozial-

M...I
produktes erarbeitet, ist eine frühzeitige Anpassung an diese Umstrukturierung erforderlich. Dies geschieht zur Zeit noch nicht, und es ist bezeichnend, daß die wesentlichen Vorschläge für den Verkehr der Zukunft von Unternehmen der Luftfahrtindustrie

I → I
I...R
kommen, die sich bereits in einer Strukturkrise befinden, der sie sich durch Bemühung um fortschrittliche Technologien zu entziehen suchen. Zur Vorbereitung dieser Umstrukturierung könnte die Bundesregierung ihre Stimmenmehrheit beim größten deutschen Automobilhersteller, dem VW-Konzern, geltend machen.

Selbst in einer Autozeitschrift [325] heißt es: »Es wird an Sicherheitslenkrädern und Abgasentgiftung herumgebastelt, aber Alternativen zum derzeitigen Individualverkehr (besser: Privatverkehr!) werden — das liegt im Wesen der Unternehmen begründet — nicht erwogen.« Es heißt immer, man könne nicht voraussagen, ob neue Verkehrsmittel auch wirklich attraktiver seien. Die Attraktivität einer Transportart kann jedoch durchaus ermittelt werden — und zwar nicht nur in beschreibenden Worten, sondern mit

M...I
meßbaren Größen, die es ermöglichen, selbst qualitative Werte in bezug auf einen bestimmten Transportzweck zahlenmäßig auszudrücken und echt zu vergleichen [326].

M...SL
Da der Verkehr die Hauptlärmquelle in den Städten ist (vgl. Kap. 6, »Streß und Lärm«), könnte man kurzfristig eine beachtliche Reduzierung der städtischen Lärmbelastung durch härtere technische Vorschriften erzwingen, die jedoch unbedingt durch städtebauliche Maß-

R...SL
nahmen (geräuschdämpfende Grünstreifen, querstehende Häuserzeilen etc.) und durch bessere Ampelsteuerung (grüne Wellen vermindern die Anfahrgeräusche beträchtlich) ergänzt werden sollten.

Vielversprechend scheint hier auch die Entwicklung elektrischer Antriebssysteme zu sein (Elektromotor in Verbindung mit Brennstoffzellen oder auftankbarer Batterie). Diese Antriebsarten sind leistungsstark, mechanisch einfach, leise und abgasfrei. Es ist jedoch

I . . . R

vorerst nicht abzusehen, bis zu welchem Zeitpunkt eine solche Entwicklung sich gegenüber den herkömmlichen Typen durchgesetzt hat. Die japanische Industrie plant, etwa ab 1977 mit der Massenproduktion elektrisch betriebener Autos zu beginnen und schätzt, daß 1985 etwa 5 Millionen Elektroautos auf ihren Straßen fahren werden. Angesichts der vielen bereits erprobten Prototypen sowohl amerikanischer als auch japanischer Herkunft kann an der prinzipiellen technischen Realisierbarkeit nicht gezweifelt werden [327].

M . . . M

Der Grundansatz für die Lösung des Verkehrsproblems liegt jedoch auf einer gänzlich anderen Ebene als derjenigen der Verbesserung der Verkehrsmittel und der Schaffung neuartiger Verkehrsnetze. Voraussetzung eines echten Auswegs aus dem Dilemma ist die allmähliche Beseitigung eines grundsätzlichen Mißverhältnisses in bezug auf Sinn und Zweck des Verkehrs:

Die Überbelastung des materiellen Verkehrs mit seinem enormen Raum- und Zeitbedarf gegenüber der mangelhaften Entwicklung des — die Raumordnung praktisch unberührt lassenden — immateriellen Verkehrs.

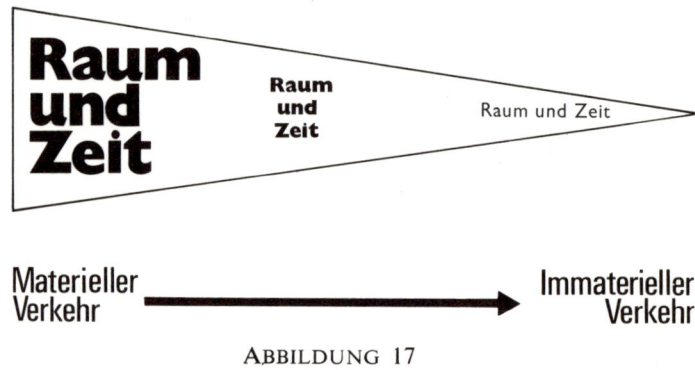

ABBILDUNG 17

Raum-Zeit-Beanspruchung des Verkehrs
Während der immaterielle Verkehr die Raumordnung
praktisch unberührt läßt, beansprucht der materielle Verkehr
einen enormen Raum- und Zeitbedarf. Seine unnötige
Überlastung erscheint somit ganz besonders widersinnig.
(nach loc. cit. [302]).

Wenn wir uns klarmachen

— welchen Anteil unserer Gänge und Fahrten in unseren Ballungsräumen lediglich dem optischen oder akustischen Informationsaustausch dienen, wozu wir, statt ihn drahtlos zu erledigen, immer unseren Körper und dazu noch einen Haufen Blech in Form eines Autos herumschleppen,

— welch ein Großteil der Rohstoff- und Abfalltransporte über Pipelines erfolgen könnte und

— wieviel Energie immer noch in Form von Kohle, Erdöl und Benzin über Schiene und Straße läuft statt über einen Draht,

dann erkennen wir den wohl wirksamsten Ansatzpunkt aller Bemühungen, dieses Mißverhältnis zwischen der wahren Art des Verkehrsguts einerseits und der zu dessen Transport benutzten Verkehrsart andererseits zu ändern. Schon wenige Technologien, wie z. B.
ein durch Laserkommunikation ermöglichtes Fernsehtelefonnetz, engmaschige Pipeline-
I . . . R   Rohrpostsysteme und Energiespeicher- und Direktumwandlungstechniken, mögen in
Ergänzung zu bereits durchführbaren Entlastungen des materiellen Verkehrs eine ganz
neue Dimension für die zwischenmenschliche Kommunikation eröffnen und — wie der
Verkehrswissenschaftler Paul BARON, der ähnliche Überlegungen anstellt [321], betont —
auch dazu beitragen, den Anreiz zur physischen Ortsveränderung zu verringern. Jede Erhöhung von Telefongebühren z. B. wird dagegen dieser Tendenz entgegenwirken und
— ähnlich wie bei teuren Fahrpreisen der Massenverkehrsmittel — Staat und Kommunen
indirekt wahrscheinlich um ein Vielfaches mehr belasten, als je die Gebühren einbringen
können.

Erst wenn bei allen Überlegungen auch die mögliche Verschiebung des Verkehrsgutes
in Richtung des immateriellen Verkehrs berücksichtigt ist — ein Prinzip, das in Abb. 18
näher veranschaulicht wurde —, sollte daher eine neue Maßnahme oder Investition vom
Gesichtspunkt der Raumordnung aus als wünschenswert gelten.

Nach Herstellung des richtigen Verhältnisses zwischen materiellem und immateriellem
Verkehr könnten Straßen- und Versorgungssysteme dann vor allem dem Transport von
R . . . M   Gütern bzw. dem Tourismus zur Verfügung stehen. Dies wiederum würde eine Um-
wälzung der gesamten kaufmännischen und Marktpsychologie mit sich bringen. Der
Tourismus würde sich vervielfachen und die gewonnene freie Zeit auf der einen und die
verdichtende Ereignisfolge auf der anderen Seite aber auch neue, noch nicht bekannte
M → M   psychische, soziologische und Verhaltensprobleme aufwerfen.

Der Vergleich einiger zur Zeit diskutierter Maßnahmen im Verkehrsbereich ist in
Tab. 19 schematisch dargestellt.

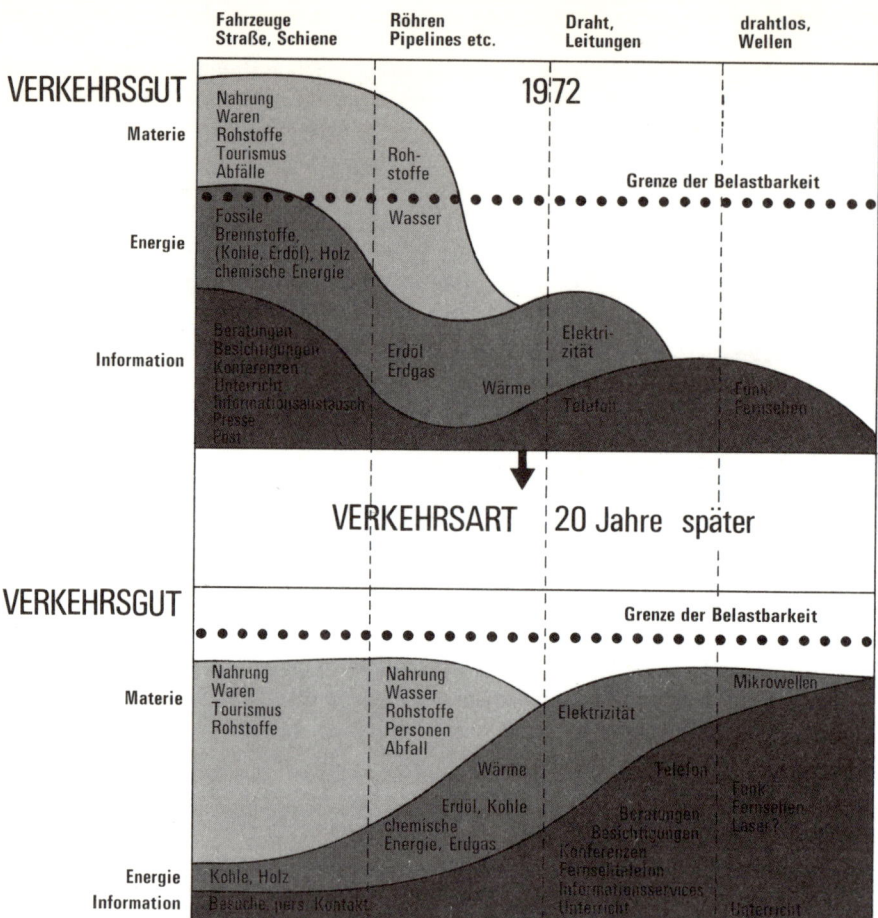

ABBILDUNG 18

**Grundlösung des Verkehrsproblems durch Verschiebung
des Verkehrsgutes in Richtung immaterieller Verkehrsarten**
Die prinzipielle Lösung des Verkehrsproblems liegt in einer
Verschiebung vom materiellen zum immateriellen Verkehr, so wie
es dem tatsächlichen Verhältnis der drei Verkehrsgüter:
Materie (inkl. Personen), Energie und Information entsprechen würde.
(nach loc. cit. [302])

TABELLE 19

Zur Zeit diskutierte Maßnahmen zur Lösung des Verkehrsproblems in Ballungsräumen

Art der Maßnahme	Ansatzebene	Wesentl. Verbesserung	graduelle Verbesserung	unbeeinflußt	Verschlechterg.	Technische Realisierbarkeit	sonstige Bemerkungen
Verringerung schädlicher Rückstände in den Abgasen	Techn. Verbesserung. Behördl. Verordnung abgasarmer Verbrennungsmotoren	keine	Abgase Klima Streß	alles übrige	Wirkungsgrad der Motoren	mittelfristig (ca. 5 Jahre) Kosten relativ gering	Verschlechterung läßt sich durch technische Forschung beheben
Elektromotor mit Brennstoffzelle	Techn. Veränderung der Antriebsart	Abgase Klima Streß Lärm	Abfälle (Altöl) Abwässer Ozean (Öl) Nahrung	Raumordnung Wasser Boden	Leistung? Betrieb?	mittel- bis langfristig (10–20 Jhr.)	Prototypen beider Arten bereits erprobt.
Batteriebetriebene Elektrofahrzeuge	Techn. Veränderung der Antriebsart. Änderung der Steuerordnung	Abgase Klima Streß Lärm	Abfälle (Altöl) Abwässer Ozean (Öl) Nahrung	Raumordnung Wasser Boden	Elektrizitätsversorgung reicht nicht aus. Muß verdoppelt werden.	kurz- bis mittelfristig (3–10 Jahre)	Größere Umstellung für Versorgung („Tanken")
Reduzierung der Lärmerzeugung bei Kfz und Baumaschinen	Techn. Verbesserung und Anwendung durch behördl. Verordnung	Streß Lärm	Raumordnung (Einsparung anderer kostspieliger Maßnahmen)	alles übrige	Erhöhung der Herstellungskosten	sofort	Verordnungen müssen auch Geräusch bei Vollast und Beschleunigung einbeziehen
Automatische Verkehrszählung und Steuerung des Verkehrsflusses durch „Feed-back"-Ampeln	Öffentl. Einrichtung. Techn. Verbesserung	kein Umweltbereich. Jedoch Verkehrsfluß, Vergrößerung der Straßenkapazität	Streß Lärm Raumordnung Abgase? Klima?	Wasser Boden Abfälle Abwässer Ozean Nahrung	Intensivere Straßennutzung. Evtl. mehr Abgase	In etwa 1 Jahr. Kosten = $1/_{10}$ der äquivalenten Straßenvergrößerung	Führt wahrscheinlich nur vorübergehend zu Verbesserungen, da die Zulassungen wieder steigen werden, bis das alte Chaos wieder erreicht wird

Zur Zeit diskutierte Maßnahmen zur Lösung des Verkehrsproblems in Ballungsräumen (Forts.)

Art der Maßnahme	Ansatzebene	Wesentliche Verbesserung	graduelle Verbesserung	unbeeinflußt	Verschlechterg.	Technische Realisierbarkeit	sonstige Bemerkungen
Ausbau des Straßennetzes, Umgehungsstraßen, Vermeidung von Kreuzungen	Öffentl. Arbeiten	keine	Abgase Streß Lärm	Wasser Boden Abfälle Abwässer Ozean Nahrung	Raumordnung	Sehr hohe Kosten. Zunächst sogar erhöhte Belastung (Baustellen)	Führt wahrscheinlich nur vorrübergehend zu Verbesserungen, da die Zulassungen wieder steigen werden, bis das alte Chaos wieder erreicht wird.
Sperrung begrenzter Stadtzonen für den Fahrzeugverkehr	Öffentl. Verordnungen	keine	örtlich begrenzt: Streß Lärm Raumordnung Abgase	alles übrige	keine	Kurzfristig. Geringe Kosten	Bisherige Fußgängerzonen haben sich sehr bewährt
Integration von Wohn- u. Arbeitsstätten in den einzelnen Stadt- u. Stadtrandgebieten	Öffentl. Verordnungen u. Hilfen, Aufklärung	keine	Raumordnung Streß Lärm Abgase verringert. Transportbedarf	alles übrige	Beschränkg. der freien Wahl des Arbeitsplatzes?	Beginn mittel- bis langfristig. Keine Kosten	Nur sehr langfristiges Ziel der Stadtplanung
Neue öffentl. Verkehrssysteme u. behörl. Einschränkung des Privatverkehrs	Öffentl. Einrichtungen. Techn. Verbesserungen. Behördl. Verordnungen	Abgase Klima Raumordnung Streß Lärm	Abfälle Abwässer Wasser Nahrung	Ozean Boden	keine	Zunächst sehr hohe Kosten. Langfristig dann größter Nutzen	Strukturkrisen in der Kfz-Industrie müssen vermieden werden

Menschheit und Wachstum 12

Wachstum um jeden Preis	Wachstumsregulation
+ endliche Erde	+ endliche Erde
= Selbstmord	= Überleben

Daß die Endlichkeit der Erde und ihrer Ressourcen zu einem Problem wurde, dem wohl größten, das zur Zeit auf das System Mensch-Umwelt zukommt, beruht auf dem explosionsartigen Anwachsen der Erdbevölkerung und den damit verbundenen Begleiterscheinungen. Das Ganze wiederum ist eine logische Konsequenz unserer medizinischen Großerfolge der Neuzeit. Die drastische Verringerung der Kindersterblichkeit, die Steigerung der Operationserfolge durch aseptische und antiseptische Techniken, das weltweite Umsichgreifen hygienischer Maßnahmen und die Überwindung vieler Krisen und Infektionen durch die ganze Skala unserer modernen Medikamente und nicht zuletzt die technische Entwicklung, die all dies ermöglicht hat, sind bewundernswerte Fortschritte, deren Resultat, das unkontrollierte Anwachsen der Erdbevölkerung und ihrer Ansprüche, die Menschheit auf einmal vor die wohl gewaltigsten Planungsaufgaben stellte, die sie je kannte, und gleichzeitig auch wieder vor völlig neue Gesundheitsprobleme [228].

Was wir hier immer noch grundlegend falsch machen, wurzelt, wie so oft, nicht in erklärbaren Fakten, sondern in irrationalen Denkschablonen, die einem Fetisch aufgesessen sind: unserer in Ost und West einmütig vorherrschenden Wachstumsfaszination. Wachsende Produktion, wachsende Geschwindigkeit, wachsende Information haben als erstrebenswert zu gelten. Mehr ist besser als wenig, groß ist besser als klein, haben ist besser als nicht haben. Wer sagt das eigentlich? Wo liegen die Beweise? Es gibt sie nicht. Mehr, schneller, größer sind wertfrei und deshalb mal gut und mal schlecht. Doch wir haben ihnen eine Qualität angedichtet, ein Wertmaß, das ihnen gar nicht zukommt.

In dem Dokument »A Blueprint of Survival« [9], das Anfang dieses Jahres veröffentlicht wurde, beurteilen 34 prominente britische Wissenschaftler die Problematik des Wachstums von Industrieproduktion und Bevölkerung wie folgt:
»Der grundlegende Irrtum in der Lebensweise der Industriegesellschaft mit ihrem Wachstumsethos

ist, daß es (das Wachstum) nicht aufrechterhalten werden *kann*. Sein Ende noch zur Lebenszeit eines heute Geborenen ist unvermeidlich — es sei denn, es wird noch für eine kleine Weile von einer sich verschanzenden Minderheit und unter Aufbürden größter Leiden auf den Rest der Menschheit künstlich unterstützt. Sicher ist jedoch, daß es früher oder später beendet sein wird — lediglich der genaue Zeitpunkt und die Umstände sind unbestimmt — und daß dies nur auf zweierlei Weise geschehen wird:

— Entweder *gegen* unseren Willen in einer Folge von Hungersnöten, sozialen Krisen, Epidemien und Kriegen

— oder (weil wir eine Gesellschaft wollen, die nicht Unrecht und Grausamkeit auf unsere Kinder lädt) *mit* unserem Willen in einer Folge von durchdachten, abgemessenen und humanen Veränderungen.«

Obwohl jedem vernünftigen Menschen sofort einleuchtet, daß uneingeschränktes Wachstum auf unserem begrenzten Erdball mit Sicherheit zur Katastrophe führt, ist die Zahl derer, die außer dem verbalen Bekenntnis daraus auch Konsequenzen für ihr Verhalten ziehen, verschwindend gering. Welcher Unternehmer würde schon freudig erzählen, daß er gegenüber dem Vorjahr die Zuwachsrate seiner Produktion reduzieren konnte? Welche Eltern, die es sich leisten können, wären nicht stolz auf jeden weiteren Familienzuwachs? Selbst unter Dozenten und Studenten der Cornell University, USA, die zu 84 % darin übereinstimmten, daß »eine Begrenzung der Familiengröße wünschenswert sei«, sprach sich dann doch wieder eine erhebliche Mehrheit (65 %) für drei oder mehr *eigene* Kinder aus. Nur 30 % bevorzugten zwei Kinder und 5 % drückten den Wunsch aus, nur ein Kind oder keines zu haben [328]. Doch *was* könnte dieses eingewurzelte Wachstumsethos ablösen?

Nicht umsonst ist vor einigen Jahrzehnten die *Kybernetik* als Wissenschaft von der Funktion der Regelkreise entstanden — als eine der linear-kausalen Fortbewegungsmechanik gegenüberstehende Alternative, nach der sich Organisationen und Organismen nicht im ungehemmten Wachstum, sondern in ihrer Selbstregulation entwickeln und vervollkommnen. Ein Leitgedanke, der letzten Endes über sämtlichen Kapiteln dieses Buches steht und der als Grundlage eines neuen Bewußtseins zum Schluß noch einmal gesondert aufgegriffen wird. So ist uns z. B. viel zu wenig klar, daß Bevölkerungsdichte, Nahrung und Ausbildung als drei zunächst unzusammenhängend behandelte Faktoren in sich ein kybernetisches System bilden, dessen Teile sich optimal aufeinander einspielen müssen. Sobald Fortschritte in der Gesundheit zu einer starken Bevölkerungsvermehrung führen — wir brauchen nur an die Folgen einer einseitigen Verringerung der Kindersterblichkeit bei Urwaldstämmen durch die Hygienemaßnahmen eines unbekümmert gutwilligen Entwicklungshelfers zu denken —, dann haben sie unter Umständen keinen anderen Effekt als ihn plötzliche Nahrungsknappheit oder Nahrungseinseitigkeit hätten, d. h. das Gegenteil des gewünschten Resultats — nur eben für viel mehr Betroffene als vorher [228]. Im folgenden seien einige hier wichtig erscheinende Fakten und Gedanken zum Bevölkerungswachstum und zum Wirtschaftswachstum angeführt.

BEVÖLKERUNGSWACHSTUM

Nach neuesten UNO-Berechnungen nimmt die gesamte Erdbevölkerung jährlich um über 2 % zu. Das heißt, die Zahl der 3,5 Mrd. Menschen von 1970 wird sich bis zum Jahre 2005 auf 7 Mrd. verdoppelt haben. An dieser Tatsache und am weiteren Wachstum der Erdbevölkerung werden auch alle zunehmend intensivierten Bemühungen um eine weltweite Bevölkerungskontrolle wohl wenig ändern können.

Die Hauptursache der Bevölkerungsexplosion ist nicht etwa eine größere Gebärfreudigkeit als früher, sondern die sinkende Sterblichkeit bei gleichbleibender Geburtenrate und somit eindeutig eine Konsequenz der oben erwähnten medizinischen Erfolge. Selbst die wenigen medizinisch-hygienischen Grundmaßnahmen, die auf die Entwicklungsländer abgefärbt haben — ihre Mütter- und Säuglingssterblichkeit ist immer noch zehnmal so groß wie diejenige in den Industrieländern —, scheinen, da die bestehende extrem hohe Geburtenrate beibehalten wurde, für den Anstoß zur Bevölkerungsexplosion mehr als ausgereicht zu haben. Denn die größte Zuwachsrate, der steilste Bevölkerungsanstieg also, ist nach den Berechnungen der UNO gerade in den Ländern mit der höchsten Kindersterblichkeit und dem geringsten Pro-Kopf-Einkommen zu finden (Costa Rica 4,3 % gegenüber Schweden 0,6 %). Offenbar bedeutet Kinderreichtum hier noch den einzigen Reichtum, den einzigen »Besitz« (nicht nur in Form von Arbeitskraft), den man sich durch Geburtenkontrolle nicht nehmen lassen will. Und dies selbst angesichts der wachsenden Kluft zwischen Menschenzahl und Nahrungsmittelproduktion, die mit jedem neuen Erdenbürger größer wird [228].

Die beherrschenden Faktoren der Populationsrate sind also nicht etwa von geradlinig technisch-biologischer, sondern von vernetzter politisch-soziologischer Natur. Die Fruchtbarkeitsrate der Agrarvölker wird bleiben, solange sie Agrarvölker sind (mit allen damit zusammenhängenden kultursoziologischen Faktoren). Selbst für den utopischen Fall, daß die UNO mit Sanktionierung durch den Vatikan ab sofort eine Geburtenkontrolle einführen könnte, nehmen die Experten an, daß aufgrund des vorhandenen »Wachstumswillens« die Weltbevölkerungszahl zumindest 12 Mrd. erreichen würde, bevor eine Verlangsamung einsetzt. Realistische Berechnungen gehen deshalb von einem frühesten Stop zwischen 20 und 50 Mrd. aus. In keinem Fall ist anzunehmen, daß vor Ende des Jahrhunderts eine Verlangsamung eintritt. Im Gegenteil, die gegenwärtigen Trends überschreiten schon wieder bei weitem die Prognosen der UNO [228].

Auch für die Bundesrepublik! Denn Probleme des Bevölkerungswachstums sind nicht nur Probleme der unterentwickelten Länder. Die niedrigen Zuwachsraten in Industrieländern wie der BRD von ca. 1 % im Jahr sind nur *relativ* niedrig und täuschen darüber hinweg, daß sich auch bei uns an der Art der exponentiell hochschnellenden Wachstumskurve (s. Abb. 30) im Gegensatz zu dem früheren linearen Anstieg nichts geändert hat. Zweitens kann eine Wachstumsrate ohne Berücksichtigung der bestehenden Bevölkerungsdichte noch nicht sinnvoll beurteilt werden. In der Weltrangliste des für den Grad der Entwicklung maßgebenden Faktors aus Bevölkerungsdichte und Verdoppelungszeit, eine Skala, die von 0,1 für Norwegen bis 8,1 für San Salvador reicht (s. Tabelle 20), rangiert die BRD nur wenig hinter Indien und noch weit vor vielen lateinamerikanischen und afrikanischen Ländern, während z. B. für die USA mit 0,3 der Verlauf weit weniger dramatisch ist.

Ein dritter Faktor, der in die Rechnung eingeht und den Bevölkerungszuwachs der Industrieländer bedeutsam werden läßt, ergibt sich aus der Betrachtung der materiellen und räumlichen Pro-Kopf-Ansprüche. So kommt in einem Industrieland jeder Neugeborene mit einem Konsumanspruch auf die Welt, der selbst denjenigen von 20 Neugeborenen eines tropischen Agrarlandes noch übertrifft. Dies gilt nicht nur für die Ansprüche an die begrenzten irdischen Rohstoffe und den begrenzten irdischen Raum, sondern auch für diejenigen an das begrenzte Aufnahmevermögen der Erde für Abfallstoffe, Zivilisationsgifte usw. So wird die Umweltproblematik zu einem der gewichtigsten Argumente dafür, daß mit jedem Anwachsen der Gesamtbevölkerung — besonders derjenigen der Industrieländer — auf der Erde nichts mehr verbessert, vieles aber verschlechtert wird [331].

TABELLE 20

**Bevölkerungsdichte, Verdopplungszeit und Übervölkerungsfaktor
für einige ausgewählte Länder**

	Bevölkerungs-dichte in Einw. pro km²	Verdopplungs-zeit in Jahren	Übervölkerungs-faktor (Dichte/Verdoppelungszeit)
El Salvador	153	19	8,1
Philippinen	120	20	6,0
Japan	273	63	4,3
Nigeria	68	28	2,4
BRD	242	120	2,0
Türkei	42	24	1,7
Italien	178	117	1,5
Polen	103	88	1,2
Spanien	64	88	0,7
Brasilien	10	22	0,5
USA	21	63	0,3
UdSSR	11	63	0,2
Norwegen	12	88	0,1

Es gibt verschiedene Berechnungen über die »carrying capacity«, die Tragfähigkeit der Erde. Die dabei zustandekommenden Zahlen sind sehr unterschiedlich und schwanken je nach den Gegebenheiten, von denen die Experten ausgegangen sind, zwischen 5 und 50 Mrd. Menschen, die die Erde maximal ernähren könne. Geht man davon aus, daß z. B. die Menschen in Zukunft ihre Nahrung zum Großteil auf einzellige Algen und Bakterieneiweiß umstellen, so kommt man zu noch weit höheren Zahlen. Der englische Physiker J. H. FREMLIN hat eine geistreiche Studie darüber veröffentlicht [330], daß lange bevor alle utopischen Nahrungs-, Rohstoff- und Energiequellen ausgenutzt wären und der Erdball durch mehrere tausend Stockwerk hohe Behausungen in extrem hoher Dichte besiedelt werden könnte, der irdischen »carrying capacity« letztlich durch die Abführung der bei allen Energieumsetzungsprozessen anfallenden, ins ungeheure ansteigenden Wärmemengen eine absolute Grenze gesetzt sei [160].

Betrachtet man hingegen die Menschheit nicht nur als Viehherde, die es durch ausreichende Nahrungszufuhr am Leben zu erhalten gilt, sondern berücksichtigt man die vielfältigen materiellen, räumlichen und geistigen Ansprüche des heutigen und gar des künftigen Menschen, so kommt man zu ganz anderen Zahlen:

Unter der Annahme,
— daß die tägliche Pro-Kopf-Erfordernis an Protein im Durchschnitt 65 g beträgt [332],
— daß die augenblickliche landwirtschaftliche Pro-Kopf-Produktion unbegrenzt beibehalten werden kann,

— daß alles gerecht verteilt wird und kein Land einen höheren täglichen Pro-Kopf-Verbrauch an Protein aufweist, als irgendein anderes Land,

ergaben neuere Berechnungen, daß die Ressourcen der Erde für nur rund 2 Mrd. Menschen ausreichen, wenn diese die Ansprüche des heutigen Durchschnittsamerikaners haben. Daran gemessen wäre die Erde also schon heute um fast das Doppelte übervölkert. Auch der eingangs zitierte »Blueprint of Survival« kommt zu dem Schluß, daß das Optimum der Weltbevölkerung mit Sicherheit bereits *unter* dem heutigen Wert von 3,5 Mrd. Einwohnern liegt [333].

WIRTSCHAFTSWACHSTUM

Als Maß für die wirtschaftliche Produktivität eines Landes gilt das Sozialprodukt — der Geldwert aller in der Volkswirtschaft jährlich gewerbsmäßig hergestellten Güter und in Anspruch genommenen Dienste. Wurde bisher ein ständig steigendes Bruttosozialprodukt als oberstes wirtschaftspolitisches Ziel gefordert und als Maß des materiellen Wohlstands fast abgöttisch tabuisiert, so setzt sich die Erkenntnis der Unmöglichkeit, ja Unsinnigkeit der Aufrechterhaltung dieses Glaubens bei real denkenden Wirtschaftswissenschaftlern in zunehmendem Maße durch. Der Grundgedanke ist der gleiche wie bei der Bevölkerungsproblematik: Unser Erdball ist begrenzt, folglich können Produzieren und Konsumieren nicht unbegrenzt weiterwachsen. Hinzu kommt, daß beide notwendigerweise die Umwelt negativ beeinträchtigen. Produzieren bedeutet heute noch im großen und ganzen Abbau natürlicher Rohstoffe und deren Umwandlung in Produkte unter Erzeugung von Abfall und Müll. Konsumieren bedeutet Umwandeln dieser Produkte in weiteren Abfall und Müll. Daß heute schon bis zu hundertmal mehr Rohstoffe durch den Menschen umgesetzt werden, als es natürliche geologische Ereignisse tun, soll das Beispiel der Mineralienauswaschung in Tabelle 21 illustrieren.

TABELLE 21

Durch den Menschen abgebaute Rohstoffmengen im Vergleich zu dem durch natürliche geologische Prozesse über Grundwasser und Flußsysteme ausgeschwemmten Anteil (in 1000 t/Jahr) (nach SCEP) [243].

Element	durch den Menschen (Minen)	geologische Prozesse (Flüsse)
Eisen	319 000	25 000
Stickstoff	9 800	8 500
Phosphor	6 500	180
Kupfer	4 460	75
Zink	3 930	370
Blei	2 330	180
Mangan	1 600	440
Nickel	358	300
Zinn	166	1,5
Molybdän	57	13
Antimon	40	1,3
Silber	7	5
Quecksilber	7	3

Inwieweit die Zunahme der Verschmutzung und Zerstörung der Umwelt durch das Bevölkerungswachstum, besonders in den Jahren nach dem Zweiten Weltkrieg, verursacht wurde, hat der amerikanische Ökologe Barry COMMONER untersucht [334]. Während in den USA seit 1945 die Zahl der Einwohner um knapp die Hälfte zugenommen hat, ist die Umweltverschmutzung um das Siebenfache angestiegen. Diese allerdings sehr pauschale Angabe soll nur noch einmal die bereits weiter oben belegte Tatsache unterstreichen, daß die Umweltverschmutzung nicht nur durch Bevölkerungszunahme verursacht worden ist. Im einzelnen zeigten die Untersuchungen zum Beispiel, daß die Produktion einer Reihe von Gütern seit dem Zweiten Weltkrieg enorm anstieg [335]: Einwegflaschen um 53 000 %, Kunstfasern um 5980 %, Kunststoffe um 1960 %, Pestizide um 390 %, sonstige synthetische organische Chemikalien um 950 %, Quecksilber zur Chlorherstellung um 3930 %, Düngestickstoff um 1050 %, Aluminium um 680 %, Elektrizität um 530 %.

Im Endresultat ist jedenfalls der siebenfache Pro-Kopf-Anstieg der Umweltverschmutzung wahrscheinlich nur zu einem Fünftel der reinen Bevölkerungszunahme zuzuschreiben. So heißt es bei COMMONER wörtlich [334]:

»Der technologische Faktor, das heißt die erhöhte Erzeugung von umweltverschmutzenden Substanzen pro Produktionseinheit als Folge der Einführung neuer Produktionstechnologien seit 1946, ist zu 80—85 % für den Gesamtausstoß umweltschädigender Substanzen verantwortlich, mit der Ausnahme von Fahrgastbewegungen, wo er nur 40 % des Gesamtausstoßes ausmacht.«

Der mit steigender Technisierung im Grunde erforderliche Trend zu immer umweltfreundlicheren Produkten und Technologien ist nicht nur ausgeblieben, sondern lief sogar in die umgekehrte Richtung: zu immer umweltfeindlicheren Gütern und Verfahren, so daß der Schaden sich mit fortschreitendem Wohlstand multiplizierte.

Der Grund der zunehmenden Umweltverschmutzung durch neue Produktionstechnologien ist in der konkurrenzbedingten Notwendigkeit zu suchen, bei jedem Produktionsgang innerbetriebliche Kosten zu sparen. Das gelingt am besten, wenn kostenverursachende Vorgänge, wie zum Beispiel das Reinigen von Abgasen und Abwässern, auf ein Minimum reduziert werden und wenn die frei verfügbaren Reservate wie Luft, Licht, Wasser, Boden, Klima und Ozean möglichst weitgehend belastet werden. Die Benutzung der Umwelt galt eben als kostenlos und tauchte somit im wirtschaftlichen Kalkül nicht auf. Umweltfeindliche Produktionen waren durch diese kostenlose Inanspruchnahme von Allgemeingut bislang also automatisch *begünstigt*.

Inzwischen ist man sich aber längst darüber klargeworden, daß diese durch die Umweltverschmutzung entstandenen externen Kosten in die Kosten-Nutzen-Analyse der Industrieproduktion wieder einbezogen werden müssen [336]. So erzeugt zum Beispiel der Verhüttungsprozeß nicht nur die erwünschten Produkte Eisen und Stahl, sondern gleichzeitig direkt oder indirekt auch auf den Menschen wirkende Umweltbelastungen wie Schlacke, Rotschlamm, Abgase, Abwässer, Lärm, Streß usw. Auch ein richtig verstandenes Verursacherprinzip, wie es im Umweltprogramm der BRD proklamiert wird, betrifft weniger die Industrie als — über entsprechende Preiserhöhungen — jeden einzelnen von uns. Ein Punkt, der viele Bürger gegen dieses Prinzip einnehmen könnte. Zu Unrecht!

Nach dem Verursacherprinzip soll derjenige zahlen, der für die Entstehung der Umweltbelastung verantwortlich ist. Doch wer ist eigentlich der Verursacher? Der Papierhersteller, der die Flüsse mit Quecksilber verunreinigt, oder der Verbraucher, der das Papier haben will? Die Elektrizitätsgesellschaft, die ihre Kraftwerke die Luft verpesten oder die Flüsse aufheizen läßt, oder der Verbraucher, der billigen Strom fordert? Ist es die Automobilindustrie, die die ganze Kraftfahrzeug- und Verkehrsmisere verursacht hat, oder der Verbraucher, der unbedingt ein Auto haben will? Ist es wirklich so ungerecht, wenn, wie zu erwarten, der Hersteller die nach dem Verursacherprinzip entstehenden Kosten auf den Verbraucher abwälzt, indem er den Verkaufspreis erhöht? Wird nun alles teurer?

Nun, die Folge wird eher sein, daß der Verbraucher seine Gewohnheiten ändert: Der Absatz umweltfeindlicher Produkte geht wie gewünscht zurück und umweltfreundlichere Produktionsverfahren — auch wenn sie bisher mehr kosteten — werden nun gleichziehen können. Fazit: Die Umwelt wird geschont, Konsumgüter werden teurer, das Leben als Ganzes dagegen billiger. Denn Gesundheitsschäden durch Umweltbelastung werden abnehmen, die Leistungsfähigkeit des einzelnen nimmt zu, die Volkswirtschaft wird durch weniger Krankentage und Sozialschäden belastet, die Gemeinden durch weniger Abfälle und Abwässer, und die Industrie entdeckt die Möglichkeiten des Recycling (es sei an die chinesischen Beispiele in Kapitel 2 »Abfälle« erinnert), wodurch schließlich auch sogar die Produkte wieder billiger werden dürften. — Soweit das grobe qualitative Spektrum einer durchaus möglichen Entwicklung.

Doch selbst ein gut funktionierendes Verursacherprinzip bleibt eine Notlösung, die nur so lange die Lage erträglich hält, wie sie nicht durch ein die Bevölkerungsexplosion noch weit hinter sich lassendes Wirtschaftswachstum überrollt wird.

Die wichtigste Forderung der Umweltproblematik auf wirtschaftlichem Gebiet ist und bleibt daher eine Verringerung des Wachstums der Bruttosozialprodukte von Industrienationen. Daß dies bei entsprechendem Geburtenrückgang sogar zu einem erhöhten Pro-Kopf-Einkommen der Bevölkerung führen kann, zeigt eine eingehende Studie der amerikanischen Verhältnisse durch die von der General Electric Company eingesetzte Forschergruppe TEMPO[337]. Die wichtigsten Resultate sind in Abb. 19 zusammengefaßt.

ABBILDUNG 19

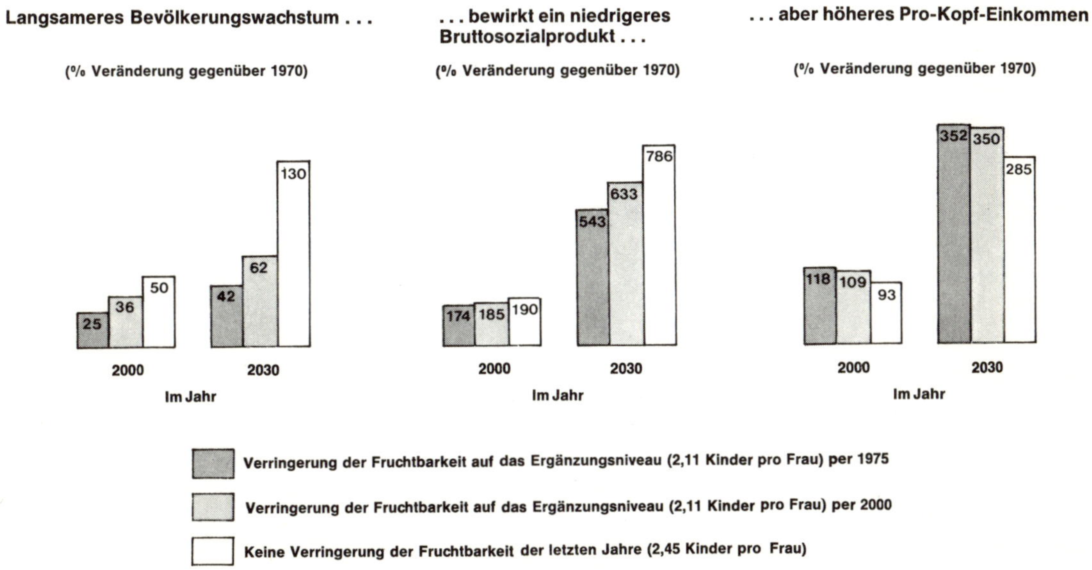

Langsameres Bevölkerungswachstum ...
(% Veränderung gegenüber 1970)
25
36
50
42
62
130
2000
2030
Im Jahr
... bewirkt ein niedrigeres Bruttosozialprodukt ...
(% Veränderung gegenüber 1970)
174
185
190
543
633
786
2000
2030
Im Jahr
... aber höheres Pro-Kopf-Einkommen
(% Veränderung gegenüber 1970)
118
109
93
352
350
285
2000
2030
Im Jahr
Verringerung der Fruchtbarkeit auf das Ergänzungsniveau (2,11 Kinder pro Frau) per 1975
Verringerung der Fruchtbarkeit auf das Ergänzungsniveau (2,11 Kinder pro Frau) per 2000
Keine Verringerung der Fruchtbarkeit der letzten Jahre (2,45 Kinder pro Frau)

Wie weit entfernt die Öffentlichkeit von einer Einsicht in die Zusammenhänge noch ist, zeigen die schon grotesken Subventionen an Produktionszweige, deren Produktionszuwachs sich bereits selbst ad absurdum geführt hat. Es sei nur an die bereits klassischen Beispiele aus der Landwirtschaft des Jahres 1968 erinnert, wo z. B. fast 20 Mio. DM für die Subvention von Chester-Käse oder gar 412 Mio. DM für die Unterstützung der Magermilchverwertung ausgegeben wurden (während für ökologisch sinnvolle Forschungsprojekte selbst Bruchteile dieser Summen nicht zu beschaffen waren [338]), wo gleicherweise Zuwendungen für die Beschaffung von Kunstdünger zur Erzielung von Höchsterträgen ausbezahlt wurden, als auch dann — in besonderem Maße in Frankreich — Prämien für die Vernichtung überschüssiger Ernten zur Aufrechterhaltung der Preise. Kurz: Man war eher geneigt, die Mehrproduktion zu vernichten, als auf Produktionssteigerung zu verzichten und damit etwa dem Wachstumsfetisch abzuschwören.

Die Öffentlichkeitsarbeit der letzten Zeit — und wie wir hoffen auch dieses Buch — sowie vor allem die neuerliche Einsicht rational denkender politischer Kreise dürften in naher Zeit hier eine Wende schaffen. Mit welchen Möglichkeiten und technischen Errungenschaften es jedoch dann angesichts der globalen Situation zu schaffen ist, den sich abzeichnenden Wachstumstod der gesamten Zivilisation noch aufzuhalten, muß sich erst herausstellen. Selbst eine so umwälzende Errungenschaft wie die vor 10 Jahren erfolgte Einführung der Antibabypille hat ja bis heute am zunehmenden Wachstum der gesamten Erdbevölkerung nicht das geringste ändern können. Ganz abgesehen davon, daß selbst bei einer perfekten Geburtenkontrolle, wie schon angedeutet, der Zusammenbruch unserer Zivilisation ohne einen gleichzeitigen internationalen Stop des industriellen Wachstums nicht verhindert werden kann.

Mit der letzten Aussage, zu der auch unsere eigenen Untersuchungen führten [339], berühren wir nun eines der wichtigsten Resultate der bisher umfassendsten mathematischen Systemanalysen. In dem vom Club of Rome und der Volkswagenstiftung finanzierten und von MEADOWS herausgegebenen Buch »The Limits of Growth« [340] wurden folgende fünf Zivilisationsparameter untersucht:

▷ Weltbevölkerung
▷ Rohstoffvorräte
▷ Verfügbare Nahrungsmittel pro Kopf
▷ Industrieproduktion pro Kopf
▷ Verschmutzungsgrad der Umwelt

Die Grundlage für diese von 17 internationalen Wissenschaftlern durchgeführte Studie bildete das inzwischen berühmt gewordene Weltmodell von FORRESTER [341] und seiner Gruppe am Massachusetts Institute of Technology (MIT). Wenn auch hier noch wichtige soziale und verhaltenspsychologische Faktoren fehlen und der »Fluß« mancher in dem Modell ermittelten Entwicklungsprozesse nach Berücksichtigung solcher Faktoren in die umgekehrte Richtung umschlagen könnte, so zeigt dieses Modell doch das Prinzip der sich gegenseitig beeinflussenden Größen in einer bisher noch nicht gewagten Fülle von Wechselbeziehungen und gibt Möglichkeiten an, diese kybernetisch zu berechnen:

— Rund 90 verschiedene Einflußgrößen der obigen fünf Zivilisationsparameter, z. B. auch Arbeitslosigkeit, Gesundheitsfürsorge, Wirksamkeit der Geburtenbeschränkung, landwirtschaftliche Investitionen, mittlere Lebenserwartung, industrielles Kapital und Rohstoffverbrauch wurden berücksichtigt.

— Alle Einflußgrößen sind durch Rückkoppelungen miteinander verbunden. Die Bevölkerungszahl hängt so von Geburtenrate und Sterblichkeit ab, diese wiederum werden durch Umweltverschmutzung, Nahrungsmittelreichtum und Bevölkerungsdichte beeinflußt, letztere hängen wiederum von Bevölkerungszahl, Rohstoffreichtum, Industrialisierung und vielem anderen ab, die sich ebenfalls wieder gegenseitig beeinflussen usw.

— Zur Auswertung werden in solch ein Modell zunächst zurückliegende Einflußgrößen eingesetzt, wie sie z. B. im Jahre 1900 bestanden. Durch Computerberechnung kann dann die Entwicklung der Zivilisationsparameter bis zur Gegenwart simuliert werden. Erst wenn nach entsprechenden Überprüfungen und Korrekturen die somit auf den Werten von 1900 basierenden »Prognosen« für unsere Gegenwart zutreffen, »stimmt« das Modell. Die »Vertrauenswürdigkeit« des Simulationsmodells ist damit demonstriert.

— Der nächste Schritt ist die Prognose des Verlaufs jener 5 Parameter (Industrieproduktion, Bevölkerungsbewegung, Umweltverschmutzung, Nahrungsmittelproduktion und Abnahme der Rohstoffquellen) für die Zukunft, wobei von den heutigen Gegebenheiten und Entwicklungstrends ausgegangen wird. Als Resultat liefert dann das Modell mehrere mögliche Zukünfte. Drei von ihnen seien hier genannt:

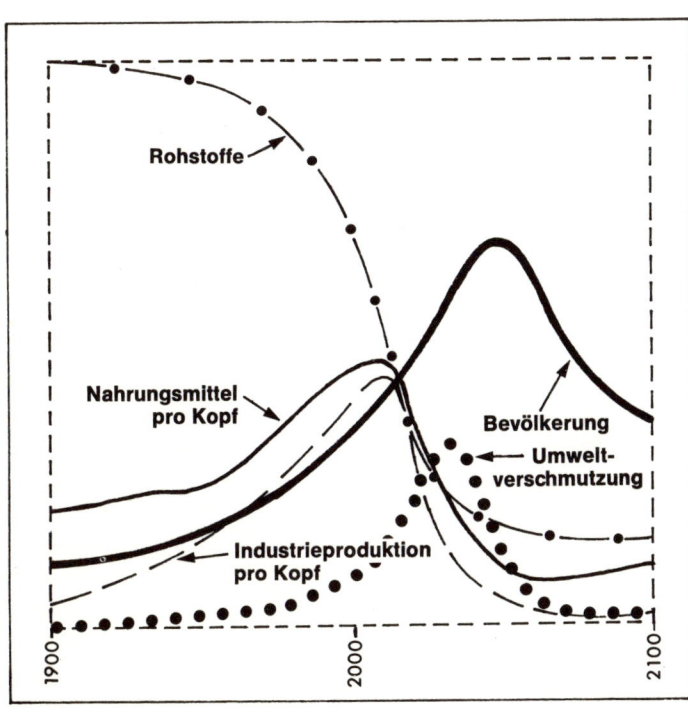

ABBILDUNG 20
Zukunft A
(nach loc. cit. [340])
Gegen 2010 wird die Industrieproduktion ihren Höhepunkt überschritten haben und noch vor Mitte des nächsten Jahrhunderts u. a. durch rapide zunehmende Rohstoffverknappung zusammenbrechen. Danach, etwa ab 2050, würde die Bevölkerung durch Hungersnöte und Epedemien drastisch abnehmen.

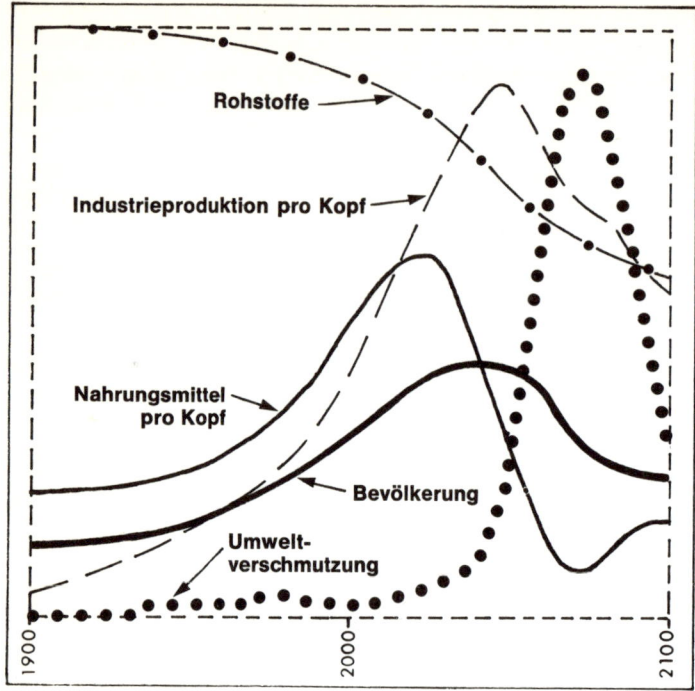

ABBILDUNG 21
Zukunft B
(nach loc. cit. [340])
Wenn (etwa durch »Recycling«)
die Versorgung noch lange aufrecht erhalten werden könnte
und auch eine weltweite Geburtenkontrolle erreichbar wäre,
würde die Industrieproduktion
ihren Kulminationspunkt zwar
erst gegen 2045 überschreiten,
die Nahrungsmittelproduktion
jedoch ab 2030 rasch absinken
und die Weltbevölkerung nicht
zuletzt auch durch eine mit dem
industriellen Wachstum extrem
verschmutzte Umwelt etwa zur
gleichen Zeit wie im ersten Fall,
also Mitte des Jahrhunderts, entscheidend dezimiert werden.

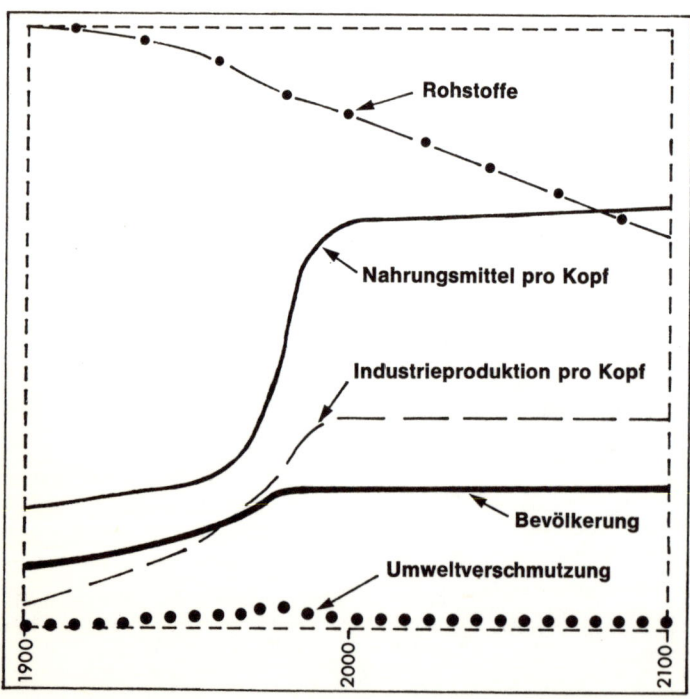

ABBILDUNG 22
Zukunft C
(nach loc. cit. [340])
Nur wenn zu weltweiter Geburtenkontrolle und zur Pflege
(statt Raubbau) der Rohstoffquellen noch eine sofortige Reduzierung des Wirtschaftswachstums hinzukäme, berechnet das
Weltmodell eine Zukunft *ohne*
Katastrophen. Dazu müßte allerdings bis spätestens zum Jahre 1990 – also in 18 Jahren! –
das Wachstum von Bevölkerung
(2 % jährlich) *und* Industrieproduktion (5 % jährlich) zum Still-
stand gekommen sein, d. h. ein
Fließgleichgewicht erreicht haben, und der industrielle Wohlstand zum Allgemeingut sämtlicher Nationen unseres Erdballs geworden sein.

Obwohl solche Auflagen den heutigen Industrienationen auf den ersten Blick als einschneidende innere Umwandlung erscheinen mögen, würde sich für die wirtschaftliche Situation des Einzelnen wenig verändern müssen. Die Berechnungen des Simulationsmodells zeigen, daß ein durchschnittliches Pro-Kopf-Einkommen von ca. DM 6000,— im Jahr (nicht zu verwechseln mit dem Einkommen pro Erwerbstätigem) aufrechterhalten werden kann.

So unvollkommen dieser erste Versuch einer globalen Prognose — auch nach Ansicht der MIT-Leute selbst — noch ist, so geht wohl eines daraus hervor: daß diejenigen Industrien und Wirtschaftsunternehmen, die frühzeitig ein entsprechendes Denken in Regelkreisen und deren Wechselwirkungen herangezogen und in ihre Firmenpolitik einbezogen haben, das Rennen machen, d. h. am ehesten überleben werden.

Wirtschaft – Wissenschaft – Technik   13

Ein interner Regelkreis?

Geschlossenes System	Offenes System
+ Kurzsichtigkeit	+ umweltorientierte Erkenntnis
= Selbstmord	= Überleben

Die konsequente Anwendung naturwissenschaftlicher und technologischer Erkenntnisse auf die Umwelt mit dem Beginn der Neuzeit lieferte die Grundlagen für die moderne Industriegesellschaft. Im Laufe der letzten hundert Jahre bildete sich eine enge Verkettung zwischen Wirtschaft, Wissenschaft und Technik heraus. Ein Regelkreis, dessen *Sollwerte* weitgehend vom darinstehenden Menschen, seinen Gesetzen und seinen »politischen« Mechanismen eingebracht wurden, dessen *Störgrößen* meist von der äußeren Umwelt, oft auch vom Menschen selbst kamen, dessen *Stellglieder* jedoch ebenso wie die *Regelgrößen* unbekannt waren (Abb. 23).

ABBILDUNG 23   **Prinzip eines einfachen Regelkreises**

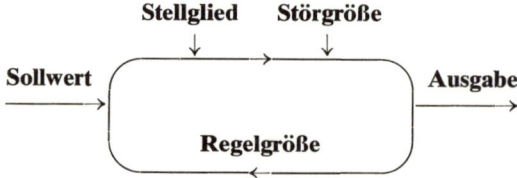

Da dieser Regelkreis (der in Wirklichkeit natürlich eine Schraubenwindung aufzeichnet), in dem die Wissenschaft die Technik, diese die Wirtschaft und letztere wieder die Wissenschaft beeinflußt, von jedem seiner drei Glieder aus in enger Wechselbeziehung mit der Umwelt, ihren biologischen und unbiologischen Ressourcen steht, und da er andererseits von den im vorangegangenen Kapitel ausgesprochenen Forderungen massiv berührt wird, sollen hier einige wichtige Faktoren seiner Steuerung herausgestellt werden.

In Abbildung 24 ist der Mechanismus des internen Ablaufs dieses Regelkreises mit seinen negativen Auswirkungen als geschlossenes System (gelbe Pfeile) dem Mechanismus gegenübergestellt, wie er sich bei der weit umfassenderen Betrachtung als offenes System einspielen könnte (weiße Pfeile). Diese im Grunde triviale Darstellung soll in einfacher Weise veranschaulichen, warum Wissenschaft und Technik bisher nur ungenügend zur Humanisierung beigetragen haben: Immer wieder haben sich bekanntlich technische Neuentwicklung unter dem Druck tatsächlich vorhandener oder von Interessengruppen vorgetäuschter, meist wirtschaftlich bedingter »Eigengesetzlichkeit« selbständig gemacht und den Menschen gezwungen, sich der Entwicklung anzupassen [342].

So zeigten zum Beispiel eigene Untersuchungen über die Tendenzen der Informatik, daß sich (durch die aufgrund der historischen Entwicklung entstandene Situation einer Überbetonung und Verselbständigung der elektronischen Datenverarbeitung) auch auf diesem noch recht neuen Gebiet bereits die Folgen einer Fehlentwicklung andeuten. Die überstürzte Anpassung an die Arbeitsweise der Computer, deren Technik sich so rasch weiterentwickelt, daß ständig neue Anpassung erforderlich ist, führt letztlich zum »computerangepaßten Denken«, d. h. — um es einmal im einschlägigen Jargon auszudrücken — zum Bevorzugen zweiwertiger Logik, zur Schematisierung und Digitalisierung komplexer Verhaltensweisen und zur »Optimalisierung« von ökonomischen Prozessen unter Vernachlässigung von schwer algorithmisierbaren Randzielen (wie »ökologisches Gleichgewicht«, »Wohlbefinden«) [344].

Wir haben mit dem im letzten Kapitel besprochenen systemanalytischen Weltmodell der amerikanischen Informatiker zwar ein großartiges informationswissenschaftliches Werkzeug entwickelt und erstmalig ausprobiert, haben jedoch selbst bei der Anwendung dieses neuen, die Wechselbeziehungen einer großen Zahl beteiligter Faktoren erfassenden Instrumentes sowohl die Möglichkeit, unseren Regelkreis wie bisher in mechanischer interner Eigengesetzlichkeit ablaufen zu lassen, als auch ihn den qualitativen Parametern zu öffnen, die das Funktionieren unserer Biosphäre und ihrer Glieder, von denen der Mensch nur eines ist, gewährleisten. Franz R. THOMANEK [345] streifte in einem Artikel über das »Denken und Handeln in Regelkreisen« besonders diese soziotechnische Seite der modernen Informatik: » . . . Sicher ist, daß sich-selbst-anpassende, die Ordnung kybernetisch aufrechterhaltende Regelsysteme möglich sind und kommen werden . . . Schwer vorstellbar aber ist deren sinnvolle Handhabung durch die entscheidenden Persönlichkeiten der Gesellschaft, weil hierzu eine Fachkenntnis und Denkweise erforderlich ist, die zu erwerben weit mehr Zeit benötigt als die Errichtung der Modelle — und die vielleicht nur in Generationen erlernbar ist . . . Wir befinden uns also auch hier in einem Regelkreis, der jedoch diesmal die Zukunft beeinflußt und herbeiführt.«

Doch selbst mit dem Erreichen eines allgemeinen Bewußtseins, daß wir in Regelkreisen denken und handeln müssen, sind die Probleme nicht gelöst. Selbst die perfektesten Modellsimulationen können — ähnlich wie biologische Experimente im Reagenzglas — zu Fehlinterpretationen und falschen Entscheidungen führen. Die Grenzen der kybernetischen Betrachtung durch *geschlossene* Modelle — während in der Realität sämtliche Systeme immer *offen* sind — werden nur allzuleicht übersehen.

Gerade der hier betrachtete interne Regelkreis: Wissenschaft — Technik — Wirtschaft ist jedoch in seiner Autonomie ein Trägheitsfaktor, der erst nach Durchbrechung dieser Autonomie, d. h. nach Anschluß an die Parameter der großen offenen Regelkreise aus der eingefahrenen Folge:

> einseitige Lösungsvorschläge der Wissenschaft an die Technik
> kurzsichtige Lösungen der Technik für die Wirtschaft
> sinnlose Aufgaben der Wirtschaft an die Wissenschaft
> einseitige Lösungsvorschläge der Wissenschaft an die Technik
> usw.

und ihren negativen Veränderungen der Biosphäre, ihren destruktiven Einwirkungen auf die Umwelt und ihrem Raubbau an den Rohstoffquellen der Erde in einen positiven Wirkungskreis umschlagen wird (Abb. 24, weiße Pfeile).

Den Anstoß hierzu muß unsere wissenschaftliche Erkenntnis geben, die, wie das Schema zeigt, zur Zeit im Begriff ist, von ihrer einseitig fachbezogenen Grundhaltung auf eine umfassend-systembezogene Orientierung umzuschwenken. Die Wege hierzu setzen bei der Ausbildung an, wie sie unter anderem auch in mehreren umfangreichen Modelluntersuchungen der Studiengruppe für Biologie und Umwelt im Auftrag der Bundesregierung ausgearbeitet wurden. Es ist die Starrheit jenes internen Regelkreises, die auch von M. HEIDEGGER und M. SCHELER charakterisiert wird, wenn sie sagen, daß die Wissenschaft selber heute im Vorgriff weitgehend von der Technik bestimmt ist, die sie mit ihrem Willen, ihren Problemen und ihren Antrieben durchdringt; daß sie ohne Technik undenkbar ist und durch die Apparaturen der Technik erst eigentlich existenzfähig wird. F. WAGNER schließt dann den Kreis zur Wirtschaft mit seiner Feststellung, daß diese Wechselwirkung zwischen Technik und Wissenschaft — im funktionalen Zusammenhang mit der Wirtschaft und dem Staat — unsere Forschung heute zu einem unübersehbaren und autonomen Bereich macht, der seine Dynamik und sein Gewicht in sich selbst trägt [347].

Um so mehr müssen wir hoffen, daß einige der äußeren, diesen internen, geschlossenen Regelkreis öffnenden Parameter von ganz alleine mit ins Spiel kommen, sobald es gelingt, sowohl die Öffentlichkeit als auch die betroffene Wissenschaft zunehmend über die aufgezeigten Kriterien einer wünschenswerten Forschungspolitik zu orientieren und sie dafür zu engagieren. Erst dann kann eine Planung und Koordinierung der ungeheuer großen — leider noch weitgehend latenten — schöpferischen Kapazität Mitteleuropas zu sinnvollen Ergebnissen führen. Wie stark die Meinungen von Bevölkerung und Ministerien über die Dringlichkeit einzelner Forschungsgebiete bisher auseinandergingen, wie bruchstückhaft der Kontakt zwischen Wissenschaft, Bevölkerung und Verwaltung vor einiger Zeit noch war (und wahrscheinlich auch heute noch ist), zeigt eine Umfrage aus dem Jahr 1967. Der Systemforscher Helmut KRAUCH verglich die Prioritätsskala der Bevölkerung mit der Reihenfolge der tatsächlichen Ausgaben des Bundes [348]. Die beiden nach der Dringlichkeit der Forschungsförderung aufgestellten Skalen zeigen eine fast gegenläufige Rangordnung (in Klammern der Bewertungsindex):

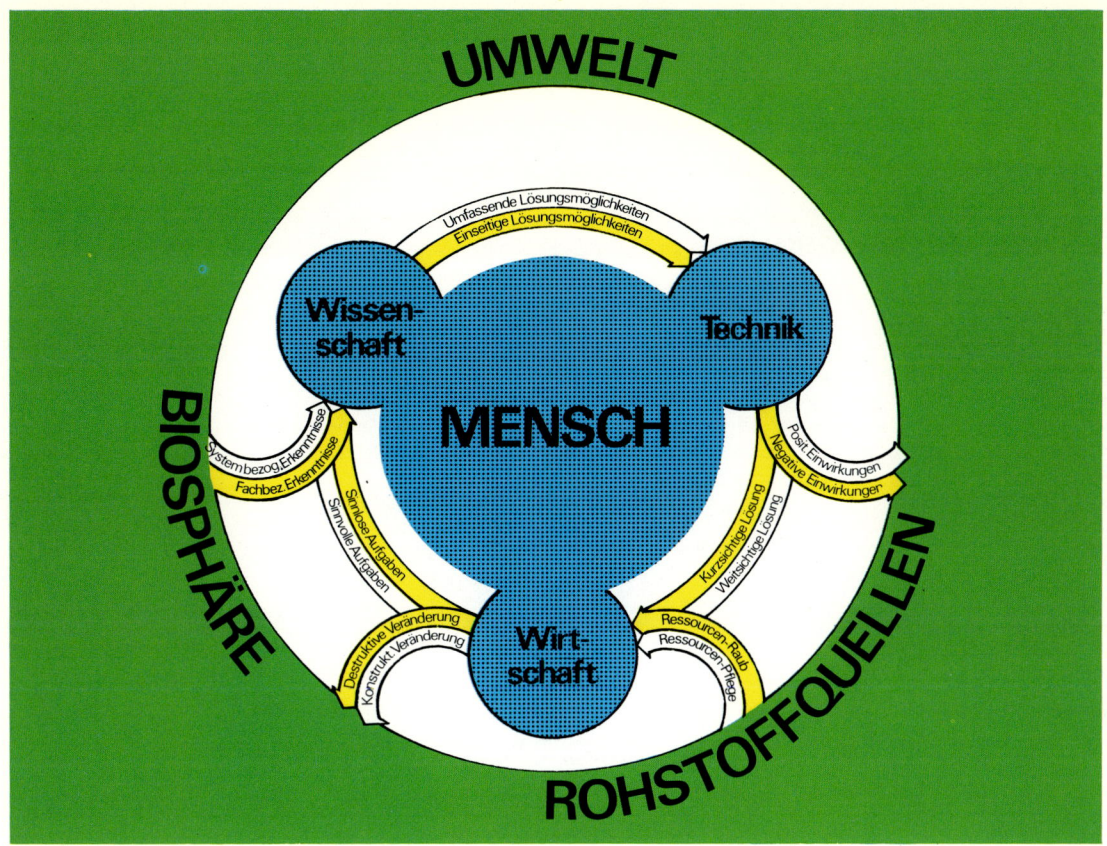

ABBILDUNG 24

Regelkreis: Wirtschaft — Wissenschaft — Technik

Der Mensch besitzt eine Doppelposition, die er bisher in sich nicht zu integrieren vermochte: als Schöpfer des internen Regelkreises Wirtschaft — Wissenschaft — Technik und als atmendes Glied des äußeren Regelkreises Biosphäre.

Seine einseitige Fixierung auf den internen Regelkreis führte zu einseitig fachbezogenen naturwissenschaftlichen Erkenntnissen und diese zu einseitigen technischen Lösungsmöglichkeiten mit negativen Einwirkungen und destruktiven Veränderungen der Biosphäre (gelbe Pfeile).

Folge: Durch unerwartete Rückwirkungen nicht beachteter, an ihrer Belastungsgrenze angelangter Umweltbereiche sind unrationelle Korrekturen erforderlich, die nunmehr die Anpassungsmöglichkeiten auch des Menschen überschreiten.

Ein Bekenntnis zu seiner Doppelposition und das Verstehen der Systemzusammenhänge werden ihn dagegen über sinnvolle Aufgabenstellung zu umfassenden Lösungsmöglichkeiten mit positiven Einwirkungen und konstruktiven Veränderungen von Umwelt und Biosphäre anregen (weiße Pfeile).

Folge: Durch aufgabenbezogenes Zusammenarbeiten von Wirtschaft, Wissenschaft und Technik in Symbiose mit der Biosphäre und ihren Rohstoffquellen wird eine organische und rationelle Adaptation von Mensch, Gesellschaft und Umwelt aneinander ermöglicht.

Bevölkerung		*Wissenschaftsministerium*	
Medizin	(22)	Verteidigung	(42)
Ernährung	(16)	Atomphysik	(33)
Umwelthygiene	(11)	Raumfahrt	(13)
Lehren und Lernen	(7)	Computer	(4)
Atomphysik	(4)	Medizin	(3)
Computer	(3)	Ernährung	(2)
Raumfahrt	(3)	Umwelthygiene	(1)
Verteidigung	(2)	Lehren und Lernen	(1)

Eine Umfrage bei Studenten und Fachleuten führte zu einem dritten Typ der Präferenzordnung, der sich jedoch ebenfalls frappierend von der Rangfolge des Wissenschaftsministeriums unterschied. Die Ursache für die unterschiedliche Auffassung über »Dringlichkeit« bei Ministerium, Bevölkerung, Fachleuten und Studenten deutet nicht nur auf den mangelnden Informationsaustausch zwischen diesen Gruppen hin, sondern ist ebensosehr ein Indiz für das Zustandekommen schwerwiegender Lücken in der Forschung[349].

Lücken der Forschung

14

Spezialistentum + Ressortdenken = Selbstmord	Überdisziplinäre Information + Koordinierung = Überleben

Die dominierende Einteilung unserer Forschungsstätten und Universitäten nach Fachgebieten und nicht etwa nach Aufgabengebieten hat bis heute zur Folge, daß die einzelnen Umweltbereiche immer noch völlig isoliert angegangen werden. Fachorientiertes Vorgehen kann in Teilbereichen durchaus gültig sein. Es wird jedoch der Realität der engen Vernetzung jedes Umweltproblems mit allen anderen Teilbereichen niemals gerecht. Das führte zu schwerwiegenden Lücken vor allem in unserer sonst so brillanten medizinisch-biologischen Forschung. So gibt es Arbeitsgruppen, die die Bleiwirkung, andere, die die Wirkung von Kohlenmonoxyd auf den menschlichen Stoffwechsel untersuchen, wieder andere, die sich ausschließlich mit der Wasserchemie befassen, und solche, die sich in der Verkehrsplanung spezialisiert haben. Selbst wenn alle diese Gruppen sich in Fragen des Umweltschutzes engagieren würden, könnten sie bei der heute noch völlig fehlenden Koordinierung nichts anderes als eine jede ihren eigenen hausgemachten Umweltschutz ausarbeiten. Ein sinnloses Vorgehen, weil Mensch und Umwelt in einer Vielzahl von biologischen Regelkreisen miteinander in Wechselbeziehungen stehen. Jeder Eingriff in einen Teilbereich dieses Systems wirkt sich auf zahlreiche andere Teilbereiche aus. Eine ernstzunehmende Umweltwissenschaft kann deshalb nur überdisziplinär betrieben werden: durch Forschungsprogramme, in denen die Erkenntnisse der Ökologie, Chemie, Physik, Medizin, Psychologie, Soziologie, Volkswirtschaft usw. im Zusammenhang bearbeitet und ausgewertet werden [350].

Eine zweite Gruppe von Forschungslücken beruht auf dem Festhalten an althergebrachten, über die Anliegen des eigenen Fachgebietes nie hinausgegangenen Testverfahren. Davon sind vor allem die gesetzlich festgelegten Toleranzgrenzen betroffen, von denen eine beunruhigend große Zahl mit Sicherheit zu niedrig liegt, weil die realen Verhältnisse nicht berücksichtigt sind:

▷   So ist die Standardmethodik zur Bestimmung von Giftwirkungen der Kurzzeittest über einige

Tage oder Wochen. Langzeittests über Monate oder gar Jahre mit kleineren Dosen werden kaum durchgeführt. Verbreitete chronische Infekte wie Müdigkeit, Leistungsabfall, Abwehrschwächen, Rheuma und Allergien dürften in vielen Fällen auf solche Langzeitwirkungen von Giftspuren zurückzuführen sein. Sie werden jedoch als normale Gesundheitsschwächen einfach hingenommen, obwohl sie einen Milliardenverlust in der Volkswirtschaft darstellen.

▷   Die Tatsache, daß die bekannten gesetzlichen Toleranzgrenzen auf der Toxizität von Einzelsubstanzen statt auf Kombinationstests beruhen, basiert auf den gleichen veralteten Strukturen unserer Forschungsinstitute. Denn nur, wenn man auch die Summierung und vor allem den Synergismus, also das gegenseitige Verstärken von Giften mit noch unbekannter Gesamtwirkung zu erfassen versuchte, würde dies den realen Bedingungen entsprechen. Die vorliegenden Toleranzgrenzen von Einzelsubstanzen sind daher ganz einfach unreal, ja falsch, weil in der uns umgebenden Wirklichkeit nie irgendwelche Stoffe einzeln vorliegen, sondern immer im Gemisch mit einer großen Zahl anderer chemischer Verbindungen.

▷   Die permanente Gesamtbelastung des Organismus durch die ständig geforderte hohe Entgiftungsleistung aller Schadstoffe aus Luft, Wasser und Nahrung blieb bis heute unbeachtet. Durch die zusätzliche Arbeit unserer Zellen, mit diesen laufend anfallenden Giften fertig zu werden — und sie werden ja zunächst einmal lange Zeit damit fertig —, werden Kreislauf-, Stoffwechsel- und Immunsystem gewaltig überfordert und versagen dann bei der Erfüllung ihrer eigentlichen Aufgaben. Der Effekt ist also indirekt. Er wird praktisch nicht erforscht, obwohl er ebenfalls wieder durch Leistungsabfall, Arbeitsausfall usw. für hohe volkswirtschaftliche Verluste verantwortlich ist.

Ein drittes, erst spärlich erforschtes Gebiet ist die Wiederverwendung von Materialien, die Möglichkeiten des »Recycling«. Dazu schreibt der »Blueprint of Survival«[351]: »Dringend benötigt werden Wissenschaftler und Techniker, um die technologische Infrastruktur einer dezentralisierten Gesellschaft zu entwickeln. Dadurch, daß der volkswirtschaftliche Wert technischer Vorrichtungen mit ganz neuen Maßstäben gemessen wird, tun sich hier wirklich auch vollkommen neue Möglichkeiten für Forschung und Entwicklung auf. Eine ›Recycling‹-Industrie, die sich beträchtlich erweitert, hätte unzählige Möglichkeiten anzubieten, und auch in der Landwirtschaft dürfte es eine immer größere Nachfrage nach Ökologen, Botanikern, Entomologen, Mykologen usw. geben, um neue und bessere Methoden zur Erhaltung der Fruchtbarkeit des Bodens und zur Schädlingskontrolle zu entwickeln.«

Ein viertes wesentliches Versäumnis der bisherigen Forschungspolitik im Hinblick auf das Erkennen und Entwickeln von Lösungen in der Umweltproblematik betrifft das Gebiet der Bionik. Während die »erklärende« Kybernetik die typische Funktionsweise lebender Organismen zu erkennen versucht und in nicht-lebenden Systemen wie Maschinen analoge Funktionen nachweist, versucht die »gestaltende« Bionik technische Probleme nach dem Vorbild natürlicher Systeme und Organisationen zu lösen. Dazu folgende Erläuterungen:

▷   Es wurde einleitend betont, daß wir es bereits innerhalb einer einzelnen Zelle mit kompliziertesten »Feedback-Systemen« zu tun haben, deren Funktion bereits durch geringes Antippen an irgendeiner Ecke dieses Regelkreises eine Reihe von Konsequenzen nach sich zieht, damit das gesteckte Ziel, also hier der normale Stoffwechselablauf bzw. die Gesundheit des jeweiligen Organismus erhalten werden kann.

▷   Dieses Ziel wird im Regelkreis der Zelle auf dreierlei Wegen erreicht, die wir auch im großen kennen: Entweder wird die eingetretene Störung unter gewissen Opfern an *Energieaufwendung* wieder in Ordnung gebracht (das beträfe sozusagen ein finanzielles Problem), oder durch Verzicht auf weitere Zell*teilung* (das beträfe das Problem der Bevölkerungsvermehrung), oder durch entsprechende *Kontrolle* von Reaktionsabläufen (das wären sozusagen behördliche Maßnahmen).

▷   Vielleicht wäre es also ganz angebracht, den biologischen Vorgängen bei solchen Prozessen einige Tricks abzuschauen. Die Bionik, als das bewußte Absuchen der Natur nach neuen Ideen, bildet ja auf anderen Gebieten bereits einen anerkannten Wissenschaftszweig, der vor allem an amerikanischen Forschungsstätten mit den überragendsten Erfolgen von der Konstruktion von neuen Bauelementen bis zu einer umwälzenden Computertechnik aufwarten kann [352]. Warum also nicht auch auf dem Gebiet der Steuerung von gestörten Regelkreisen unserer Biosphäre?

▷   Es spricht zwar für die Wissenschaftspolitik unserer Bundesregierung, daß inzwischen die Bionik als besonders förderungswürdiger neuer Wissenschaftszweig erklärt wurde. Die Auswertung biologischer Strukturen und Funktionen ist jedoch trotz ihrer großartigen Erfolge erst in sehr wenigen Ansätzen zu spüren. Ein Zeichen für die Schwierigkeit, eine die Fachbereiche sprengende Behandlung solcher Themen allgemein einzuführen — und damit die Offenbarung einer weiteren wesentlichen Forschungslücke.

Es braucht nicht betont zu werden, daß gerade für die Umweltproblematik, wie dies schon am Beispiel der Raumordnung (Kapitel 11) gezeigt wurde, hier interessante Lösungsmöglichkeiten zu holen wären, indem man untersucht, wo in biologischen Bereichen ähnliche Probleme auftauchen, wie wir sie heute in der Umweltproblematik vorfinden: Abfallbeseitigung, Nahrungszufuhr, Kommunikation usw., und wie solche Probleme dort, z. B. auf dem Niveau der Zelle, der Organe oder des Nervensystems, gelöst werden. Es geht wohlgemerkt nicht darum, die biologischen Vorgänge zu kopieren, Analogien unreflektiert zu übernehmen, weil sie biologisch sind, weil sie »natürlich«, »gesund« und deshalb »gut« sind (Wachstum und Vermehrung sind ebenfalls biologische Prozesse, die, wie wir sahen, am falschen Platz oder in ungehemmter Fortschreibung zum Übel werden können), sondern sie als wertfreie Hinweise und Quelle für neue Ideen zu nutzen, auf die wir vielleicht sonst nicht oder erst viel später gekommen wären. Es wäre schlechterdings dumm, das Reservoir dieser durch mehrere Milliarden Jahre hindurch erprobten und verbesserten »Technologien« brachliegen zu lassen. Hierzu sei noch einmal besonders daran erinnert, daß die Biologie in den letzten Jahrzehnten eine ungeheure Wandlung durchgemacht hat und völlig neue Funktions- und Strukturprinzipien erkannt wurden. Aus einer statischen Biologie, die sich in der Klassifizierung von Strukturmerkmalen zur Einteilung der Arten erschöpfte, ist eine dynamische Biologie geworden, von der die moderne Bionik nicht nur im Hinblick auf neue Technologien, sondern auch für unsere Erkenntnis kybernetischer Gesetzmäßigkeiten wieder viel profitieren kann. Es empfiehlt sich daher, diese Forschungslücke besonders eingehend zu überprüfen.

Die »Society for Social Responsibility in Sciene« (Gesellschaft für Verantwortung in der Wissenschaft) verfaßte anläßlich ihrer Tagung 1971 in Trondheim eine Resolution für die Stockholmer Umweltkonferenz im Juni 1972, worin neben den schon angeführten noch auf folgende in die gleiche Richtung zielende Forschungslücken hingewiesen wurde [353]:

▷   Untersuchung der Schädigung aller Teile der Biosphäre einschließlich ihrer Mikroorganismen durch Schadstoffe.

▷ Erforschung von Wirtschaftsmethoden, die die konkreten Bedürfnisse des Menschen befriedigen, ohne Abfallprodukte an die Umwelt abzugeben, die die Gesundheit gegenwärtiger und zukünftiger Generationen beeinträchtigen könnten.

▷ Erforschung von Methoden zu einer schnellen Aufklärung der Öffentlichkeit mit Tatsachen über die wirtschaftlichen und gesundheitlichen Auswirkungen der Umweltverschmutzung (vgl. Kapitel 16 »Öffentlichkeitsarbeit«).

▷ Untersuchungen der nötigen Veränderungen unseres ökonomischen Systems, damit der Weltbevölkerung des 21. Jahrhunderts eine angemessene Lebensqualität in unserer Umwelt erhalten bleibt.

▷ Untersuchung der ökonomischen, soziologischen und psychologischen Schwierigkeiten, die der Durchführung von nötigen Maßnahmen zur Verhinderung weiterer Umweltzerstörung im Wege stehen.

In all diesen Fällen ist eindeutig projektorientierte, interdisziplinäre Forschung vonnöten, die zwar innerhalb der Industrie gang und gäbe ist, jedoch, da es sich hier fast immer um prophylaktische Forschung handelt, die — zumindest im Lichte kurzsichtigen Profitdenkens — keinen Marktwert besitzt, dort auf kein Interesse stößt; an den Universitäten und sonstigen Forschungsstätten wiederum wegen der dortigen Orientierung nach Fachdisziplinen nicht einzuordnen ist.
Daß die Verwaltungsinstanzen unserer Behörden nicht dazu beitragen können, das Denken und Arbeiten in Fachressorts zu überwinden, geht aus dem ausgesprochenen Ressortdschungel z. B. in der Bundesrepublik wohl ohne jeden weiteren Kommentar hervor. Die 14 Umweltressorts:

— Umweltschutzkoordinierung	— Lärmbekämpfung
— Raumordnung und Landesplanung	— Reinhaltung des Wassers
— Städtebau und Bauordnung	— Abfallbeseitigung
— Agrarpolitik und Agrarordnung	— Strahlenschutz und Radioaktivität
— Freizeit und Erholung	— Lebensmittel- und Umwelthygiene
— Naturschutz und Landschaftspflege	— Biozide und Schädlingsbekämpfung
— Reinhaltung der Luft	— Umweltfreundliche Technologien

verteilen sich in Bonn durch Mehrfachzuständigkeit auf 25 sich überschneidende Kompetenzen von 9 Ministerien. In den 11 Ländern auf weitere — in jedem Land wieder verschieden zuständige — 227 ministerielle Kompetenzen. Die somit insgesamt 252 in der BRD zuständigen behördlichen Kompetenzen (durchschnittlich 18 pro Umweltressort!) sprechen dem wirklichen Anliegen der letztlich nur als Gesamtkomplex und überregional zu behandelnden Umweltproblematik eindeutig Hohn. So blieben auch ausführliche Berichte, wie zum Beispiel der über 600 Seiten starke Materialienband zum Umweltprogramm der Bundesregierung[5], trotz des dichten Datenmaterials in dieser Hinsicht völlig unbefriedigend. Aus ihm spricht

▷ die Überforderung der Gesetzgebung, die einerseits helfen soll, andererseits von politischen Interessengruppen unabhängig bleiben muß: so wird sie gelähmt, weil jede Entscheidung allein schon durch die Kollision von Umweltschutzbedürfnis und Wirtschaftswachstum zwangsweise eine politische ist.

▷ das Fehlen fundierter Zielvorstellungen, nicht zuletzt aufgrund der großen wissenschaftlichen Lücken, die sich, wie gezeigt, durch fehlende Langzeit- und Kombinationstests der Gift- und Schadstoffe in völlig unrealistischen Toleranzgrenzen äußern.

▷ immer wieder ein Vorgehen, das weder größere Zeiträume noch größere Vernetzungen einbe-
zieht: das klassische Vorgehen der technischen Zivilisation bis heute, welches letztlich in das
bestehende Dilemma hineingeführt hat.

Für die Lösung unserer Umweltprobleme ist gerade diese Feststellung entscheidend. Denn wir dürfen
nicht erwarten, daß wir die fortschreitende Zerstörung unserer Biosphäre — und damit letztlich
auch unserer Lebensgrundlage — selbst mit noch so großem finanziellem Einsatz verhindern können,
wenn wir mit genau jenem punktuellen Vorgehen fortfahren, welches uns in die Situation hineingeführt hat, lediglich indem wir es auf die Umweltproblematik anwenden.

Ein Studium der Umweltwissenschaften

Fach-orientierung	Aufgaben-orientierung
+ Eigenbrötelei	+ Teamarbeit
= Zementierung von Problemen	= Lösung von Problemen

Das schon mehrfach angesprochene punktuelle Angehen losgelöster Teilaspekte, das — von wenigen Ausnahmen abgesehen — heute noch durchweg praktiziert wird, wurde uns bereits durch die fach-orientierte (anstatt einer aufgabenorientierten) Ausbildung in Schulen, Fachschulen und Hochschulen eingepflanzt. Die vielfältigen Aufgaben, die uns die Umweltproblematik in den kommenden Jahren stellen wird, verlangen, daß dann genügend Fachkräfte zur Verfügung stehen, die die Fähigkeit erlernt haben, über die Grenzen ihres Fachgebiets hinauszublicken, dessen Integration im System-zusammenhang einer gestellten Aufgabe zu erkennen und sich im Team mit anderen Fachkräften verständlich zu machen — wenn man überhaupt ernsthaft eine Lösung dieser Aufgaben erwägt.

Wie sieht nun der Bedarf rein zahlenmäßig aus? Ein Team der amerikanischen Bundesbehörde für den Umweltschutz (EPA) ist aufgrund einer umfassenden Studie zu der Überzeugung gekommen, daß sich bis 1975 der Bedarf an direkt auf dem Gebiet des Umweltschutzes Tätigen gegenüber 1970 ver-doppelt haben wird. Benötigt werden bis dahin 150 000 Techniker, 70 000 Ingenieure, 66 000 Tech-nologen und 28 000 Naturwissenschaftler [354].

Diese Zahlen entsprächen einer jährlichen zusätzlichen Ausbildungsrate von 14 %. Ein Nachholbedarf an Umweltfachkräften, der in den nächsten Jahren das Wachstum der Wirtschaft der BRD um ein Fünffaches, das der Weltbevölkerung um ein Siebenfaches übersteigen muß, um die zurückliegenden Versäumnisse einzuholen. Innerhalb der Ausbildungsprogramme bedeutet das eine zunehmende Ver-schiebung nicht nur zwischen den Fachbereichen, sondern auch in Richtung des angesprochenen neuen Typs vor allem der akademischen Ausbildung.

Hierzu einige Überlegungen, die auch die Grundlage einer größeren Untersuchung unserer Gruppe zum Aufbau eines neuartigen Studiums der Umweltwissenschaften abgaben [350]. Die außerordentliche Vielschichtigkeit der Wechselwirkungen zwischen Mensch und Umwelt sowie auch der komplexen Zusammenhänge der verschiedenen Umweltbereiche untereinander verbietet es meist, die Lösung der Probleme einseitig und von der Fachdisziplin her anzugehen. Darüber hinaus gibt es eine große Anzahl von Aufgaben, denen man nur auf *multidisziplinäre* Weise beikommen kann, das heißt nicht nur durch die Zusammenarbeit von Wissenschaftlern verschiedener Fachrichtungen, sondern erst durch enge Zusammenarbeit von Öffentlichkeit, von Kommunen, Massenmedien, Publizisten, Politikern, Städteplanern, Volkswirtschaftlern, Unternehmern und dem Gesetzgeber mit jenen Wissenschaftlern, insbesondere den Ökologen, Biologen und Verhaltensforschern. Ein solch multidisziplinäres Behandeln von Projekten wäre z. B. vonnöten, wenn es um die Planung eines neuen Kernkraftwerkes geht, um die Sanierung eines Flußgebietes, um die Einrichtung eines Naherholungsgebietes oder um Investitionen für neue Massenverkehrsmittel wie der Magnetschwebebahn, die — einmal geleistet — die Entwicklung meist nicht mehr steuern lassen. Wie die Erfahrung zeigt, ist eine solche — als einzige vor unliebsamen Überraschungen schützende — multidisziplinäre Berücksichtigung umweltbeeinflussender Pläne, Entwicklungen und Investitionen auf der Basis des heute vorherrschenden Typus der disziplinorientierten Fachausbildung illusorisch.

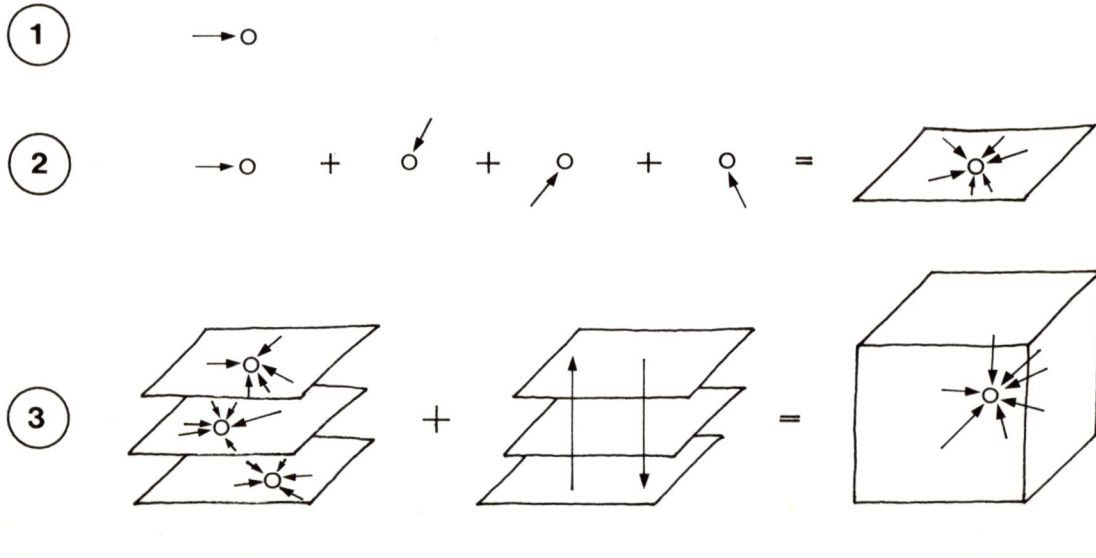

ABBILDUNG 25

Symbolische Darstellung verschiedener Denk- und Arbeitsansätze

1 Monodisziplinärer Ansatz. Von einem einzigen Fachgebiet ausgehend, punktuell, eindimensional.

2 Interdisziplinärer Ansatz. Gleichzeitig von mehreren Fachgebieten ausgehend (z. B. chemisch + physikalisch + medizinisch), flächig, zweidimensional.

3 Multidisziplinärer Ansatz. Von mehreren Ebenen und Fachgebieten ausgehend (z. B. naturwissenschaftlich + politisch + publizistisch), räumlich, dreidimensional.

Zur besseren Veranschaulichung der hier angesprochenen strukturellen Unterschiede von punktuellem, interdisziplinärem und multidisziplinärem Vorgehen wurden diese in Abb. 25 noch einmal bildhaft symbolisiert.

Bei der Konzeption eines Studiums der Umweltwissenschaften, das soweit wie möglich dem multidisziplinären Ansatz gerecht wird, wird man daher endlich einmal darauf verzichten müssen, das Pferd vom Schwanz her aufzuzäumen, d. h. also einmal nicht in der üblichen Weise von dem theoretischen Definitionsgebäude einer neu zu schaffenden »Umweltdisziplin«, deren Einordnung innerhalb der Fakultäten, ihrer Einteilung in Untergebiete und Fächer ausgehen, sondern damit begonnen, daß man sich an der Sache selbst orientiert. Das heißt, daß man von den realen, in Kapitel 1 dargestellten gegenseitigen Wechselbeziehungen zwischen Mensch und Umwelt ausgehen muß. Aus diesen Wechselbeziehungen ergeben sich als erstes zwei grundlegende Fragen:

Umwelt — Mensch: Wie ist die Sachlage, welche Problemkreise bestehen?

Mensch — Umwelt: Welche Aufgabengebiete ergeben sich im Hinblick auf eine Änderung der Sachlage?

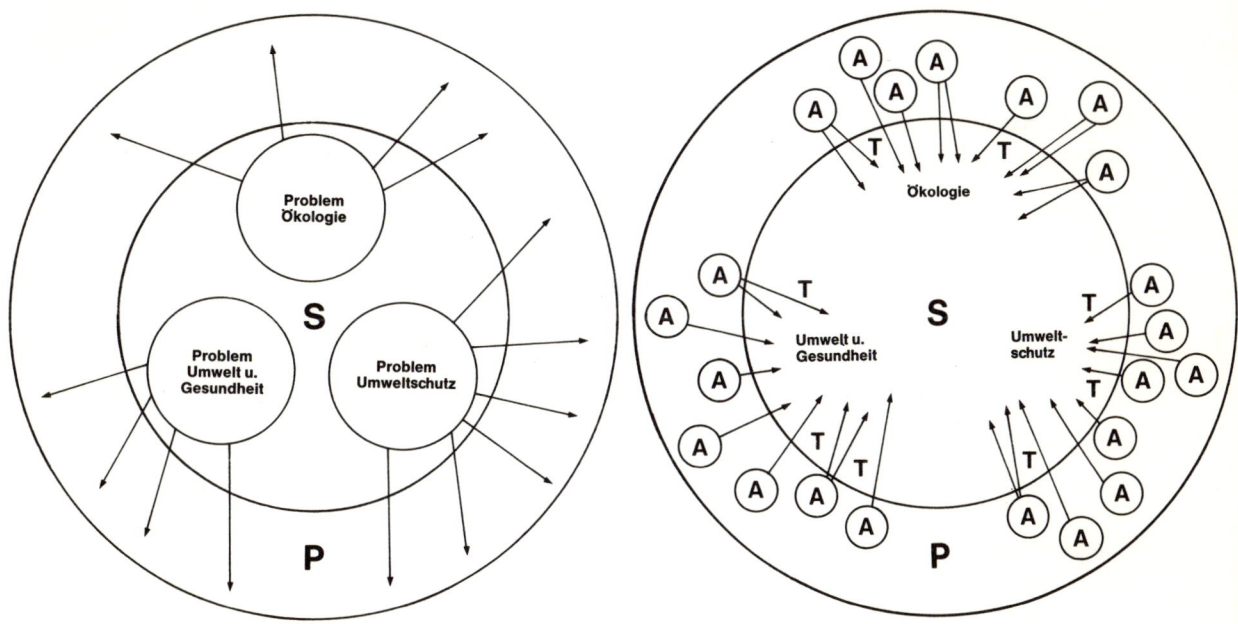

ABBILDUNG 26

Zur Konzeption eines aufgabenorientierten Umweltstudiums

Übergang von der Phase des Erkennens (linker Kreis: Die »Sache« S liefert Probleme an die »Person« P) auf die Phase des Wollens (rechter Kreis). In der »Person« P wandeln sich Probleme in Aufgaben (A) und in der Phase des Tuns später in Tätigkeiten (T).

Das bedeutet für das Curriculum (die Lehrplanfolge): Während der Ausbildung sollten die Problemkreise die Motivation liefern und die Aufgabengebiete die Kenntnisse bezeichnen, die zur Durchführung der Tätigkeiten notwendig sind.

Als Antwort auf die erste Frage, quasi als Antwort der Sache an die Person, finden wir folgende drei Problemkreise:

▷ Problemkreis Ökologie
▷ Problemkreis Umwelt und Gesundheit
▷ Problemkreis Umweltschutz und -sanierung

Auf die zweite Frage, quasi als Antwort der Person an die Sache, ergibt sich eine Vielzahl von Aufgabengebieten mit dem Ziel, die jeweiligen Problemkreise positiv zu beeinflussen. Dieser grundlegende Vorgang ist in Abb. 26 veranschaulicht.

Der simple Mechanismus dieses Vorgehens zeigt, daß im Hinblick auf eine wirksame Strategie positiver Umweltveränderungen eine entsprechende Problemanalyse (Phase des Erkennens) im Menschen zur Entstehung von Aufgabengebieten (Phase des Wollens) führt. Bevor wir zu den nun folgenden Phasen: des Tuns, der dafür nötigen Kenntnisse und Fähigkeiten und schließlich der diese Kenntnisse und Fähigkeiten vermittelnden Ausbildung kommen, soll eine Zusammenfassung der uns wichtig erscheinenden Aufgabengebiete einen Eindruck von den verschiedenartigen Ansatzpunkten der Umweltproblematik vermitteln, wie sie sich aus den drei Problemkreisen: Ökologie, Umwelt und Gesundheit, Umweltschutz und -sanierung ergeben haben:

AUFGABENGEBIETE: ORIENTIERUNGSBASIS FÜR EIN UMWELTSTUDIUM

1. Problemkreis Ökologie

A. Reine Ökologie

— Aufgabengebiet: Adaption von Tieren, Pflanzen und Mikroorganismen (Einzelwesen)
     Morphologische Adaption
     Physiologische Adaption
     Verhaltensanpassung
— Aufgabengebiet: Populationen (Fortpflanzungsgemeinschaften)
— Aufgabengebiet: Biozönosen (Lebensgemeinschaften)
— Aufgabengebiet: Ökosysteme
— Aufgabengebiet: Biosphäre

B. Angewandte Ökologie

— Aufgabengebiet: Festlandökologie
     Böden und Landwirtschaft
     Gewässer und Fischereiwirtschaft
     Wildleben und Forstwirtschaft
     Bodenschätze und Mineralwirtschaft
— Aufgabengebiet: Meeresökologie und Meeresbewirtschaftung
— Aufgabengebiet: Humanökologie
     Psychosoziologische Strukturen
     Adaptionsprobleme
     Städtebau und Städteplanung
     Raumordnung

2. Problemkreis Umwelt und Gesundheit

A. Umweltfaktoren und deren Wirkung auf den Menschen

— Aufgabengebiet: stoffliche Umweltfaktoren
        Luftverschmutzende Faktoren
        Wasserverseuchende Faktoren
        Nahrungsvergiftende Faktoren

— Aufgabengebiet: nichtstoffliche Umweltfaktoren
        Lärm und Streß
        Wärme
        Strahlung und elektromagnetische Felder

B. Ausarbeitung von Hygieneprogrammen

— Aufgabengebiet: Reinigung und Schutz der öffentlichen Wasserversorgung
— Aufgabengebiet: Abfallbeseitigung
— Aufgabengebiet: Luftreinigungs- und Belüftungstechniken
— Aufgabengebiet: Herstellung, Verarbeitung und Lagerung von Nahrungsmitteln

C. Systemzusammenhänge umweltbezogener Krankheiten

— Aufgabengebiet: Ätiologie umweltbedingter Krankheiten
— Aufgabengebiet: Ausarbeitung und Überwachung von Prophylaxe und Präventivmaßnahmen
— Aufgabengebiet: Dynamik der Häufigkeitsverteilung bestimmter Krankheiten in der urbanen und Industriegesellschaft
— Aufgabengebiet: Ernährungskrankheiten

D. Öffentlichkeitsarbeit für Umwelt und Gesundheit

— Aufgabengebiet: Aufklärung über Schadstoffe, Wirkungsweisen und Hygieneprogramme
— Aufgabengebiet: Erziehung zu individueller Aktivität in Hygiene und Umweltschutz
— Aufgabengebiet: Bewußtseinsbildung und Aktivierung der Öffentlichkeit zur umweltpolitischen Initiative

3. Problemkreis Umweltschutz und Sanierung

A. Umwelttechnologie

— Aufgabengebiet: Abführung, Reinigung und Wiederverarbeitung von Abfallprodukten
— Aufgabengebiet: Entwicklung und Einsatz von Instrumenten und Systemen zur Umweltüberwachung
— Aufgabengebiet: Sanierung verseuchter Umweltbereiche.

B. Umweltmanagement und -verwaltung

— Aufgabengebiet: Wirtschaftliche und volkswirtschaftliche Untersuchungen und Maßnahmen zum Umweltschutz
— Aufgabengebiet: Rechtliche und gesetzliche Maßnahmen zum Umweltschutz
— Aufgabengebiet: Administrative Fragen zur Koordinierung und Durchführung von Untersuchungen und Maßnahmen zum Umweltschutz.

In der nächsten Phase, der Aufstellung der *Tätigkeitsbereiche,* mit denen die Aufgabengebiete auszufüllen sind, zeigt sich sehr rasch, daß diese Aufgaben in der Tat einen multidisziplinären Ansatz erwarten, da jedes Aufgabengebiet nur von mehreren sehr verschiedenen Tätigkeitsbereichen voll erfaßt werden kann. Dabei stellt sich weiterhin sofort heraus, daß andererseits auch jeder einzelne Tätigkeitsbereich nicht nur bei einem, sondern bei einer ganzen Zahl von Aufgabengebieten zur Anwendung kommt. So ergeben sich automatisch Überschneidungen von Aufgabengebieten und Tätigkeitsbereichen (s. Abb. 27). Hierzu nur zwei Beispiele:

— Zum Problemkreis Umwelt und Gesundheit gehört das Aufgabengebiet »stoffliche Umweltfaktoren«, in dem mindestens folgende Tätigkeitsbereiche Anwendung finden: Analytische Chemie, Biochemie, Gesetzgebung, Histologie, Immunologie, Lebensmittelchemie, Limnologie, Molekularbiologie, Pharmachemie, Physiologie, Politik, Publizistik, Statistik, Systemanalyse und Toxikologie.

— Andererseits findet sich ein Tätigkeitsbereich, wie z. B. Lebensmittelchemie, quer durch die drei Problemkreise in den Aufgabengebieten: Meeresökologie und Meeresbewirtschaftung; stoffliche Umweltfaktoren; Herstellung, Verarbeitung und Lagerung von Nahrungsmitteln; Ernährungskrankheiten; Entwicklung und Einsatz von Instrumenten und Systemen zur Umweltüberwachung; Abführung, Reinigung und Wiederverarbeitung von Abfallprodukten.

Die zunächst hierarchische Struktur zwischen Problemkreisen und Aufgabengebieten geht also bei den Bezügen zwischen Aufgabengebieten und Tätigkeitsbereichen in eine quervernetzte Struktur über. Diese allein prägt bereits den verlangten Typ einer aufgabenorientierten Berufsausbildung entsprechend vor.

Die Ausbildung wird demzufolge einen Lehrplan verlangen, der sich entsprechend den drei Problemkreisen an drei Berufszielen orientiert:

▷ Ökologe
▷ Gesundheitsingenieur
▷ Umweltingenieur.

Jedoch mit dem großen Unterschied gegenüber der bisher üblichen Fachausbildung, daß das Berufsziel weder mit der speziellen Thematik dieser Fachausbildung (Physik, Mikrobiologie, Verhaltensforschung, Soziologie, Verwaltungsrecht usw.) identisch ist, noch daß die Fachdisziplin die zukünftigen Aufgaben des Ausgebildeten bestimmt. Sie wird ihm lediglich dazu dienen, die ihn interessierenden Aufgaben mit seinen speziellen Kenntnissen in Koordination mit anderen Experten zu bearbeiten. Dazu ist jedoch bereits von Anfang an in die Ausbildung eine Orientierung an- und eine Konfrontation mit konkreten Aufgaben einzubauen. Abgesehen davon, daß an vielen Stellen ein Ineinandergreifen der drei Berufsrichtungen möglich ist, dürften sich innerhalb jeder der drei Richtungen noch zusätzlich drei Schwerpunkte herausstellen:

Wissen — Tun — Verwalten,

die weitgehend von der persönlichen Struktur des einzelnen bestimmt werden sollten.

Mit einer solchen Einteilung in drei Berufsrichtungen mit jeweils den gleichen drei Schwerpunkten (wissenschaftlich, technologisch, administrativ), anstatt in Fachgebiete wie Biologie, Sozialwissenschaften, Biophysik etc. werden neue Wechselbeziehungen ins Spiel gebracht, welche die bisher getrennten Fachbereiche schon in der Phase des Erkennens überbrücken werden. So wird sich der Einzelne z. B. mit dem Berufsziel Ökologie ungeachtet seiner Fachrichtung, sei diese Physik, Biologie

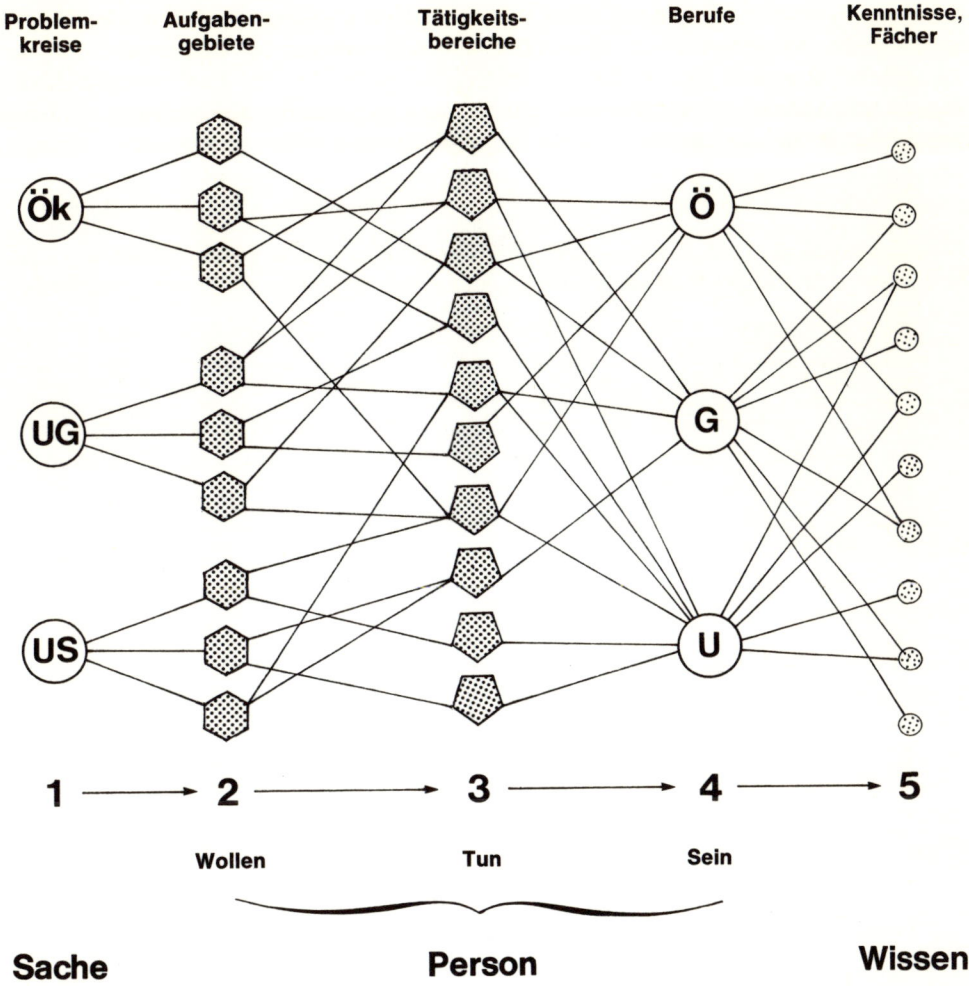

ABBILDUNG 27

Vernetzung von »Sache«, »Person« und »Wissen«

Aus jedem Problemkreis entstehen Aufgabengebiete, die auf mehreren verschiedenen Tätigkeitsbereichen bearbeitet werden müssen. Die Tätigkeitsbereiche werden – bei starker Vernetzung – drei Hauptberufen zugeordnet, zu deren Ausübung dann je nach Wahl der Ausgangsbasis die entsprechenden Kenntnisse (Fächer) notwendig sind.

Problemkreise:

ÖK = Reine und angewandte Ökologie
UG = Umwelt und Gesundheit
US = Umweltschutz und Sanierung

Berufe:

Ö = Ökologe
G = Gesundheitsingenieur
U = Umweltingenieur

oder Volkswirtschaft, in erster Linie als Ökologe fühlen. Nehmen wir weiterhin an, der berufliche Schwerpunkt des »Physikers« liege zufällig auf dem administrativen Bereich (z. B. Koordinierung von Überwachungsapparaten), der des »Biologen« mehr auf dem technischen Bereich (z. B. industrielle Mikrobiologie) und derjenige des »Volkswirtschaftlers« nun zufällig im wissenschaftlichen Bereich (z. B. kybernetische Theorie von Simulationsmodellen zum Kosten-Nutzen-Vergleich), so würden sie sich immer noch in zweiter Linie als administrativ, technisch bzw. wissenschaftlich arbeitende Ökologen fühlen und erst in dritter Linie als »Physiker«, »Biologe« und »Betriebswirt«.

Dies vorausgeschickt, dürfte nun auch die etwas schwierige Definition dessen, was unter »disziplinorientiert« und »aufgabenorientiert« verstanden wird, in einfachen Worten ausdrückbar sein:

— disziplinorientiert ist danach ein Physiker, den nur das interessiert, was ihn als Physiker »angeht«, der um der Physik willen seinen Beruf ausübt. Sein Ziel: Ausfüllung des Fachressorts (Abb. 28a).
— Aufgabenorientiert ist ein Physiker, den bestimmte Zukunftsaufgaben als solche interessieren und der die Physik als Instrument benutzt, jene Aufgaben zu lösen. Sein Ziel: Erfüllung der jeweiligen Aufgaben (Abb. 28b).

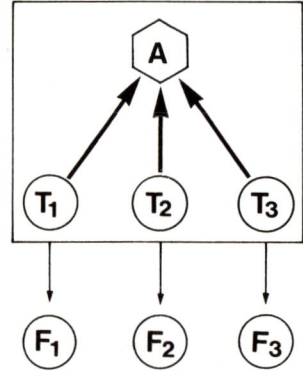

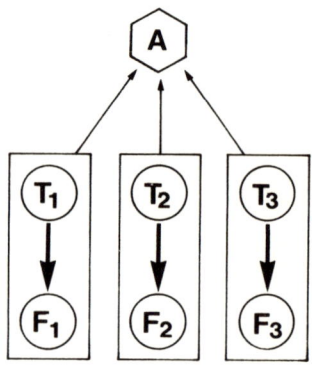

ABBILDUNG 28 a

Aufgabenorientierte Tätigkeit

Von innen gesteuerte, kreative Teamarbeit – aus dem Wollen der Gruppe heraus. Die Kommunikation zwischen T_1, T_2 und T_3 ist intern koordiniert. Effizient, da *gemeinsames* Ziel (= Erfüllung der Aufgabe A unter Einsatz der jeweiligen Fachkenntnisse F_1, F_2 und F_3).

ABBILDUNG 28 b

Disziplinorientierte Tätigkeit

Nur von außen gesteuerte, schwache Teamarbeit – nicht aus dem Wollen der Gruppe heraus. Kommunikation zwischen T_1, T_2 und T_3 entsteht nur durch externe Koordinierung. Ineffizient, da *getrennte* Ziele (= Ausfüllung der verschiedenen Fachressorts F_1, F_2 und F_3).

Der *aufgaben*orientierte Physiker ist zur Zusammenarbeit im Team weitaus fähiger, weil sein Ziel mit dem Ziel der anderen identisch ist, während der *disziplin*orientierte Physiker, der auf Verbesserungen und Fortschritte in seinem eigenen Gebiet fixiert ist, die Interaktionen mit den anderen Gebieten ignoriert. Eine aufgabenorientierte Ausbildung kann dieses Manko beseitigen, ohne daß dabei in irgendeiner Weise die Vermittlung eines exakten Fachwissens leiden müßte: Orientierung heißt Blickrichtung. Aufgabenorientiert heißt also lediglich »mit Blick auf die Aufgabe«, weshalb der aufgabenorientierte Wissenschaftler ebenso fest in seinem Fachgebiet stehen kann wie derjenige, der seinen Blick nur auf das Fach selbst gerichtet hat: ja, Tiefe und Breite des Verständnisses seines engeren Fachgebietes werden größer sein (Justus v. LIEBIG soll einmal gesagt haben: »Wer nur Chemie versteht, versteht auch die nicht recht!«).

Die hier angesprochenen und in Abb. 28 veranschaulichten Aspekte müssen daher schon weitgehend im Aufbau der Lehrpläne zum Studium der Umweltwissenschaften, der Umweltwirtschaft und der Umwelttechnologie berücksichtigt werden, um die von der Sache her gebotenen Anforderungen überhaupt erfüllen zu können. Andererseits zeigen sie, daß ein Studium der Umweltwissenschaften als solches — entgegen manch hartnäckig verfochtenen Einwänden — eben doch realisierbar ist und daß es bei der obigen Konzeption trotz seiner interdisziplinären Orientierung keineswegs zu Absolventen führen muß, die »von allem und daher von nichts« eine Ahnung haben.

Öffentlichkeitsarbeit 16

Verkennung der Tatsachen
+ Verlaß auf den Nächsten
= Selbstmord

Aufklärung über Zusammenhänge
+ Konsequenzen ziehen
= Überleben

In den zurückliegenden Kapiteln wurde schon mehrfach auf die Bedeutung natürlicher Regelkreise und Symbiosen hingewiesen, auf solche zwischen Mikroorganismen und Pflanzen, zwischen Tierarten untereinander, Pflanzen (Nahrungsbedarf) und Boden (Nahrungsreservoir), Bakterien und Säugetieren (Pansenmikroben der Kuh), menschlicher Atmung (Sauerstoffverbrauch) und pflanzlicher Photosynthese (Sauerstofferzeugung) und viele andere, deren Mißachtung schwerwiegende Folgen für die Ökosysteme und auch für uns haben können. Eine genauso lebensnotwendige Symbiose, die lange Zeit vernachlässigt wurde und deren Folgen nicht zuletzt in der Umweltproblematik zutage getreten sind, ist die Symbiose zwischen Wissenschaft und Gesellschaft.

Denn auch heute noch erfährt die breite Öffentlichkeit höchstens sporadisch durch die Nobelpreisverleihungen, den Bau neuer Forschungszentren oder Kernreaktoren oder die sich in der letzten Zeit häufenden, zum Teil unqualifizierten Berichte über Umweltkatastrophen, einen Bruchteil der im Grunde für sie äußerst wichtigen Vorgänge in der wissenschaftlichen Welt.

Nur wenn dieser Informationsfluß und damit eine Grundbedingung für eine erfolgreiche Symbiose gewährleistet ist, wird die Wissenschaft über öffentliche Meinung, Parlament und kommunale Zusammenarbeit auf spontane Unterstützung und Verständnis von seiten der Bevölkerung hoffen können.

Es läßt sich nicht mehr leugnen, daß vor allem wir Wissenschaftler stärker versuchen müssen, Brücken zu schlagen zwischen isolierten Forschungsergebnissen, ihren Anwendungsmöglichkeiten in der Praxis und den allgemeinen Auswirkungen auf unsere Zukunft. Offenbar ist das sehr schwer. Denn mit dem Abgehen von einem dem Uneingeweihten unverständlichen Fachchinesisch ist neben dem Verlust an Prestige zwangsweise auch ein Karten-auf-den-Tisch-legen verbunden, das dem herkömmlichen Typ des Wissenschaftlers wenig behagt. Warum? Weil er dann beurteilt, weil er sinngemäß kontrolliert werden kann.

ABBILDUNG 29

Zur Vermeidung dilatorischer Formelkompromisse fordert eine optimalisierte Umweltpolitik . . .

. . . die Institutionalisierung rationaler Zielfindungsprozesse, die operational definierbar sind . . .

. . . und divergierenden Zielen im Sinne praktikabler Konkordanz angepaßt werden können[362].

Gegenseitige Kontrolle von Wissenschaft und Gesellschaft wird jedoch für die Zukunft immer wichtiger. Wenn somit wirksame Maßnahmen zum Umweltschutz nur mit Zustimmung und Unterstützung oder sogar nur unter dem Druck der Öffentlichkeit durchgesetzt werden können, erscheint eine Aufklärung und damit Einsicht der Öffentlichkeit auf völlig neuem Niveau notwendig und sollte daher unter Berücksichtigung der auch in diesem Buch angeschnittenen konkreten Systemzusammenhänge neu konzipiert werden.

Diese Forderung nach einer neuen Ebene der Öffentlichkeitsarbeit ist um so bedeutender, als unser plötzliches Interesse an der Umweltproblematik wahrscheinlich keine Modewelle ist, wie man glauben könnte, sondern offensichtlich der Beginn eines neuen Bewußtseins, das wieder das Gefühl einer längst vermißten Verbindung mit unserer Biosphäre, ja mit dem Kosmos vermittelt, so wie wir es in der Vergangenheit auf der mystisch-religiösen Ebene einmal besaßen, doch mehr und mehr verloren haben. Vielleicht *mußten* wir sogar die Verbindung auf dieser mehr emotionalen romantischen Ebene verlieren, um sie auf der Ebene eines wachen Verstandes wiederzufinden.

ZUR LAGE

Sucht man nach einem historischen Ereignis, welches diese neue Epoche markieren könnte, dann ist es der erstmalige Verzicht auf einen machbaren technologischen Fortschritt, nämlich der Stop der Weiterentwicklung des Supersonic Transport (SST), des Überschall-Luftverkehrs in den USA. Ohne die massive Öffentlichkeitsarbeit über die Konsequenzen einer Mißachtung unserer Umwelt wäre dieser Schritt nicht erfolgt. Und wenn er über ein erstes Flackern eines neuen Bewußtseins verlief, hat die Öffentlichkeitsarbeit an jenem Bewußtsein entscheidend mitgewirkt.

Die erste Phase des Aufrüttelns, die polemische, anklagende, unsere Empörung mobilisierende Phase dürfte jedoch inzwischen ihr Soll erfüllt haben und langsam vorbei sein (»Ketten für Prometheus«, »Der stumme Frühling«, »Der programmierte Selbstmord«, »Bis das Meer zum Himmel stinkt«, »Das Selbstmordprogramm« etc.). Eine Fortführung dieser stark emotional geprägten Aufklärung wird in Zukunft nur noch bedingt konstruktiv sein. Sie führt über das Schreckgespenst der »Ausweglosigkeit« entweder zur Hysterie oder — häufiger noch — zur Lethargie, je nach Veranlagung des betreffenden Lesers.

Düstere Farben schrecken nicht mehr, auch keine toten Fische, wenn die weitere Information fehlt. Gefühlvolle Naturapostel haben ausgespielt. Die zweite, die rationale Phase, hat begonnen. Man will gesicherte Fakten, will nicht nur wissen, daß Kohlenmonoxyd oder Lärm oder Streß gefährlich sind, sondern wie sie wirken, welche konkreten Konsequenzen das hat, wie die Dinge zusammenhängen. Übertreibungen führen dagegen zu Unglaubwürdigkeit, da die ständige Konfrontation mit einer zwar irritierenden, aber zunächst nicht tödlichen Realität ernüchtert. Erst wenn der Bürger die konkreten Bezüge zwischen Ursache und Wirkung erkennt, kann er bereit sein, Gewohnheiten zu ändern und auch Maßnahmen zu unterstützen, die unbequem erscheinen [355].

Der weitaus größte Teil der Bevölkerung scheint heute die Notwendigkeit des Umweltschutzes zu bejahen. Eine erstaunliche Entwicklung, wenn man bedenkt, daß noch im September 1970 laut einer Umfrage 59 % der Bevölkerung niemals von Umweltschutz etwas gehört oder gelesen hatten (im Frühjahr 1972 waren es nur noch 8 % [356]). In den USA haben sich bis heute schon über 3000 Vereinigungen auf lokaler und bundesstaatlicher Ebene gebildet, die die Umweltschäden bekämpfen [357]. Ebenso konstituieren sich die bundesdeutschen Bürgerinitiativen allmählich zu einem politisch und wirtschaftlich ernst zu nehmenden Faktum [358].

Leider hängt sich, von der anachronistisch emotionalen Plattform ausgehend, eine Reihe von Naturschutzvereinen, Sekten und fanatischen Einzelpersonen an die nüchternen Bemühungen zur Aufklärung der Umweltproblematik, ohne zu merken, daß sie der guten Sache, der sie dienen wollen, mehr schaden als nutzen. So ist es zwar begrüßenswert, wenn etwa der Bund Naturschutz in Bayern einen Umweltnotdienst eingerichtet hat, der mittlerweile über 5000 Beschwerden wegen Lärm, Luftverunreinigungen, unerlaubter Müllablagerungen, Gewässerverschmutzung etc. registrierte. Grotesk jedoch ist es, wenn es z. B. in einem Presseartikel der Süddeutschen Zeitung [359] über diesen Umweltnotdienst heißt:

»Ein besonders krasser Fall von Umweltverschmutzung« sei der ungenehmigte Bau eines Wochen-
endhauses im Landkreis Deggendorf. Nach Angaben des Bundes Naturschutz habe sich der
Bauherr die Genehmigung durch den bewährten Trick erschlichen, ein Bienenhaus errichten zu
wollen. Bei diesem Bau habe das Landratsamt Deggendorf eindeutig versagt, weshalb der Bund
Naturschutz Dienstaufsichtsbeschwerde bei der Regierung erheben würde.

Neben diesem »besonders krassen Fall von Umweltverschmutzung« erscheint eine offizielle Anfrage
der Interparlamentarischen Arbeitsgemeinschaft für Umweltfragen an den Deutschen Bundestag, ob
die aus den Eisenbahnzügen zwischen die Geleise fallenden Fäkalien umweltgefährdend seien, nicht
minder schildbürgerhaft [360]. Diese Anfrage wurde in der Tat bearbeitet und nach entsprechender
Überprüfung durch Sachverständige dann auch mit der beruhigenden Feststellung, daß keine Um-
weltgefährdung vorliege, beantwortet. Solange man sich mit solchen Dingen aufhält und sich die Aktivität von Umweltministerien noch hauptsächlich im Aufstellen von Parkbänken und Anlegen von Wan-
derwegen erschöpft, kann nicht behauptet werden, daß die eigentlichen Probleme des Umweltschutzes
von der Öffentlichkeit erkannt wären.

Die Industrie ihrerseits hat längst verstanden, daß begeistertes, aber unfundiertes Interesse der breiten
Bevölkerung für den Umweltschutz geschickt für die Anpreisung ihrer Produkte ausgenutzt werden
kann. Hier einige typische Beispiele:

▷   Mit Shell M 400 reinere Luft und noch mehr Kilometer!
▷   Aral sorgt für mehr Kilometer in reinerer Luft — die saubere Lösung für jeden Motor!
▷   Die Kraft und die Sicherheit. BP garantiert optimale Verbrennung, das bedeutet 1. für den
     Motor mehr Kraft und 2. für die Umwelt reinere Luft!
▷   Umweltschützer — von 2 bis 125 PS — kein Johnson läßt Öl ins Wasser ab. Und jeder ist
     optimal schallgedämpft. Johnson-Motoren sind Umweltschützer.

Doch die besten Zusätze können nicht verhindern, daß nach Verbrennung mit jedem weiteren Liter
Kraftstoff die Umwelt mehr belastet ist als vorher. Die geschickte Werbung läßt aber unbewußt den
Eindruck zurück: Wenn ich mit diesem Kraftstoff oder jenem Motor fahre, wird die Luft sauberer [355].

Einen ähnlichen Weg, in das gleiche Horn zu blasen wie die Umweltschützer, beschreiten die Farbwerke HOECHST, indem sie für den Erosionsschutz des Bodens plädieren. Nicht etwa durch boden-
freundliche Düngung und Verwendung von Humus, was ja den Kunstdüngerverbrauch beeinträchtigen könnte, sondern durch Besprühung mit Curasol, einer Kunststoffdispersion, die den Boden wie
ein unsichtbares Netz bindet. Das Verfahren ist mit Sicherheit für die zukünftige Ernährung der
Menschheit, vor allem in semi-ariden Gebieten mit künstlicher Bewässerung von großem Wert, hat
aber nichts mit Umweltschutz zu tun — zumal man noch recht wenig über die Symbiose der Bodenorganismen mit Kunststoff weiß. Die ganzseitige Anzeige der Farbwerke Hoechst schließt jedoch mit
der Schlagzeile: »Curasol im Zeichen des Umweltschutzes.«

Daß die Industrie zur Imagepflege auf der »Umweltmasche« reitet, ist im Grunde erfreulich — spiegelt
es doch die von den PR-Leuten offensichtlich festgestellte Popularität des Umweltschutzes in der Bevölkerung wider; es zeigt aber auch gleichzeitig den tiefen Informationsstand über die tatsächlich vorliegenden Zusammenhänge.

KONSEQUENZEN

Anstelle der bisherigen Öffentlichkeitsarbeit in der Umweltproblematik, die mit emotionalen Naturschutzparolen vor allem an das Gefühl, nicht aber an den Verstand appellierte, muß eine gezielte und auf weitgehende Information gestützte attraktive Aufklärung treten. Polemische Angriffe auf Industrie, Staat und Behörden nützen hier ebensowenig wie pauschale Warnungen oder Schwarzmalereien. Nur Sachzwang überzeugt. Übertreibungen und ungesicherte Daten bieten lediglich Angriffsflächen und sind zudem unnötig, weil die gesicherten Daten den Ernst der Lage genügend illustrieren.

Umweltschutz ist teuer; aber Umweltverschmutzung ist teurer. Industrie und Bevölkerung als die beiden Hauptbeteiligten wären durch eine entsprechende Aufklärung der Öffentlichkeit über einen möglichen *Profit* durch Umweltschutz weit eher zur Durchführung geeigneter Maßnahmen zu gewinnen als bisher. Man sollte dieses Profitdenken nutzen und einsetzen. Man sollte zeigen, daß der Schutz der Umwelt und damit das Funktionieren der äußerst rationell arbeitenden Regelkreise zwischen Boden, Luft, Wasser, Pflanze, Mensch und Raum à la longue profitabler ist als eine weitere Belastung dieser Umwelt.

Ein Profit entsteht aber auch schon durch Vermeidung von Verlusten. Den Mechanismus dieser Verluste aufzuzeigen, wäre ein weiterer Punkt, der bisher in der Öffentlichkeitsarbeit zu kurz kommt. So wenig Fakten die bisher noch unkoordinierte Forschung liefert, so reichen sie, wie die vorangegangenen Kapitel zeigen, doch zu ersten bedeutenden Schätzungen der durch Umweltschutz verringerbaren Belastungen des Sozialprodukts bereits aus, wie Verluste durch Krankheit, psychosomatische Störungen, Korrosion, erhöhte Kosten der Trinkwasseraufbereitung, Leistungsabfall, Zeit- und Materialverlust, Verkehrsstauungen usw.

Man sollte dazu bei der Aufklärung mit etwas mehr Mut die wissenschaftlichen Zusammenhänge beim Namen nennen, seien es die großen Regelkreise zwischen Boden, Wasser und Nahrung oder die eigentlichen Wirkungen von Blei, Lärm, Streß und Pestiziden auf den Organismus, statt lediglich zu warnen und zu verängstigen. Nur so läßt sich über eine flüchtige Besorgnis hinaus ein echter Einsatz des Bürgers erwarten, der um so eher mitspielt desto weniger er durch Nichtwissen verunsichert ist. Außerdem wäre es wichtig, der Öffentlichkeit über das Vermögen und Unvermögen der Medizin reinen Wein einzuschenken. Ein weiterer Punkt wäre schließlich, das Thema Prophylaxe weitaus intensiver zu behandeln, indem der Öffentlichkeit, das heißt dem einzelnen Bürger wie auch den kommunalen Behörden Programme und Maßnahmen vorgeschlagen werden, die auch konkret zeigen, daß Krankheiten ein vermeidbares Übel sind.

Gerade für die Entwicklung einer aktiven Prophylaxe ist ein Umdenken des Einzelnen nötig. Die magere Nutzung der bisher dem Bürger angebotenen Möglichkeiten für kostenlose Vorsorgeuntersuchung (z. B. gegen Krebs) beruht nicht zuletzt auf der jahrzehntelang eingetrichterten, letztlich vorbeugungsfeindlichen Haltung: Hole dir keinen Krankenschein und belästige nicht deinen Arzt, wenn es nicht wirklich dringend ist [358]! Auch in anderen Fällen kann man von einem Appell an die Aktivität des einzelnen nicht zuviel verlangen, ohne ihm in grundsätzlichen Entscheidungen wenigstens eine gewisse Hilfestellung von seiten der Wissenschaft und der Behörden zu geben.

Es sei hier nur an die unerhörte Prostitution des Staates erinnert, der sich z. B., von kurzsichtigem

Profitdenken im Hinblick auf die Genußsteuern geleitet, immer noch weigert, ein Verbot der Zigaretten- und Alkoholreklame auszusprechen. Die volkswirtschaftlichen Verluste durch Produktionsausfall, Krankenkosten und Leistungsabfall durch den nachgewiesenermaßen z. B. durch Zigarettenkonsum erhöhten Prozentsatz von Lungenkrebs und Herz- und Kreislaufkrankheiten übersteigt mit großer Wahrscheinlichkeit die durch solche Steuereinnahmen erzielten Gewinne um ein Vielfaches (vgl. Kapitel 5, »Streß und Lärm«).

Schließlich sollte man die Bevölkerung zu instruieren beginnen, daß die meisten Politiker, Minister, Verbandspräsidenten, Konzernchefs und erst recht Gruppenorgane wie Industrieunternehmen, Aufsichtsräte und Ärztekammern prinzipiell auf Beeinflussung reagieren. In vielen Fällen nach einem in der Naturwissenschaft, z. B. für chemische Reaktionen recht bekannten Gesetz, dem »Prinzip des kleinsten Zwanges« von LE CHATELIER. Bei den vielen steuernden und schiebenden Kräften der unterschiedlichen Lobby, des Prestigedenkens und des Fraktionszwangs, die automatisch dies und jenes tun lassen, kann oft eine weitere Kraft den Ausschlag geben. Diese Kraft sollten wir — d. h. eine aufgeklärte Bevölkerung — liefern.

Es soll versucht werden, aus den vorgebrachten Empfehlungen zum Schluß noch einige Hinweise für die konkrete Gestaltung wichtiger Bereiche der Öffentlichkeitsarbeit herauszustellen, wobei vor allem das Fernsehen als das in der Umweltpolitik wohl wichtigste Massenmedium zur wirksamen Information breiter Bevölkerungskreise angesprochen ist [361].

1. Konkrete Verbesserungshinweise, Rezepte, Abhilfen und nicht zuletzt neue Erkenntnisse sollten die bisherigen pauschalen Warnungen ersetzen.

2. Zu diesen Erkenntnissen gehört vor allem die Vernetzung der Regelkreise, deren Mißachtung durch die aufgabenfremde, fachgebietsorientierte Struktur der modernen Hochschulinstitute das Desaster überhaupt soweit anwachsen ließ.

3. Diese Vernetzung verlangt, daß die gezeigten Aspekte, seien es Lärm, Müll, Städtebau, Gewässerschutz, immer von mehreren Ebenen beleuchtet werden müssen, obwohl die Wissenschaft zugegebenermaßen für eine solche Darstellung bislang noch wenig Material liefert.

4. Jede Fernsehsendung sollte exakte wissenschaftliche Originaldaten, Bezüge zwischen Ursache und Wirkung, Messungen und Einblicke in den Mechanismus der Schädigung oder der Abhilfen aufweisen. Diese Beispiele sollten originell sein und auf konkreten Sachzusammenhängen basieren.

5. Der volkswirtschaftliche Zusammenhang zwischen Umweltschäden und sozialer Belastung sollte die gefürchteten Ausgaben für den Umweltschutz als Scheinkosten entlarven und zeigen, daß manche Lösungen letztlich für alle profitabel sind.

6. Eine Einführung von Kategorien wie »umweltfeindlich« und »umweltfreundlich« sollte entsprechende Wertungen, Preise und Strafpunkte ermöglichen.

Zu den auf diese Weise anzusprechenden Kreisen zählt nicht nur der einzelne Bürger, sondern auch Staat, Behörden, Parteien, Industrie, Verwaltung und nicht zuletzt die Wissenschaftler und Ärzte selber. Denn erst durch den gegenseitigen Kontakt, das heißt durch die so mögliche Überprüfung der Relevanz ihrer Arbeiten an der Rückwirkung über die Öffentlichkeit und umgekehrt durch das beginnende Interesse der Öffentlichkeit an der Durchführung wissenschaftlicher Arbeiten, insbesondere der noch offenen Lücken, wird die oben angesprochene Symbiose in Gang kommen können.

Schließlich sollte das Ergebnis jeder Aufklärung die Erkenntnis stärken, daß es nicht nur *eine* mögliche Zukunft, sondern deren verschiedene gibt. Die beste Motivierung der Eigeninitiative ist die Überzeugung, daß man auch als Einzelner nicht einem unentrinnbaren, allmächtigen Trend ausgeliefert ist, sondern daß das Bild der dann tatsächlich eintretenden Zukunft auch von der eigenen Mitgestaltung abhängt und darüber hinaus natürlich vom Wissen, wie eine solche Mitarbeit zu bewerkstelligen ist.

Ein neues Bewußtsein

Heutige Menschendichte + vorkybernetische Zivilisationsstufe ———————————— = Selbstmord	Heutige Menschendichte + kybernetische Zivilisationsstufe ———————————— = Überleben

Wenn die in diesem Buch aufgezeigten Entwicklungen eine Voraussorge verlangen, wie die Menschen sie wohl noch nie gekannt haben, so sollte man sich vor Augen halten, daß sich im Laufe der Menschheitsgeschichte schon mehrfach ein Bewußtseinswandel gegenüber der Zeit vollzogen haben muß. »Auf der Stufe des primitiven Jägers und Sammlers dachten die Menschen um Tage voraus. Das nächste Jahr war ihnen fremd. Auf der Stufe des Pflanzers, die sich — grob gesehen — von der Neusteinzeit bis ins Mittelalter hinzog, bezogen Denken und Handeln den nächsten Sommer mit ein. Heute kalkulieren Gemeinden und Regierungen mit einem mehr oder weniger zufälligen Nebeneinander von Jäger- und Sammlerbewußtsein, Pflanzerbewußtsein und, wenn es hoch kommt, mit den zu erwartenden Veränderungen der nächsten Dekade.«[363]

Eine der Umweltproblematik angemessene Prophylaxe verlangt — da die zeitliche Verschiebung unter den aufgezeigten Regelkreisen und ihren jeweiligen Feedback-Effekten eine Wirkung oft erst Jahre nach der Ursache auftreten läßt — offenbar die Einbeziehung weit größerer Zeiträume in die »politische« Planung des Menschen, als sie unserer bisherigen Kulturstufe entspricht. »Über unsere Generation hinaus, also 50 oder 100 Jahre weiterzudenken, erscheint nämlich heute noch als absurde Zumutung — so fern und so wenig unsere augenblicklichen Sorgen berührend, wie für den primitiven Sammler das Bestellen des Feldes im Hinblick auf eine spätere Ernte mit Saatgut und mit Pflänzchen, die er doch viel besser gleich verspeisen könnte.«[363] So wie jedoch die Primitivkulturen mit zunehmender Bevölkerungsdichte damit nicht mehr weiterkamen und Pflanzer und Ackerbauer werden mußten, das heißt sich von der Eintags-Planung auf die 365mal größere Jahresplanung erheben mußten, müssen wir uns nunmehr von dieser immer noch herrschenden Jahresstufe (jährliche Haushaltsplanung, Fünf-Jahres-Pläne, mittelfristige Finanzplanung) und von ihrer Beziehungslosigkeit gegenüber vernetzten Problemen auf die nächst höhere Zivilisationsstufe begeben, müssen auch wir unser zeitliches Bewußtsein wandeln und das nächste Jahrhundert in den Interessenkreis unserer heutigen Handlungen mit einbeziehen.

Mit jedem neuen Millimeter auf der exponentiell hochschnellenden Wachstumskurve der Menschheit finden wir heute neue Bedingungen vor (vgl. Abb. 30). Eine Bevölkerungszunahme und ihre entsprechende Umweltveränderung, die der Menschheit früher einige hunderttausend Jahre Zeit ließ, erfolgt so heute in wenigen Jahren. Während früher also das Wahren einer Tradition der natürlichen Bevölkerungsbewegung entsprach, so tut es das heute nicht mehr. Bei der heutigen exponentiellen Vermehrung kann in gewissen Fällen Tradition Gift, ja tödlich sein. Denn wo die traditionelle Festlegung, die starre Regel auch beginnt, sie mag zunächst noch so zeitnah sein, im nächsten Moment stimmt sie schon mit der wieder neuen Wirklichkeit nicht mehr überein.

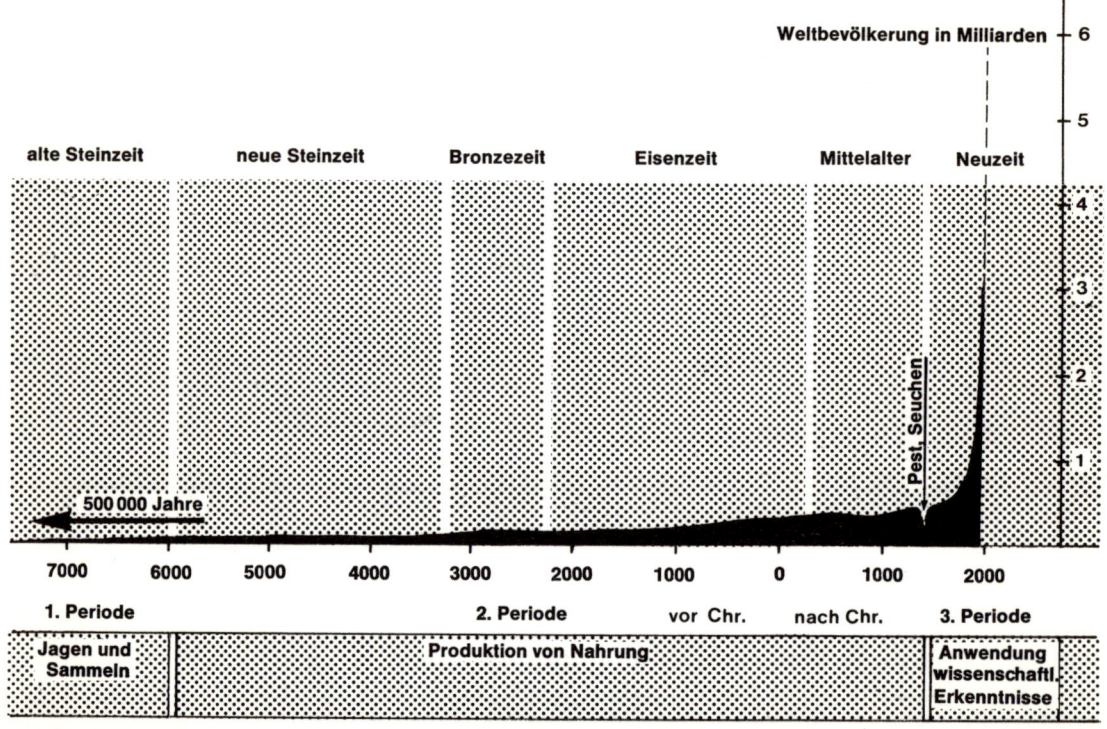

ABBILDUNG 30

Wachstumskurve der Weltbevölkerung
(nach loc. cit. [172]).
(Beginn der Frühsteinzeit im Maßstab dieser Zeichnung etwa 7 m weiter links!)

Statische Normen sind in unserer Zeit schon im Moment ihrer Aufstellung wieder falsch und daher als Norm nicht zu gebrauchen. Wir sind gezwungen, eine völlig neue Art von Norm zu wählen, die eben nicht mehr auf statischen Strukturen, sondern auf Dynamik basiert [364]. Eine Norm sollte heute nicht mehr in irgendeinem momentanen Bild der sich ständig verändernden Umwelt verankert werden, sie sollte nicht die Lage von Punkten, den »Abstand von der x-Achse«, sondern die Richtung von Tendenzen, die »Steigung der Kurve«, angeben. Eine solche *dynamische Norm* kann wieder zu einer neuen Ordnung werden, weil sie selbst unter sich verändernden Bedingungen lange ihre Gültigkeit behält. Um sie aufzustellen, müssen zwangsläufig sämtliche Tabus, die auf der statischen Norm vergangener Zeiten beruhen, aufgegeben bzw. ausschließlich von ihrem praktischen Sinn her beurteilt werden.

Die Verhaltensforschung zeigt, daß Tieren ein Verhalten entsprechend der natürlichen Umwelt eingepflanzt ist. Bei Versetzung in eine andere Umwelt (z. B. in Gefangenschaft) werden vorher sinnvolle Handlungen beibehalten, obwohl sie nun sinnlos sind. Verhaltensweisen, die auch für uns zu früherer Zeit einmal sinnvoll waren, sind aus dem selben Grunde jetzt hinderlich, wenn nicht sogar tödlich geworden. Der Wissenschaftspolitiker MENKE-GLÜCKERT drückte dies z. B. für den Bereich unserer Verwaltungen folgendermaßen aus:

> »Ein mechanisch-statistisches Weltbild, entworfen vor 300 Jahren, gab die Modelle für nationale Kabinette, Parlamente, Bürokratie und diplomatische Formen. Das überholte Nationalstaatskonzept versperrt den Weg für klare Analysen und behindert die Planung des Notwendigen [186].«

Obwohl sich die Öffentlichkeit zunehmend darüber im klaren ist, daß Gesundheit und kreative Leistungsfähigkeit des Menschen zur Zeit davon betroffen werden, daß sich zum ersten Mal in der Geschichte unseres Planeten die Größe der Erde als ein quantitatives Problem ergibt, besteht keine Klarheit darüber, wie die zukünftige Entwicklung zu steuern ist. Hier werden sinnvolle und sinnlose Wege, die aus dem Dilemma herausführen könnten, durch den wechselseitigen Einfluß der verschiedensten Interessengruppen völlig durcheinandergeworfen.

In der Tat sehen wir uns zur Zeit einem Nebeneinander von drei Bestrebungen gegenüber, die drei verschiedenen Bewußtseinsstadien entsprechen:

1. Zurück zur Natur
2. Weitermachen wie bisher und
3. Einführung kybernetischer Denkweisen und Technologien.

▷ Ein Zurück zur Natur durch einfaches Aufgeben der zivilisatorischen Errungenschaften würde bei weitem kein Leben ohne Krankheit bedeuten. Der allgemein schlechte Gesundheitszustand unzivilisierter Völker beweist das. Ausnahmen wie die Hunsa, Mabaan oder Xinguagos zeigen, daß die Bedingung für ihre Gesundheit völlige Isolation ist, und damit, daß dieser Weg bei der heutigen Gesamtbevölkerungsschicht utopisch ist.

▷ Die zweite Möglichkeit wäre diejenige, auf dem bisherigen Wege fortzufahren. Zum Beispiel in der Medizin: Mehr Medikamente für mehr Menschen, schnellere Diagnosen, schnellere Verabreichung von therapeutischen Hilfen, vollständige Erfassung der Gesundheitslage auf der Welt und Etablierung einer perfekten Hygiene. Dieser technologische Weg würde zu einer absoluten Vergewaltigung der Natur (uns eingeschlossen) durch Chemie, Technik und Medizin führen. Das Endstadium, die vollmechanisierte, vollmedikamentisierte, keimfreie Welt wäre jedoch, da sie sich nicht mehr im natürlichen Gleichgewicht mit der Biosphäre befindet und als geschlossenes System außerhalb der großen Regelkreise stünde, in ihrer Starrheit so labil, daß die kleinste Störung zum biologischen Tod führen würde. Einzelne Vorläufer begegnen uns schon heute: z. B. erhöhte Infektionsanfälligkeit durch Sterilbedingungen, Zusammenkrachen aller Funktionen bei Stromausfall oder bei Streik der Müllabfuhr.

▷   Die dritte Möglichkeit liegt in einem immer besseren Verstehen und Berücksichtigen der Wechselbeziehungen zwischen Mensch und Biosphäre. Daraus ergibt sich, daß Umweltschutz nicht etwa »fortschrittsfeindlich« ist. Der technische Fortschritt muß allerdings auf einer höheren Ebene gesucht werden. An die Stelle der hauptsächlich von machtpolitischen und privatwirtschaftlichen Interessen vorangetriebenen (im ganzen jedoch nicht einmal koordinierten) technischen Entwicklung muß eine »kybernetische Technologie« treten, die sich im Gleichgewicht, ja in einer funktionierenden Symbiose mit der Biosphäre befindet.

In Wirklichkeit gibt es also nur einen einzigen Weg: dieser liegt weder in einem Zurück zur Primitivität noch in einer Entwicklung zur absoluten Technokratie, sondern in dem erwähnten immer besseren Verstehen und Berücksichtigen der Wechselbeziehungen zwischen Mensch und Biosphäre, in einem Ausnutzen von Regelkreisen und Symbiosen anstatt in deren Zerstörung. Heute, wo der vor mehreren Jahrtausenden sporadisch begonnene Zivilisationsprozeß mit einem Mal fast die ganze Umwelt erfaßt hat und die einst nahezu unbegrenzten Möglichkeiten der Selbstregulation erschöpft sind, wird dieser Weg des vorausschauenden Steuerns der einzig gangbare sein.

So einleuchtend diese Forderungen auch sein mögen, fragen sich doch Laien wie auch Wissenschaftler oder Politiker immer wieder, *warum* wir uns eigentlich um die fernere Zukunft, also um eine Zeit, wo wir selbst nicht mehr da sind, kümmern sollen, wo sich doch in der Vergangenheit auch niemand um uns gekümmert hat. Wir vergessen dabei, daß wir durch die konsequente Anwendung wissenschaftlicher Erkenntnisse auf die Umwelt, die das Charakteristikum der Jetztzeit ist, eine viel weitreichendere Verantwortung für die kommenden Generationen auf uns geladen haben als die Menschheit je zuvor. Denn sie haben mit den von uns gelegten Umweltveränderungen später fertig zu werden.

Soweit unsere moralische Verpflichtung, die auch dann gegeben wäre, wenn von einem verantwortlichen, zukunftsbezogenen Handeln nur die Nachkommen profitieren würden. Doch selbst wenn wir diese moralische Verpflichtung nicht spüren, sollten wir uns unter Berufung auf unseren eigenen Egoismus folgendes klarmachen:

Die Menschen hatten noch nie Veranlassung, Vorsorge für eine Zeit zu treffen, in der sie oder ihre Kinder nicht mehr waren, Opfer für etwas zu bringen, wovon sie selber nichts hatten. Sie spürten jedoch intuitiv (und einige weise Köpfe *wußten* es wahrscheinlich), daß dies nötig sei. So gab man sich die Religion, den Himmel, die Reinkarnation, also Möglichkeiten, von seinen jetzigen Mühen, Vorsorgen, von seiner jetzigen Verantwortung für die fernere Zukunft doch noch selbst zu profitieren. Auf diese Weise war bis heute die in der Realität durchaus vorhandene rücksteuernde Wechselwirkung zwischen Vergangenheit, Gegenwart und Zukunft ausschließlich im Emotionalen, im Gefühlsbereich gut aufgehoben und funktionierte dort auch lange Zeit. Der Egoismus war offensichtlich als unausrottbar erkannt und mußte berücksichtigt werden. In der Tat scheint er die einzige Motivation zu liefern, überhaupt irgend etwas auf der Erde zu »tun«.

Die Lücken und, wie wir jetzt sehen, zum Teil todbringenden Fehler, die allmählich dadurch entstanden, daß dieses Empfinden nicht rational durchdrungen war, lassen es an der Zeit erscheinen, die Tatsache dieser Wechselwirkung zwischen Zukunftsplanung und Gegenwartsablauf aus der Gefühlssphäre in das wache Bewußtsein heraufzuheben. Dazu genügt es zunächst einmal zu erkennen, daß Zukunftsplanung keineswegs aus die Gegenwart unberührt lassenden Planspielen und Modellsimulationen besteht, wie dies der Bürger unseres »vorkybernetischen« Zeitalters meist noch sieht. Zukunftsplanung beeinflußt zu allererst einmal ganz konkret unsere Gegenwart, da wir irgendeine Steuerung der Zukunft nur über eine entsprechend angelegte Beeinflussung der Gegenwart erwarten können.

Ob dieses Feedback der Gegenwartsbeeinflussung positiv oder negativ ist, hängt selbstverständlich wieder ganz von der Art der geplanten Zukunft ab.

Nun unterliegt bekanntlich jedes lebendige System kybernetischen Gesetzen. Und die Biosphäre, zu der auch wir gehören, *ist* ein lebendiges System. Ein evolutionär sinnvolles, zukunftsbezogenes Handeln muß daher zwangsläufig schon unsere heutigen Entscheidungen günstig beeinflussen. Denn alle biologischen »Erfahrungen« — und die sind schließlich mehrere Milliarden Jahre alt — sprechen dafür, daß das dieser Zukunft entsprechende Ausgangssystem, in diesem Falle wir selbst, erhalten und gefördert wird. Wäre dem nicht so, gäbe es auf der Erde kein Leben.

Eine große Zahl von Menschen dürfte heute die Fähigkeit erreicht haben, in solchen Vorgängen des biologischen Geschehens allgemein gültige Gesetze zu erkennen, und sobald einmal die Tatsache durchdringt, daß zukünftige Vorgänge, wenn sie auf heutigen Handlungen beruhen, auch die Gegenwart im entsprechenden Sinne bereits verändern (im Grunde eine Trivialität, die jeder Sparer erfährt, der eben nicht erst dann, wenn er sein Geld ausbezahlt bekommt, etwas davon hat, sondern bereits während des Sparens, dadurch daß er anders lebt, Selbstkontrolle und Organisationstalent stärker entwickelt, was auf seine weiteren Handlungen wiederum Einfluß hat usw.) — in diesem Moment kann auch unser Egoismus, selbst im Hinblick auf die Planung noch so entfernter Zukünfte, wieder rational angesprochen werden. Er wird — sozusagen im Feedback — unsere Handlungen in einer für die Zukunftsplanung vielleicht bedeutend vernünftigeren Weise beeinflussen, als es die Religionen je konnten.

Die seit kurzem spürbare Rückwirkung der Umweltschäden auf den Menschen haben — und darin dürfen wir einen höheren Sinn der Natur sehen — den Boden für dieses Bewußtsein bereitet. Wir beginnen rückwirkend zu erkennen, daß unser heutiges Leben, unsere heutige Gesundheit bereits davon profitieren könnten (weniger Streß, gesündere Nahrung, vernünftigere Berufsstruktur etc.), wenn wir unser Leben so gestalten, daß auch künftige Generationen eine gesunde Umwelt vorfinden.

Damit beginnen wir den ersten Schritt von unserem bisherigen »vorkybernetischen« Zeitalter mit seinem linear ausgerichteten Bewußtsein und seiner Unfähigkeit, in Regelkreisen zu denken und zu handeln, auf die nächst höhere Stufe zu vollziehen: auf die Zivilisationsstufe eines kybernetischen Bewußtseins.

Definitionen

(→ = siehe unter diesem Stichwort)

Im Text verwendete Abkürzungen

Allgemeine Vorzeichen für Größendimensionen

μ	=	mikro	(ein Millionstel, 10^{-6})
m	=	milli	(ein Tausendstel, 10^{-3})
d	=	dezi	(ein Zehntel, 10^{-1})
h	=	Hekto-	(hundert, 10^2)
k	=	Kilo-	(tausend, 10^3)
M	=	Mega-	(Million, 10^6)
G	=	Giga-	(Milliarde, 10^9)

BRD	=	Bundesrepublik Deutschland
BSP	=	Bruttosozialprodukt
BSB	=	→ Biologischer Sauerstoffbedarf
C	=	→ Curie
°C	=	Grad Celsius
cal	=	Kalorien
cbm	=	Kubikmeter
dB(A)	=	→ Dezibel (A) (A = akustisch)
g	=	Gramm
ha	=	Hektar (= 10 000 m²)
Kfz	=	Kraftfahrzeug
kg	=	Kilogramm
km²	=	Quadratkilometer
l	=	Liter
lg	=	dekadischer Logarithmus
ln	=	natürlicher Logarithmus
m (m²)	=	Meter (Quadratmeter)
m³	=	Kubikmeter
mm, μm	=	Millimeter, Mikrometer (1/1000 mm)
MAK	=	max. Konzentration am Arbeitsplatz
MIK	=	maximale → Immissionswerte
Mio.	=	Millionen
Mrd.	=	Milliarden
mC, MC	=	Millicurie, Megacurie
MW	=	Megawatt
pC	=	Picocurie (1/1000 mC)
pH	=	Säuregrad
Pkw	=	Personenkraftwagen
ppm	=	Teile pro Million (0,0001 %)
t	=	Tonne

Häufig verwendete Fachausdrücke

abbaubar
Hier: die Eigenschaft eines Produktes oder einer Substanz, durch natürliche, enzymatische oder chemische Vorgänge bzw. durch Mikroorganismen (Bakterien, Spaltpilze) zersetzt zu werden.

Adaptationssyndrom
Anpassungsreaktion, die von der Alarmreaktion über das Stadium der → Resistenz zum Stadium der Erschöpfung führt. Wichtiger Vorgang im → Streßgeschehen.

aerob
In Gegenwart und unter Benutzung von Luft bzw. Sauerstoff lebend.

Aerosole
→ Kolloidale feste (Staub) und flüssige (Nebel) Schwebstoffe in der Luft mit Teilchengrößen von einem Tausendstel bis Millionstel Millimeter.

Albedo
Verhältnis der auf eine Fläche auftreffenden Strahlung (Licht, Wärme) zur zurückgeworfenen Strahlung. Auch Reflexion bzw. Streuung.

algorithmisierbar
In einer formalisierten Sprache oder an Hand eines Schemas beschreibbares Problem bzw. Vorgang, dessen Ablauf z. B. in einem → Digitalcomputer speicherbar ist. Nicht algorithmisierbar sind z. B. Entscheidungsprobleme und viele ökologische Probleme.

Akkumulation
Anreicherung, Ansammlung.

Aminosäuren
Etwa 20 verschiedene Aminosäuren bilden die Bausteine aller → Proteine. Sie sind die Buchstaben der »Proteinsprache« und auch sonst wichtige → Metaboliten.

Allgemeine Formel: R — CH — COOH. Der Rest

$$\begin{array}{c} | \\ NH_2 \end{array}$$

R kann basisch sauer oder neutral sein.

anaerob
Ohne Sauerstoffverbrauch (bzw. unter Luftabschluß) lebend.

Analogcomputer
Ein Automat, der Vorgänge und Modelle (soweit sie mathematisch formuliert werden können) durch physikalische Vorgänge simuliert, z. B. durch elektrische Spannungen zwischen einer Reihe von elektronischen Bauelementen, die analog der Problemstellung verändert werden. Im Gegensatz zum Digitalcomputer ist die Programmierung sehr einfach. Vor allem → Feedback-Systeme sind leicht nachzubilden. Die »Denkweise« des Analogcomputers ist stufenlos und nicht wie beim → Digitalcomputer auf binäre (zweiwertige) Logik festgelegt.

antagonistisch
Entgegenwirkend.

Antibiotika
Zu Heilmitteln (z. B. Penicillin, Streptomycin, Chloramphenicol) entwickelte antibakterielle Stoffwechselprodukte lebender Bakterien, Pilze und höherer Pflanzen. Die meisten werden aus Schimmelpilzen gewonnen, einige sind synthetisch herstellbar.

Antiklopfmittel
Dem Motorbenzin zugesetzte Stoffe zur Vermeidung von vorzeitigem Selbstentzünden des Treibstoff-Luftgemisches (klopfen). Bleitetraäthyl, Methanol, höhere Alkohole, höhere Propylenverbindungen usw. verbessern die »Oktanzahl«. Reines Oktan, einer der Bestandteile des Benzins, hat eine sehr hohe Klopffestigkeit, die = 100 gesetzt wird.

anthropogen
Durch den Menschen beeinflußt oder verursacht.

aromatisch, Aromat
Chemische Bezeichnung für Molekülverbindungen, die einen oder mehrere Benzolringe enthalten.

Assimilation
Umwandlung der von einem Lebewesen aufgenommenen Stoffe aus Luft und Nahrung in körpereigene Substanzen, besonders bei Pflanzen die Kohlenstoff-Assimilation. Hierbei werden aus dem Kohlendioxyd der Luft unter Hinzunahme von Wasser und Abscheidung von Sauerstoff die organischen Substanzen Zucker oder Stärke als Assimilate gebildet. (→ Photosynthese)

ätiologisch
Auf die Ursachen (besonders von Krankheiten) gerichtet.

aural
Das Gehör bzw. die Funktion der Gehörorgane betreffend.

Benzpyren
(3,4-Benzpyren). Aromatischer Kohlenwasserstoff aus vier verknüpften Benzolringen (krebserzeugend), Bestandteil des Steinkohlenteers, Tabakteers und der Autoabgase.

Bilgenwasser
Wasser, das sich bei Leck im Kielraum eines Schiffes sammelt; wird oft mit starker Ölverschmutzung wieder ins Meer gepumpt.

Biochemischer Sauerstoffbedarf (BSB)
Benötigte Sauerstoffmenge (in mg/l) zur biologischen Zersetzung des → abbaubaren Anteils einer Wasserverunreinigung. Gewöhnlich wird der BSB für eine Zeit von 5 Tagen gemessen (BSB_5) und kann für verschmutzte Gewässer zwischen 100 und 300 mg/l betragen.

Bionik
Von *Bio*logie + Tech*nik*. Die Bionik ist neben der mehr analytischen → Kybernetik ein gestaltender Zweig der Informationswissenschaften. Sie versucht technische Probleme nach dem Vorbild natürlicher Systeme und Organisationen zu lösen.

Biosphäre
Der gesamte natürliche Lebensraum der Erde mit der Tier- und Pflanzenwelt, dem gesamten Meeresleben und allen Mikroorganismen. Nötige Voraussetzungen für das irdische Leben sind Wasser, Luft, Energiequellen (Sonnenlicht) und Grenzflächen zwischen fester, flüssiger und gasförmiger Materie.

Biotop
Durch bestehende Pflanzen und Tiergemeinschaften gekennzeichneter Lebensraum; auch Lebensraum einer einzelnen Art.

Biozide
Chemikalien, die zur Bekämpfung schädlicher Lebewesen eingesetzt werden. Treffenderer Begriff als

→ Pestizide, da das Ideal, nämlich nur die Schädlinge (Pests) zu vernichten, illusorisch ist, und immer auch andere Formen von Leben (Bios) geschädigt werden.

Biozönose
Lebensgemeinschaft, Gesellschaft von Pflanzen und Tieren in einem → Biotop.

Bruttosozialprodukt
Der Wert sämtlicher in einem Land erzeugten Güter und geleisteten Dienste.

cancerogen
Krebserzeugend.

Catecholamine

$$OH - - CHOHCH_2\ NHCH_3$$
$$OH$$

Oberbegriff für Adrenalin und Noradrenalin, die als → hormonelle Wirkstoffe der Nebenniere bei der Reizübermittlung im Nervensystem, beim → Streß und zur Aktivierung einer Reihe von Körperfunktionen wie der Blutdruckregelung eine Rolle spielen.

Chelatbildner
Chemische Verbindungen, die ein mehrwertiges Metallion reversibel zu einem Komplex »umklammern« können (chele griech. = Kralle), wobei der Metallcharakter verloren geht. Chlorophyll und Hämoglobin bilden z. B. natürliche Chelate mit Magnesium bzw. Eisen. Sythetische Chelatbildner werden zur Wasserenthärtung oder zur Rückgewinnung von Metallen aus Abwässern verwendet.

Chromosomen
Die eigentliche Erbmasse. Liegen in jedem Zellkern vor und bestehen aus einer linearen Anordnung von → Genen, und zwar bei höheren Organismen aus hochmolekularen Nucleoproteiden, bei Bakterien oft nur aus → Nukleinsäuren ohne → Proteinanteil.

Curie
(Nach dem franz. Atomforscherehepaar Pierre und Marie CURIE)
Maßeinheit für → Radioaktivität. Eine radioaktive Substanz hat 1 Curie, wenn in einer Sekunde $3,7 \times 10^{10}$ Atome zerfallen.

Curriculum
Lehrplan mit Lerninhalt und Lernziel.

DDT, Dichlordiphenyltrichloräthan
Giftiges und schwer abbaubares Schädlingsbekämpfungsmittel. DDT ist besonders gefährlich, weil es sich in Fettgeweben von Tieren anreichert, die auch als Nahrungsmittel verwendet werden. Viele Länder haben DDT bereits verboten. Zunehmende → Resistenz der Insekten gegen DDT läßt dessen anfänglichen Erfolg (Malaria) zweifelhaft erscheinen.

Dekontamination
Gegenteil von → Kontamination. Beseitigung von Verunreinigungen, Vergiftungen oder radioaktiven Verseuchungen.

Deponie
Abfall-Lagerungsstätte. Bei der geordneten (im Gegensatz zur wilden) Deponie versucht man, angrenzende Umweltbereiche (z. B. Boden, Grund- und Oberflächenwasser) so wenig wie möglich zu gefährden.

Detergentien
(von engl. detergent = Reinigungsmittel). Seifenfreie, waschaktive Substanzen; häufig auch als Kombination von → Tensiden mit Soda, Phosphaten, bleichwirksamen Salzen und anderen Bestandteilen verstanden. Zur besseren Unterscheidung wurde deshalb der Begriff → Tenside ausschließlich für → grenzflächenaktive Substanzen eingeführt.

Dezibel (A), dB(A), (A = akustisch)
Auf das menschliche Gehör abgestimmter Schallpegel (benannt nach dem Amerikaner Bell), entspricht den früher in Deutschland üblichen DIN-Phon-Einheiten im Bereich von 0 bis 60 Phon völlig und darüber hinaus weitgehend.
Die empfundene Lautstärke (L) wächst proportional mit dem dekadischen Logarithmus des Verhältnisses vom Schalldruck (p) zum Bezugsschalldruck (p_0). So werden Lautstärkenunterschiede in der Nähe der Hörschwelle bei 0 dB(A) stärker empfunden als solche in der Nähe der Schmerzschwelle bei ca. 130 dB(A).

$$L = 10 \lg \frac{p}{p_0}\ dB(A)$$

Digitalcomputer
Besteht aus Daten-Ein- und -Ausgabegeräten und einer zentralen Recheneinheit. Er kann in ziffernmäßiger Form große Datenmengen in sehr kurzer Zeit nach mehreren Gesichtspunkten exakt ordnen, auswählen, speichern etc. Die Datenmenge ist theoretisch unbegrenzt, die Genauigkeit absolut. Nachteile: Programmierung ist schwer zu erlernen. Das

jeweilige Problem ist nach der Programmierung nicht mehr erkennbar. Die »Denkweise« ist auf binäre Logik fixiert.

Digitalisierung
Ausdrücken, Umwandeln in Ziffern oder andere Codezeichen im Unterschied zu fließenden, kontinuierlichen Darstellungen.

Emission
Hier: Aussendung von Abgasen, Stäuben, Geräuschen, Erschütterungen, Wärmemengen, Radioaktivität etc. Emissionen werden bei der Aufnahme durch den Empfänger (Menschen, Tiere, Pflanzen, Sachen) zu → Immissionen.

Emphysem
Krankhafte Ansammlung von Luft in Hohlräumen eines Organs oder Körperteils, z. B. bei Lungenverletzungen, auch von Gasen unter der Haut infolge von Fäulnis.

Emulsion
Gleichmäßige Verteilung einer Flüssigkeit in einer anderen, in der sie nicht löslich ist (z. B. Öl in Wasser).

Entsorgung
Maßnahmen, Verfahren und Prozesse zum Abtransport und zur Beseitigung von Abwässern, Abgasen und Abfallstoffen.

Enzyme
Verschiedene Arten von → Proteinen, die in allen Lebewesen vorkommen und als lebensnotwendige Katalysatoren die im Körper ablaufenden chemischen Reaktionen auslösen, beschleunigen und lenken. Viele toxische Substanzen (z. B. Blei, Quecksilber und → Pestizide) sind deshalb giftig, weil sie Enzyme blockieren.

Erosion
(lat. Ausnahrung)
Horizontale E. = bodenabtragende Tätigkeit von Wasser und Wind. Vertikale E. = Auslaugung durch Rückgang von Kitt-Substanzen. Nährstoffe werden von durchsickerndem Wasser in das Grundwasser abgeführt.

Eutrophierung
(griech. Überernährung)
Entsteht in Flüssen und Seen durch Einleiten von nährstoffbeladenem Abwasser (z. B. Ausschwemmen von künstlichen Düngemitteln aus den umgebenden Äckern). → Phytoplankton, Algen und Wasserpflanzen fangen wild zu wuchern an. Nach ihrem Absterben bewirkt ihre Zersetzung durch Fäulnisbakterien einen enormen Sauerstoffentzug, was zum »Umkippen« des Gewässers führt, in welchem dann keine → aeroben Lebewesen mehr existieren können.

external costs
(engl. außerbetriebliche Sozialkosten)
Kosten, die durch die Umweltbelastung durch Wirtschaftsgüter und Produktionsverfahren entstehen. Sie werden z. Z. noch kaum in der volkswirtschaftlichen Gesamtrechnung berücksichtigt.

exponentiell
Mathematischer Ausdruck, bezeichnet z. B. im Gegensatz zum linearen, also gleichmäßigen Verlauf einer Kurve ($y = a \cdot x$) den von einem Exponenten n abhängigen also beschleunigten Verlauf ($y = x^n$).

extraaural
Andere Bereiche als das Gehör betreffend (z. B. die psychische Wirkung von Lärm).

FAO
(Food and Agriculture Organisation of the United Nations)
Ernährungs- und Landwirtschaftsorganisation der Vereinten Nationen.

Fauna
Tierwelt.

Feed-Back
engl. Ausdruck für Rückkoppelung, Rücksteuerung.

Feinstaub
Staubpartikel, die kleiner als 5 μm sind; besonders gefährlich, weil sie lungengängig sind und große Verweilzeiten in der Luft haben.

Flora
Pflanzenwelt.

Fossile Brennstoffe
Aus pflanzlichen und tierischen Organismen in geologischen Zeiträumen entstandene Materialien wie Kohle, Erdöl, Erdgas etc.

Frequenz
Anzahl der Schwingungen in einer bestimmten Zeiteinheit, z. B. gemessen in Hertz = Schwingungen/sec.

Frequenzband
Ein bestimmter Bereich von Frequenzen.

Fungizide
Pilzbekämpfungsmittel.

Funktionelle Gruppen
Chemische Bezeichnung für Molekülteile (Atomgruppen) mit charakteristischen Reaktionseigenschaften.

Gene
Chromosomenabschnitte, die als eigentliche Träger der genetischen Information jeweils für ein spezifisches Zellprodukt verantwortlich sind. Sie kontrollieren mittelbar die Synthese sämtlicher Proteine einer Zelle und damit auch sämtlicher Enzyme.

Genetische Veränderungen
Veränderungen am Chromosomenmaterial, die sich auf die Nachkommen weitervererben.

Gare
Krümelstruktur des Bodens.

Glykogen
(griech. = Zuckererzeuger)
Reserve-Kohlenhydrat. Eine bestimmte Menge der vom menschlichen und tierischen Körper aufgenommenen Kohlenhydrate (Mehl, Stärke, Zucker) wird in Glykogen überführt und in Leber und Muskulatur gespeichert.

grenzflächenaktive Stoffe
s. → Detergentien → Tenside.
Stoffe, die sich in einem Lösungsmittel bevorzugt an den Grenzflächen (z. B. Flüssigkeitsoberfläche, Gefäßwände) ansammeln und dadurch als Lösungsvermittler zwischen sonst nicht mischbaren Stoffen wie z. B. Wasser und Fett dienen.

Hämoglobin
Roter Blutfarbstoff. Kompliziertes eisenhaltiges Eiweißmolekül, das die Sauerstoffaufnahme und -abgabe vornimmt.

Halbwertzeit
Die Zeit, in der die Hälfte der Zahl der Atome eines radioaktiven Stoffes zerfallen ist. Sie ist unabhängig von der vorliegenden Menge des Stoffes und daher eine charakteristische Konstante des betreffenden Elements.

Hausbrand
Im Haushalt verwendetes Heizmaterial wie Kohle, Koks, Briketts, Öl, Holz.

HCB, Hexachlorbenzol
Wichtiges Pflanzenschutzmittel.

Herbizide
Unkrautbekämpfungsmittel.

Histologie
Lehre von den tierischen und pflanzlichen Zellgeweben.

Hormone
Von den Hormondrüsen produzierte Stoffe, die Stoffwechselvorgänge steuern. Das chemische Regulationssystem der Hormone, das Zellen und Organe in einem funktionellen Gleichgewicht hält, ergänzt die Regulation durch das Nervensystem. Wichtige Hormone sind z. B. das die Nebennierenrinde aktivierende Hypophysenhormon ACTH, das Adrenalin der Nebenniere, das Cortison der Nebennierenrinde, die Stoffwechselhormone Glukagon und Insulin, die Sexualhormone Östrogen und Progesteron, das Schilddrüsenhormon Thyroxin u. v. a.

Humanökologie
Wissenschaft von den Wechselbeziehungen zwischen dem Menschen und seiner Umwelt, s. a. → Ökologie.

Humus
Durch Verwesung und Verrottung (nicht Verfaulung!) pflanzlicher oder tierischer Stoffe entstandene Masse in der obersten pflanzentragenden Schicht des Erdbodens. Humus begünstigt die Wasseraufnahme des Bodens, löst für Pflanzen wichtige Mineralien auf und macht den Boden für Sauerstoff durchlässig, den die Mikrolebewelt zur Oxydation von stickstoffhaltigen Abfallprodukten zu Nitraten etc. braucht.

Hybrid
Mischling, Bastard, Kreuzung.

Hybridcomputer
Kombination aus → Analogcomputer und → Digitalcomputer, vereinigt deren Vorteile.

Hypophyse
Hirnanhangdrüse am → Hypothalamus. Winziges übergeordnetes Steuerorgan der Sexualhormondrüsen, des Wachstums und anderer hormoneller Systeme.

Hypothalamus

Teil des Stammhirns. Im Hypothalamus finden sich dem vegetativen Nervensystem übergeordnete Zentren, welche die wichtigsten Regulationsvorgänge des Organismus zusammenfassend leiten (z. B. Wärmeregulation, Wach- und Schlafmechanismus, Blutdruck- und Atmungsregulation, Fett- und Wasserstoffwechsel, Genitalfunktion, Schweißsekretion etc.).

ICES

(International Council on Exploration of the Sea) Internationaler Rat zur Ausbeutung der Meere.

Immission

Auf Menschen, Tiere, Pflanzen und Sachen einwirkende bzw. von diesen aufgenommene → Emissionen.

Immunreaktion

Abwehrreaktion des Körpers gegenüber fremdem Eiweiß, sei es von Bakterien, Pollen (Heuschnupfen), Wolle (Allergien) oder bei Organverpflanzungen. Wichtigste Hilfe gegen Infektionen und wahrscheinlich auch Krebs — kann durch Bestrahlung oder durch → Hormone der Nebennierenrinde (Cortison) stark herabgesetzt werden.

Individualverkehr

Benutzung von Einzelfahrzeugen mit individueller Fahrtroute bzw. Fahrtziel, im Gegensatz zur Benutzung von Massenverkehrsmitteln wie U-Bahn, Bus, Straßenbahn und Eisenbahn. Individualverkehr ist heute fast ausschließlich Privatverkehr, eignet sich jedoch ebensogut für den öffentlichen Verkehr (Kabinenbahnen, Fließbandtrottoirs, Wechselautos).

Inertmaterialien

(inert = träge, unveränderlich). In der normalen Umwelt chemisch nicht reagierende Stoffe wie Sand, Erde, Steine, Glas, Abraummaterial, Schlacke. Haupterzeuger sind Bergbau und Verhüttung.

Input

Eingabe, Einspeicherung.

Insektizide

Insektenbekämpfungsmittel.

integrierter Pflanzenschutz

In die Gesamtfunktion eines Ökosystems eingegliederter Pflanzenschutz.

interdisziplinär

Zwischen den wissenschaftlichen Fachbereichen bzw. unter Beteiligung mehrerer Fachbereiche.

Inversionslagen

Lokale Wetterlagen, bei denen untere Luftschichten z. B. über einem Stadtgebiet nicht nach oben abziehen können, weil sie mit einer Warmluftdecke überschichtet sind.

irreversibel

Nicht umkehrbar.

Itai Itai

(japan. Schmerzensschrei). Durch Cadmiumsalze (z. B. aus verunreinigtem Wasser) verursachte Krankheit, die beim Menschen zu qualvollen Knochenerweichungen und Skelettschrumpfungen führt.

Kernfusion

Energiegewinnung durch Verschmelzung von Atomkernen statt wie bei den bisherigen Atomreaktoren durch Spaltung. Abfallfreies Verfahren.

Kohlenmonoxyd, CO

Farb-, geruch- und geschmackloses giftiges Gas. Mit der Atmung aufgenommenes CO besetzt die für den Sauerstoffaustausch wichtigen Stellen des roten Blutfarbstoffs und blockiert so den Sauerstofftransport im Körper. Zu Kohlenmonoxydvergiftungen führen vor allem Autoabgase, Lokomotivrauch, Hochofengase, offene Kohlenfeuer, Zelluloidexplosionsgase etc.

Kohlendioxyd, CO_2

Farbloses, unbrennbares, geruchloses Gas, ungefährlich. CO_2 hat bei niedrigen Konzentrationen im Blut anregende Wirkung auf das Atemzentrum.

Kohlenwasserstoffe, C_nH_m

Verbindungen, die nur aus Kohlenstoff und Wasserstoff bestehen. Zu ihnen zählen die meisten Benzinkraftstoffe. Chlorierte KW-Stoffe liefern eine Reihe von Pestiziden. Unter den kondensierten aromatischen KW-Stoffen finden sich die wichtigsten → Cancerogene.

Kolloide

In Flüssigkeiten fein verteilte (nicht gelöste) Stoffe mit Teilchengrößen zwischen einem tausendstel und einem millionstel Millimeter.

Kontamination

Verunreinigung mit Giftstoffen oder Verseuchung mit Bakterien oder → Radioaktivität von leblosen Dingen, Geräten, Gefäßen, Wänden, Nahrung usw.

Korrosion

Die Zerstörung fester Körper durch chemische Angriffe von deren Oberfläche her.

Kybernetik

(griech. Kybernetes = Steuermann). Wissenschaft von den Steuerungsvorgängen, Wirkungs- und Regelkreisen. Neben der gestaltenden → Bionik ist die erklärende Kybernetik ein analysierender Zweig der Informationswissenschaft. Sie versucht, die ursprünglich nur Organismen eigene selbststeuernde Funktionsweise zu erkennen und auf Mechanismen zu übertragen bzw. analoges Verhalten zu entdecken.

Leguminosen

Gemüsepflanzen.

letal

Tödlich.

Limnologie

Strömungslehre von Flüssigkeiten.

Maischung

Vorgang, bei dem meist organische Produkte oder Abfälle mit Wasser zu einem Brei verarbeitet werden (z. B. bei der Bier- oder Weinherstellung).

Makroklima

Großklima im Bereich von Kontinenten, Ländern oder Landschaften.

Makromoleküle

Riesenmoleküle, wie Kunststoffe, Eiweiße, Nukleinsäuren, in denen Tausende bis Hunderttausende von Atomen miteinander chemisch verbunden sind.

Metabolit

Am Stoffwechsel eines Organismus natürlicherweise beteiligte chemische Verbindung.

Mikroklima

Örtliches Kleinklima in einem geographisch eng umgrenzten Teil der Erde, z. B. Stadtklima.

MIT

(Massachussetts Institute of Technology)
Eine der berühmtesten amerikanischen Privatuniversitäten in Cambridge (Boston) mit Schwerpunkt in den Naturwissenschaften.

Monokultur

Alleiniger Anbau einer bestimmten Wirtschafts- oder Kulturpflanze über längere Zeiträume hinweg auf derselben Nutzfläche. Monokulturen begünstigen durch tiefgreifende Änderungen des betroffenen → Ökosystems sowohl Schädlingsbefall als auch → Erosion.

motorische Nerven

Die für die Tätigkeit der willkürlichen Muskeln zuständigen Nerven.

Mutation

Sprunghafte Erbänderung, z. B. durch Bruch oder chemische Änderung von Chromosomen, oder der in ihnen befindlichen Nukleinsäuren.

Nachbrenner

Vorrichtung am Auspuff eines Motors, der noch unvollständig verbrannte Treibstoffreste und Zwischenprodukte wie Kohlenmonoxyd nachträglich verbrennt.

Nekrosen

Zerfallende, verwesende Zellen bzw. Gewebeteile.

Nukleinsäuren

Schraubenförmige Riesenmoleküle aus Stickstoffbasen, Zuckern und Phosphat. Hauptbestandteil der Erbmasse. Desoxyribonukleinsäure (DNS) = sich weitervererbendes Genmaterial. Ribonukleinsäure (RNS) = meist als Matrize an der DNS gebildetes nicht vererbbares Material.

OECD

(Organization for Economic Cooperation and Development)
Organisation für wirtschaftliche Zusammenarbeit und Entwicklung, mit Sitz in Paris.

Ökologie

Wissenschaft von den Wechselbeziehungen der Organismen (Pflanzen, Tiere, Menschen) untereinander und mit ihrer Umwelt.

Ökosystem

Bezüglich seines Stoffhaushalts selbständiges, in seinem Stoffkreislauf weitgehend autarkes System von Umwelt und → Biozönose.

Output

Ausgabe, Ausbeute.

Ozon
Dreiatomiges Sauerstoffmolekül O_3 (normaler Sauerstoff $= O_2$). Äußerst reaktionsfreudiges und für Lebewesen toxisches Molekül. Stärkstes Oxydationsmittel. Wird in 15 bis 50 km Höhe durch Zersetzung der Luft durch Sonnenlicht ständig nachgebildet. Schon in Verdünnungen von 1 bis 2 ppm am Geruch zu erkennen.

Parameter
In ein Experiment, in eine Rechnung eingehender Faktor. Mitspielendes Element eines → Systems.

pathogen
Krankheit erzeugend.

Peristaltik
Die wurmartig fortschreitenden Bewegungen von Magen, Darm, Harnleiter und Samenleiter.

Pestizide
Gesamtbezeichnung aller Schädlingsbekämpfungsmittel gegen Insekten (→ Insektizide), Pilze (→ Fungizide) und Unkraut (→ Herbizide).

Phon
Lautstärkeeinheit, heute weitgehend durch → Dezibel abgelöst. Die DIN-Phon-Skala deckt sich weitgehend mit der dB(A)-Skala.

photochemischer Smog
→ Smog, der in Gegenwart von Sonnenlicht durch komplizierte Reaktionen von → Stickoxyden und → Schwefeloxyden entsteht, was besonders im Zusammenhang mit anderen luftverunreinigenden Substanzen wie z. B. → Kohlenwasserstoffen zu für den Menschen besonders schädlichen hochmolekularen Produkten führt.

Photosynthese
Aufbau chemischer Verbindungen aus dem Kohlendioxyd der Luft durch Lichteinwirkung, insbesondere in grünen Pflanzen (→ Assimilation). Chemisch besteht sie in einer Verwendung von Lichtenergie zur Abspaltung von Wasserstoff aus Wasser unter Freisetzung von Sauerstoff. Als einziger sauerstoffproduzierender Prozeß in der Natur ist sie ein auch für Mensch und Tier lebensnotwendiger Vorgang.

Phytoplankton
Gesamtheit der im Wasser schwebenden pflanzlichen Organismen. Hauptnahrung für 90 % der Meeresbewohner, größte biologische Sauerstoffquelle und Hauptverbraucher des → Kohlendioxyds.

Plankton
Die Gesamtheit der im Wasser freischwebend lebenden Kleinsttiere (→ Zooplankton, Schwebefauna) und Pflanzen (→ Phytoplankton, Schwebeflora) mit geringer oder gar keiner Eigenbewegung.

Poliomyelitis
Spinale Kinderlähmung.

Pollution
Engl. Ausdruck für Verunreinigung, Verseuchung.

Polyphosphate
Kettenförmig kondensierte Phosphate, die als Phosphatreserven in den Zellen vieler Bakterien gespeichert sind. Phosphate nehmen eine zentrale Stellung im Energiehaushalt der Pflanze ein.

ppm
(engl. parts per million), Teile pro Million. Übliches Konzentrationsmaß von Luft- und Wasserverunreinigungen. Äquivalent: mg/kg.

Prophylaxe
Vorbeugung, präventive Maßnahme, Verhütung.

Proteine
Eiweißkörper. Riesenmoleküle aus aneinandergeknüpften → Aminosäuren, deren aperiodische Reihenfolge einem Informationstext entspricht.

Protozoen
Mikroskopisch kleine, einzellige bzw. „nichtzellige" Urtierchen.

psychogen
Seelisch bedingt.

psychosomatisch
Unter Zusammenwirken seelischer und körperlicher Faktoren.

PVC
(Polyvinylchlorid). Chlorhaltiger Kunststoff zur Herstellung von Massenprodukten wie Fußbodenbelägen, Polsterbezügen, Innenauskleidung von Kraftfahrzeugen. Setzt beim Verbrennen u. a. Salzsäure frei.

radioaktive Abfälle
»Atommüll«. Abfallstoffe, die durch Kernreaktoren oder Atomexplosionen entstehen, können gasförmig, flüssig oder fest sein. Die Beständigkeit, d. h. die Dauer der Gefährlichkeit der radioaktiven Substanzen ist von ihrer → Halbwertzeit abhängig.

Radioaktivität

Ein Prozeß, bei dem Atomkerne unter Freisetzung von Energie zerfallen, bis ein stabiler Endzustand erreicht ist. Je nach Art der radioaktiven Substanz (z. B. Uran ^{235}, Strontium ^{90}, Kohlenstoff ^{14}) kann die Art der Strahlung, d. h. ihr Gefährlichkeitsgrad wie auch die Dauer der radioaktiven Ausstrahlung sehr verschieden sein.

Recycling

(engl. Kreisprozeß). Wiederverwendung von Abfallprodukten.

Redundanz

Wiederholung, nochmalige Umschreibung ohne Neuinformation.

Regelkreis

Meist geschlossenes Rückkoppelungssystem einer selbsttätigen Regelung, das aus dem zu regelnden Objekt, der *Regelstrecke* und dem *Regler* besteht. Der Regler verändert nach der vorgegebenen *Führungsgröße* (auch *Sollwert*) über eine *Stellgröße* je nach den auftretenden *Störgrößen* die *Regelgröße* und kontrolliert gleichzeitig das Ergebnis seiner Maßnahme, welches seine weiteren Eingriffe bestimmt. In der Realität, vor allem in der Natur, gibt es fast nur miteinander in Wechselbeziehung stehende Systeme von mehreren *vermaschten* Regelkreisen.

Resistenz

Widerstand. Immunität. Auch verwendet für die Gewöhnung von Schädlingen oder Bakterien an Bekämpfungsmittel wie → Insektizide und → Antibiotika, die damit ihre gewünschte Wirkung einbüßen.

Ressourcen

Gesamtheit aller natürlichen Rohstoffquellen, auch Hilfs- und Produktionsmittel für die Wirtschaft.

rote Tide

Giftige → Plankton-Populationen, die hauptsächlich aus Gymnodinium- oder Ganyanlaxarten bestehen und bevorzugt in sauerstoffarmen Meeres-Gewässern vorkommen.

Sarkom

Feste Krebsgeschwulst, die sich aus Hautgewebe entwickelt.

Schwefeldioxyd (SO$_2$)

Farbloses Gas, das bereits bei einer Verdünnung von 1:30 000 stechend riecht. Wird zur Ungezieferbekämpfung verwendet.

Sekretion

Abscheidung, Ausscheidung.

Simulation

Durchspielen einer realen Situation im Modell, Imitation der Wirklichkeit.

SKE

Steinkohleneinheit. Eine Tonne SKE entspricht einer Tonne Steinkohle mit einem unteren Heizwert von 700 cal/Gramm.

Smog

Kombination aus engl. **SMOKE** = Rauch und **FOG** = Nebel.
Mit Schadstoffen und sichtbaren Verunreinigungen durchsetzte Atmosphäre über städtischen oder industriellen Ballungsgebieten.

Stickstoffdioxyd (NO$_2$)

Braunrotes, giftiges Gas, das in der Lunge ätzend wirkt.

Stimulans

Psychisch und vegetativ anregendes (Heil)mittel, oft euphorisierend.

Streß

Nach dem Physiologen Hans SELYE benannte Belastung und Schädigung des Körpers durch → Stressoren. Er kann örtlich sein (z. B. bei einer Entzündung) oder allgemein (z. B. über eine Belastung des vegetativen Nervensystems).

Stressoren

Streßerzeugende Reize, die nicht spezifisch bestimmt werden können, aber ein charakteristisches Symptombild ergeben, z. B. Aufregung, Hetze, Konflikte, Infektionen, toxische Substanzen, Hitze und Kälte.

Symbiose

Sich ergänzendes Zusammenleben zweier Systeme oder Organismen (oft aus verschiedenen Lebensformen), von dem beide profitieren.

Synergismus

Ist das Zusammenwirken von mindestens zwei Komponenten, wenn das Ergebnis ein anderes als die Summe der Einzelwirkungen ist. Die Folge synergistischer Effekte sind oft überraschende potenzierte und neuartige Wirkungen, z. B. stark erhöhte Toxizität von → SO$_2$ in Gegenwart von Staub, Krebserzeugung durch ungiftige Mengen von Kohlenwasserstoff in Gegenwart von Crotonöl und viele andere. Erst wenige Synergismen wurden untersucht.

Synergist
Eine Substanz, die die Wirkung einer oder mehrerer anderer Substanzen durch ihr Beisein verändert und z. B. ohne selber giftig zu sein, die normalerweise unschädliche biologische Wirkung einer zweiten Substanz toxisch werden läßt.

Systemanalyse
Untersuchung der oft komplizierten Wechselwirkungen der Elemente eines Systems, dessen Struktur und ggf. Dynamik sowie seiner Funktion und Organisation im größten Gesamtsystem mit → kybernetischen Methoden.

Tenside
Meist synthetisch hergestellte, → grenzflächenaktive Stoffe, die durch Herabsetzung der Oberflächenspannung des Wassers eine bessere Benetzung des Schmutzstoffes und somit die Reinigungskraft von → Detergentien fördern.

Toleranzgrenze
Maximal erlaubte Konzentration von Schadstoffen in der Umwelt, der Nahrung usw., bei deren Überschreitung Gefährdung von Lebewesen besteht. Die wirklichen Toleranzgrenzen sind meist noch unbekannt, da die Summierung von Giftwirkungen ebenso wie Langzeitwirkungen kleinster Dosen oder → synergistischer Effekte noch kaum erforscht sind.

Toxikologie
Lehre von den Giften und ihren Wirkungen.

toxisch
Giftig.

Toxizität
Giftigkeit.

ubiquitär
Überall vorkommend, weltweit verbreitet.

UNESCO
(United Nations Educational, Scientific and Cultural Organization)
Organisation der Vereinten Nationen für Erziehung, Wissenschaft und Kultur, mit Hauptsitz in Paris.

urban, Urbanisierung
Städtisch, Verstädterung.

vegetatives Nervensystem
Auch autonomes Nervensystem. Die Gesamtheit der dem Einfluß des Willens und dem Bewußtsein entzogenen Nerven und Ganglienzellen, die der Regelung der Lebensfunktionen (Atmung, Verdauung, Stoffwechsel, → Sekretion, Wasserhaushalt etc.) dienen und das harmonische Ineinandergreifen der Tätigkeiten der einzelnen Körperteile gewährleisten.

Vorfluter
In der Regel das nächstgelegene offene Gewässer, in das gereinigte oder ungereinigte Abwässer eingeleitet werden.

WHO
(World Health Organization)
Weltgesundheitsbehörde, mit Sitz in Genf.

Zooplankton
Gesamtheit der im Wasser schwebenden Kleinsttiere (s. auch → Plankton), Grundnahrung der Fische. Wichtiges Glied in der Nahrungskette: → Phytoplankton → Zooplankton → kleine Fische → große Fische → Mensch.

Anmerkungen
und Literaturhinweise

Die folgenden Quellen- und Literaturangaben berücksichtigen neben der Originalliteratur weitgehend gut zugängliche Sekundärliteratur und vor allem solche aus interdisziplinären wissenschaftlichen Zeitschriften. Die verwendeten Abkürzungen sind die in der Bibliographie üblichen und reichen zum Erhalt der entsprechenden Literaturstelle voll aus. Die im folgenden häufiger benutzten Abkürzungen seien zur besseren Orientierung an den Anfang gestellt.

Chem. Eng. News	= Chemical and Engineering News	priv. mitt.	= Privatmitteilung
Env. Sci. Techn.	= Environmental Science and Technology	ref.	= referiert in
		sbu	= Studiengruppe für Biologie und Umwelt
et. al.	= und Mitautoren	Sci. Am.	= Scientific American
FAZ	= Frankfurter Allgemeine Zeitung	Südd. Z.	= Süddeutsche Zeitung
		Umschau	= Umschau für Wissenschaft und Technik
ff.	= und die folgenden Seiten		
loc. cit.	= siehe unter der bereits angeführten Quelle	Umw.	= Umwelt (VdI)
		Umw. Rep.	= Umwelt-Report (VdI)
Nachr. Chem. Techn.	= Nachrichten aus Chemie und Technik	Vitalst.	= Internationales Journal für Vitalstoffe und Zivilisationskrankheiten
N. Sci.	= New Scientist		
Naturwiss.	= Die Naturwissenschaften	X-Mag.	= X-Magazin für Wissenschaft und Technik
Nat. Wiss. Rd.	= Naturwissenschaftliche Rundschau		

[1] sbu, »Studie über den Systemzusammenhang in der Umweltproblematik«, im Auftrag des Referats für Stadtforschung und Stadtentwicklung der Landeshauptstadt München, 1971.

[2] H. J. Frost, auf einer Tagung der Evangelischen Akademie, Arnoldshain, 1969.

[3] von »Bionik«, dem biologischen Pendant von »Technik« (s. auch Definitionsverzeichnis).

[4] Gesundheitsbericht der BRD, 18. 12. 1970.

[5] Materialienband zum Umweltprogramm der Bundesregierung, Verlag Dr. Hans Heger, Bad Godesberg 1971.

[6] Bericht des Batelle-Instituts, »Kunststoffabfälle als Sonderproblem der Abfallbeseitigung. Ratschläge für Städte, Gemeinden und gewerbliche Wirtschaft«; Bundesministerium des Inneren (Hrsg.), Beiheft 4 der Zeitschrift »Müll und Abfall«, Berlin 1970.

[7] loc. cit. 12, S. 47.

[8] ref. *Südd. Z.* v. 7. 4. 1971.

[9] »A Blueprint of Survival«, *The Ecologist 2*, 29 (1972), S. 29.

[10] I. Stückrath u. U. Dorstewitz, *Umw. 5*, 41 (1971).

[11] *Umw. 1* (1972), S. 20, Quelle: Dipl.-Ing. Wienbeck, Baubehörde Hamburg.

[12] H. Reimer, »Müllplanet Erde«, Hoffmann und Campe, Hamburg 1971.

[13] G. Olschowy, *Schriftenreihe für Landschaftspflege und Naturschutz Bd. 4*, Bonn-Bad Godesberg 1969.

[14] s. a. loc. cit. 32.

[15] Arbeitsgemeinschaft für Abfallbeseitigung, Baden-Baden (1971).

[16] Unter Zugrundelegung folgender Unterlagen: *Spiegel 49*, 70 (1971); *Umw. 5.* 36 (1971); *Umw. 1*, 18 (1972).

[17] O. HORSTMANN, *Deutscher Städtetag 2*, 113 (1967).

[18] Merkblatt des Bundesgesundheitsministeriums, über die gesamte Ablagerung fester und schwammiger Abfälle von Siedlungen und Industrien, *BG-Blatt 22*, 362 (1969).

[19] vgl. *Münchner Merkur* v. 8. 3. 1972. Die Firmen Energie- und Verfahrenstechnik GmbH. Stuttgart, und Josef Martin Feuerungsbau GmbH. München, haben für die BRD und andere Länder eine Zusammenarbeit auf dem Gebiet der Müllverbrennungsanlagen beschlossen.

[20] E. SPOHN, *Zeitschrift für angewandte Ökologie Nr. 65*, Verlag Boden und Gesundheit, Langenburg.

[21] Priv. mitt. Kompostwerk Blaubeuren.

[22] Priv. mitt. Stadtverwaltung Schweinfurt.

[23] *N. Sci. 40*, 252 (1968). Andere Anlagen in: Florida (loc. cit. 24), England *N. Sci. 37*, 25 (1968), Neuseeland (loc. cit. 25).

[24] *Sci. Am. 216*, Nr. 1, 58 (1967).

[25] ref. *N. Sci. 26*, 644 (1965).

[26] ref. *Umw. 2*, 53 (1971).

[27] A. WOLMAN, »Reclaiming municipal garbage«, *Env. Sci. Techn. 5*, 998 (1971).

[28] Priv. mitt., loc. cit. 21.

[29] G. W. IRWING, in »Nahrung aus untraditionellen Quellen«, *Umschau 70*, 340 (1970).

[30] H, SANDER, *X-Mag. 4*, Heft 1, 18 (1972).

[31] Kompostierungsanlagen vgl. *X-Mag. 1*, 18 (1972); loc. cit. 26, J. SCHÖNBERGER, »Composting«, loc. cit. 117, S. 337.

[32] *Umw. Rep. 2*, 10 (1972).

[33] *N. Sci. 50*, 27 (1971).

[34] *Umw. 6*, 10 (1971).

[35] *Env. Sci. Techn. 5*, 998 (1971).

[36] *X-Mag. 4*, Nr. 3, 65 (1972).

[37] Bakterielle Kunststoffzersetzung: vgl. *N. Sci. 49*, 440 (1971); *Umschau 71*, 252 (1971).

[38] vgl. Kap. 16, »Öffentlichkeitsarbeit«, S. 198.

[39] A. PORTEOUS, *N. Sci. 50*, 736 (1971).

[40] Nach Auskunft des Niedersächsischen Wirtschaftsministeriums, *Münchner Merkur* v. 8. 3. 1972.

[41] loc. cit. 117, S. 244.

[42] H. REIMER, loc. cit. 12, S. 94.

[43] loc. cit. 5, S. 158 ff.

[44] s. a. loc. cit. 5, S. 127.

[45] loc. cit. 10, S. 35 ff.

[46] loc. cit. 5, S. 406.

[47] *Umw. 3*, 12 (1971).

[48] *Umw. 3*, 11 (1971).

[49] loc. cit. 5, S. 74 (Tabelle), s. a. S. 78 u. 423.

[50] W. SCHNEIDER *Umw. 3*, 26 (1971).

[51] *Umw. Rep. 2*, 7 (1972).

[52] loc. cit. 5, S. 126 ff.

[53] Protokoll über die 3. öffentliche Informationssitzung des Innenausschusses des Ausschusses für Jugend, Familie und Gesundheit zu Fragen des Umweltschutzes, 6. Wahlperiode, Verlag Dr. Hans Heger, Bonn-Bad Godesberg 1971.

[54] *Umw. 1*, 13 (1971).

[55] loc. cit. 9, S. 29 ff.

[56] *Env. Sci. Techn. 5*, 306 (1971).

[57] *Umw. 6*, 43 (1971).

[58] *Env. Sci. Techn. 5*, 112 (1971).

[59] S. W. SOUCI u. K. E. QUENTIN (Hrsg.): »Handbuch der Lebensmittelchemie«, Bd. 8, Teil I und II: Wasser und Luft, Springer-Verlag, Berlin 1969.

[60] Errechnet aus Angaben loc. cit. 5, S. 204, loc. cit. 59, S. 1259, loc. cit. 12, S. 225.

[61] »Air Quality Criteria for Photochemical Oxidants«, *National Air Pollution Control Administration Publication No. AP 63*, Washington 1970.

[62] Umweltprogramm der Bundesregierung Nr. 9, Öffentlichkeitsarbeit des Bundesministeriums, 1971.

[63] loc. cit. 5, S. 204.

[64] loc. cit. 5, S. 469, 483, 547, sowie loc. cit. 128, S. 27, 28, 35.

[65] loc. cit. 5, S. 474.

[66] loc. cit. 62, S. 57.

[67] loc. cit. 5, S. 205.

[68] T. JOHNSON, *N. Sci. 51*, 209 (1971).

[69] »Air Quality Criteria US Senate Document«, US Government Printing Office, Washington 1968.

[70] J. R. GOLDSMITH, »Air Pollution« 1968, S. 547.

[71] E. STODINGER u. D. L. COFFIN, »Air Pollution« 1968, S. 547.

[72] »Air Quality Criteria for Sulfur Oxides«, loc. cit. 61, *No. AP/50*, Washington 1969.

[73] »Air Quality Criteria for Particulate Matter«, loc. cit. 61, *No. AP/49*, Washington 1969.

[74] »Air Quality Criteria for Carbon Monoxide«, loc. cit. 61, *No. AP/62*, Washington 1970.

[75] »Air Quality Criteria for Hydrocarbons«, loc. cit. 61, *No. AP/64*, Washington 1970.

[76] »Air Quality Criteria for Nitrogen Oxides«, loc. cit. 61, *No. AP/84*, Washington 1971.

[77] *Umw. 6*, 8 (1971).

[78] G. G. FODOR, loc. cit. 85, S. 48.

[79] G. G. FODOR, Jahresbericht des Medizinischen Instituts für Lufthygiene und Silikoseforschung 1969, S. 54.

[80] G. G. FODOR, W. HILSCHE u. D. SIEVERS, loc. cit. 79, S. 146.

[81] »Kohlenmonoxyd: Gefahr bei Streß«, *Umw. 1*, 43 (1972).

[82] loc. cit. 5, S. 207.

[83] K. H. FRIEDRICHS, loc. cit. 78, S. 40.

[84] H. SCHLIPKÖTER, *Das öffentl. Gesundheitswesen 29*, 117 (1967).

[85] vgl. Jahresbericht des Medizinischen Instituts für Lufthygiene und Silikoseforschung, 1967/68; sowie F. J. DREYHAUPT, *Umw.* 1. 36 (1972).

[86] ref. *Umw. 2*, 8 (1971).

[87] H. J. HALL u. W. BARTOK, *Env. Sci. Techn. 5*, 320 (1971).

[88] C. H. HINE, »Aspekte der chemischen und toxikologischen Beschaffenheit der Umwelt«, Georg Thieme-Verlag, Stuttgart 1969, S. 115.

[89] H. STRATMANN u. M. BUCK, *Intern. J. Air and Water Poll. 10*, 313 (1969).

[90] R. SCHWAIER, *Umschau 71*, 52 (1971).

[91] T. A. HECHT u. J. H. STEINFELD, *Env. Sci. Techn. 6*, 47 (1972).

[92] s. loc. cit. 71.

[93] H. O. HETTCHE, *Intern. J. Air and Water Poll. 8*, 185 (1964).

[94] U. SATTIOTTI, et al., *J. Air Pollution Contr. Ass. 15*, 23 (1965).

[95] F. SCHMIDT, *Umw. 6*, 28 (1971).

[96] H. PETRI, »Die gesundheitliche Beurteilung gasförmiger Luftverunreinigungen«, in: *Staub, Reinhaltung der Luft 25*, Nr. 10, Düsseldorf 1965.

[97] H. O. HETTCHE, »Lungenkrebs und Luftverunreinigung – Ein Beitrag zur Epidemiologie«, in: *Schriften der Landesanstalt für Emissions- und Bodenschutz des Landes Nordrhein-Westfalen*, Heft 18, Essen 1970.

[98] »The Health Consequences of Smoking«. A Report of the Surgeon General 1971 U.S. Department of Health, Education and Welfare, Public Health Service.

[99] »The Health Consequences of Smoking«, Supplement to the 1967 Public Health Service Review, 1969.

[100] »The Health Consequences of Smoking«, Supplement to the 1967 Public Health Service Review, 1968.

[101] »The Health Consequences of Smoking«. A Public Health Service Review 1967, U.S. Department of Health, Education and Welfare Publication Nr. 1996.

[102] A. E. FREEMAN, et al. *Proc. Nat. Acad. Sc. US 68*, 445 (1971).

[103] loc. cit. 59, S. 1285ff., loc. cit. 12, S. 226.

[104] W. FOERST (Hrsg.), Ulmanns Enzyklopädie der technischen Chemie, 3. Aufl., Bd. 212 (1968).

[105] J. CHISHOLM jr., *Sci. Am. 224*, Nr. 2, 15 (1971).

[106] »Blei im Kraftstoff gefährlich harmlos«, *Umw. 2*, 31 (1971).

[107] vgl. Kap. 8 »Umweltbereich Nahrung«, loc. cit. 225.

[108] S. Nagel *Umw. 4*, 13 (1971).

[109] loc. cit. 128, S. 60.

[110] R. A. Goyer u. R. Krall, *J. Cell. Biol. 41*, 393 (1969).

[111] L. A. Muro u. R. A. Goyer, *Arch. Pathol. 87*, 660 (1969).

[112] Ref. *Südd. Z.* v. 30. 4. 1971.

[113] *Vitalst.* 6, 257 (1967).

[114] G. Olschowy (Hrsg.), »Belastete Landschaft – gefährdete Umwelt«, Wilhelm Goldmann-Verlag, München 1971, S. 129.

[115] G. Sandscheper *Umw. 6*, 34 (1971).

[116] loc. cit. 109, S. 132.

[117] H. C. Wohlers, in P. W. Purdom (Hrsg.), »Environmental Health«, Acad. Press, New York 1971, S. 224.

[118] loc. cit. 5, S. 216.

[119] *Time Magazine*, July 25, 1969.

[120] W. B. Gibson, *Proc. Nat. Air Pollut. Symp. 1949*, 109.

[121] J. J. Hanks u. H. D. Kube, »Industrial Action to Combat Pollution«, Harvard Business Review, Harvard University, Cambridge, Mass., 1966.

[122] I. Michelson, »The Costs of Living in: Polluted Air Versus the Costs of Controlling Air Pollution«, Report to the US Public Health Service Conference on Air Pollution Abatement in the New York – New Jersey-Area, 1967.

[123] loc. cit. 117, S. 225.

[124] Ref. K. M. Meyer-Abich, *BP Kurier 1*, 30 (1972).

[125] G. Kuper, *Umw. 1*, 40 (1972); *Umw. 5*, 43 (1971).

[126] M. K. Hubbert, »The Energy Resources of the Earth«, *Sci. Am. 224*, 60 (1971).

[127] R. Michler, »Pflanzliche Indikatoren der Umweltverschmutzung«, *Hohenheimer Arbeiten 58*, 19 (1971), (Eugen Ulmer, Stuttgart).

[128] F. I. Dreyhaupt, »Luftreinhaltung als Faktor der Stadt- und Regionalplanung«, Verlag T.Ü.V.-Rheinland GmbH., Köln 1971.

[129] P. R. Ehrlich u. A. H. Ehrlich, »Population Resources Environment, Issues in Humen Ecology«, W. H. Freeman and Co., San Francisco 1970, S. 187, 188.

[130] loc. cit. 5, S. 472, 473.

[131] E. G. Beck, loc. cit. 79, S. 28.

[132] Umfrage des Bundesgesundheitsministeriums von 1971.

[133] H. Schäfer, *Umschau 70*, 177 (1970).

[134] H. E. Toffert, *Vitalst. 13*, 187 (1968).

[135] ref. FAZ v. 10. 4. 1971.

[136] Schäfer, loc. cit. 133.

[137] vgl. den Übersichtsartikel von H. Unger, *Zeit* v. 25. 2. 1972, S. 55.

[138] H. Selye, »Einführung in die Lehre vom Adaptationssyndrom«, Georg Thieme Verlag, Stuttgart (1953).

[139] W. Klosterkötter, *Zentralbl. Bakt., Infekt.-krankh. Hyg. 212*, 336 (1970).

[140] M. Hochrein u. I. Schleicher, ref. *Umschau 71*, 177 (1971).

[141] E. M. Weyer (Hrsg.), »Psychophysiological Aspects of Cancer«, *Annals of the N. Y. Academy of Sciences 125* 773–1055 (1966).

[142] F. Schwetz u. G. Stahl, *Kampf dem Lärm 16*, 47 (1969).

[143] zitiert nach *Südd. Z.* v. 7./8. 2. 1970.

[144] loc. cit. 139, *212*.

[145] G. Jansen, Arch. Gewebepath. u. Gewebehyg. *17*, 238 (1969); C. Graff et al., Lärmbelastung akustischer Reiz und neurovegetative Störungen, Edition Leipzig *112* (1968).

[146] G. Steinicke, Forschungsbericht des Wirtschafts- und Verkehrsministeriums Nordrhein-Westfalen Nr. 417, 1 (1967).

[147] H. Kazda, ref. *Südd. Z.* v. 21. 4. 1971.

[148] M. Schmidt, Vorsitzender des Ausschusses »Betriebslärm« der VDI-Kommission Lärmminderung.

[149] L. Levi, Leiter des Streßforschungsinstituts am Karolinska Sjukhus in Stockholm.

[150] Protokoll über die erste öffentliche Informationssitzung des Innenausschusses und des Außenausschusses für Jugend, Familie und Gesundheit zu Fragen des Umweltschutzes, Protokolle Nr. 26 und Nr. 29 des Deutschen Bundestages, 6. Wahlperiode, Verlag Dr. Hans Heger, Bad Godesberg 1971.

[151] loc. cit. 129, S. 65.

[152] *Umw. 5*, 38 ff. (1971).

[153] Gesundheitsbericht der BRD v. 18. 12. 1970.

[154] B. COMMONER: »Die Bedeutung der Biosphäre« in M. Lohmann (Hrsg.), »Gefährdete Zukunft – Prognosen angloamerikanischer Wissenschaftler«, Hanser-Verlag, München 1970.

[155] loc. cit. 5, S. 500 ff. u. 101 ff.

[156] loc. cit. 5, S. 474.

[157] U. ZÜNDORF *Umw. 5*, 44 (1971).

[158] D. FRANK, Verband der Deutschen Gas- und Wasserwerke, Frankfurt, in loc. cit. 150, S. 13.

[159] loc. cit. 5, S. 130.

[160] Wärme als die niedrigste Form der Energie ist nur begrenzt brauchbar und transportierbar. Will man sie in brauchbare Energie umwandeln, so muß man – wie bei einem faulen Apfel – zwei Drittel wegwerfen. So etwa lautet die diesbezügliche Aussage des zweiten Hauptsatzes der Thermodynamik. Der hohe Entropiegehalt (ungeordnete Form) der Wärmeenergie verlangt zu ihrer Umwandlung in eine Form höherer Ordnung, z. B. in kinetische oder elektrische Energie, immer einen Anteil von der Gesamtenergie, der dann verlorengeht. Das Verhältnis des genutzten zum verlorenen Anteil ist der Wirkungsgrad.

[161] Mittlerer Wasserverbrauch der Stadt München 1971: 403000 m³/Tag.

[162] Errechnet aus Angaben in H. W. KOENIG: »Thermische Belastung der Fließgewässer«, loc. cit. 109, S. 53.

[163] *Umw. 3*, 6 (1971).

[164] loc. cit. 5, S. 155.

[165] loc. cit. 5, S. 127.

[166] Bundestag-Drucksache VI/1519 vom 4. 12. 1970.

[167] H. E. KLOTTER, *Umschau 71*, 165 (1971); ref. *Umschau 71*, 396 (1971).

[168] H. W. KOENIG, »Thermische Belastung der Fließgewässer«, loc. cit. 109, S. 51 ff.

[169] loc. cit. 129, S. 127.

[170] Aus C. LUMB, »Water Pollution«, in I. ROSE (Hrsg.), »Technological Injury«, Gordon and Breach Science Publishers, London 1969.

[171] C. D. REED u. J. S. TOLLEY, *Vitalst. 13*, 250 (1968); *ibid. 15*, 186 (1970).

[172] F. VESTER, »Bausteine der Zukunft«, S. Fischer, Taschenbuch 926, Frankfurt 1968, S. 10.

[173] K. GUNDERSEN u. P. BIENFANG, in »Report of the FAO Technical Conference on Marine Pollution and its Effects on Living Resources and Fishing«, Rom 1970, S. 168.

[174] S. WADA, *N. Sci. 36*, Nr. 571, Japan Supplement (1967).

[175] Der »Incore Thermoionic Reactor« (45 cm hoch), eine Gemeinschaftsentwicklung von Siemens und BBC.

[176] A. V. KNEESE u. B. T. BOWER: »Managing Water Quality«, John Hopkins Press, Baltimore 1968.

[177] Daten aus loc. cit. 124.

[178] »Recycling Sewage Biologically – a Novel Use of Nature's Resources«, loc. cit. 58.

[179] J. I. BREGMAN, *Desalination 1*, 321 (1967); *N. Sci. 38*, 215 (1968).

[180] A. DELYAMIN, *N. Sci. 34*, 388 (1967); *Nachr. Chem. Techn. 11*, 395 (1963); K. POPPER, *Science 159*, 1364 (1698); A. MISONO, ref. *N. Sci. 26*, 234 (1965); loc. cit. 174; »Artoremles-Werke« in Riga.

[181] loc. cit. 5, S. 366.

[182] Daß dies in der Tat – und selbst im Extrem – möglich ist, zeigen z. B. die künstlichen Kiesbettanlagen im südlichen Negev. (Dort ein durchaus sinnvoller Versuch, da hier ebensowenig ein Ökosystem betroffen wird, wie beim Aufstellen einer Topfpflanze im Wohnzimmer.)

[183] Nach einem Bericht der *Prawda* v. 14. 5. 1970.

[184] *Nature 226*, S. 683 (1970).

[185] F. W. PAULI, »Soil Fertility«, Hilger Ltd., London 1970.

[186] loc. cit. 129, S. 180.

[187] vgl. z. B. E. SCHLICHTING: »Böden puffern Umwelteinflüsse ab«, *Umschau 72*, 50 (1972).

[188] Statistisches Jahrbuch der BRD (1960/1968), ref. loc. cit. 13.

[189] M. LOHMANN (Hrsg.), »Gefährdete Zukunft, Prognosen angloamerikanischer Wissenschaftler«, Hanser, München 1970.

[190] loc. cit. 5, S. 160 u. 204.

[191] P. EHRLICH, loc. cit. 129, S. 170 ff.

[192] vgl. loc. cit. 9, statement Nr. 131.

193 F. KORTE et al., *Nat. wiss. Rd. 23*, 445 (1970).

194 loc. cit. 5, III/Ia, Schwermetallverbindungen, S. 75 ff.

195 vgl. hierzu neuere Arbeiten von NASH u. WOLSAN, *Science 157*, 924 (1967).

196 E. O. BECKMANN, *Vitalst. 15*, 181 (1970).

197 W. CZERATZKI, *Umschau 71*, 276 (1971).

198 E. HOFFMAN u. G. HOFFMAN, *Advances in Enzymology 28*, 365 (1966); A. THALMANN, Diss. Landwirtsch. Fakultät Gießen 1967.

199 B. O. GILLBERG, *N. Sci. 49*, 663 (1971).

200 Bundesminister ERTL soll nach einer Pressemitteilung der UPI in »Das technische Umweltmagazin« die grundlegende Bedeutung der Landwirtschaft »als Dienstleistungszweig für das öffentliche Wohl« betont haben. Das unentgeltliche Dargebot ihrer Sozialleistungen für den Umweltschutz müsse endlich entsprechend honoriert werden.

201 loc. cit. 5, S. 99 ff. u. 74 ff.

202 *Umw. Rep. 2*, 7 (1972).

203 M. THRING, *N. Sci. 51*, 637 (1972).

204 Nach einer von der Illustrierten »Stern« in Auftrag gegebenen Untersuchungsreihe, deren Ergebnis im »Stern« im April 1971 veröffentlicht wurde.

205 A. AMBERGER, »Belastung und Entlastung der Oberflächengewässer durch die Landwirtschaft« in *Landwirtsch. Forschung* (1972); A. AMBERGER, »Auswaschung von Phosphat, Alkali und Erdalkali-Ionen aus dem Boden«, *Deutsche Landwirtsch. Gesellschaft* (1972).

206 H. LINSER, *Bayr. Landwirtsch. Wochenblatt 161* (1971).

207 L. COREY, 161. Meeting, Am. Chem. Soc., ref. *Herold Tribune Internat. Edit.* v. 1. 4. 1971.

208 F. WHEELER (Bericht vom Expertentreffen am MIT, Boston, USA), *N. Sci. 48*, 10 (1970).

209 vgl. z. B. F. WILSON, *N. Sci. 50*, 523 (1971); S. MADDRELL, *N. Sci. 54*, 203 (1972).

210 vgl. T. NEUDECKER, »Unkrautvertilger unter Anklage«, *Zeit* v. 22. 5. 1970.

211 E. ZUREK, »Die Kosten der Agrarpolitik«, in: »Landwirtschaft 1980«, *Zur Sache 2*, Bonn 1971.

212 H. NIEHAUS, Schlußbetrachtung in »Landwirtschaft 1980«, *Zur Sache 2*, Bonn 1971.

213 A. GALSTON, *N. Sci. 50*, 577 (1971).

214 ref. *Umschau 71*, 215 (1971).

215 H. LAVEN, *Umschau 70*, 678 (1970); H. Z. LEVINSON, *Umschau 71*, 598 u. 945 (1971).

216 B. VERSINO, *Umw. 4*, 41 (1971); D. G. EMBREE, *American Ass. Advancement of Science 134. Meeting* (1969).

217 Bodenanalysen vgl. F. W. PAULI, »Analytical Techniques«, loc. cit. 185 u. a. Publikationen.

218 Es sei denn, wir ernähren in Zukunft Kühe nach dem Prinzip des finnischen Nobelpreisträgers VIRTANEN mit künstlichem Futter: Harnstoff, Zucker, alte Zeitungen usw., was demnach nicht so unnatürlich ist, da wie eh und je die im Pansen der Wiederkäuer befindlichen Mikrobenstämme den »Job« der Aufbereitung des »Futters« übernehmen. Siehe A. I. VIRTANEN, *Umschau 64*, 770 (1964).

219 F. VESTER, »Mikrobiologie«, in SCHMACKE (Hrsg.), »1980 ist übermorgen«, Droste-Verlag, Düsseldorf 1969.

220 Meer als Anbaugebiet vgl. loc. cit. 172, S. 15 ff.; G. B. PINCHOT, »Marine Farming«, *Sci. Am. 223*, Nr. 6, 15 (1970).

221 O. L. FREEMAN: »World without Hunger«, New York 1968.

222 E. T. MERTZ, *Sci. Am. 214*, Nr. 2, 44 (1965).

223 »Umweltchemikalien u. Biozide«, s. loc. cit. 5, S. 72 ff.

224 loc. cit. 5, S. 74.

225 Nach Berichten der landwirtschaftlichen Untersuchungs- und Forschungsanstalt Westfalen-Lippe starb eine größere Anzahl Kühe an Bleiaufnahme aus dem Gras, bei denen Konzentrationen von 34 ppm in der Leber festgestellt wurden (20 ppm sind bereits tödlich).

226 Nach einem Bericht der Niedersächsischen Landesregierung 1972 zum Thema Umweltverschmutzung über die Lage in der Nähe von Nordenham an der Wesermündung.

227 E. SCHMIDT, »Erhebung zur Frage des grauen Arzneimittelmarktes«; Diss., Tierärztl. Hochschule Hannover, 1971.

228 F. VESTER, »Tendenzen u. Prognosen« in R. JUNGK u. H. J. MUNDT (Hrsg.), »Weltgesundheitsreport«, Desch-Verlag München 1971, S. 315 ff.

229 ref. *Stern*, Heft 15, S. 122 (1971); *Zeit* v. 26. 3. 1971.

230 Hearing des Bundestagsausschusses Jugend, Familie und Gesundheit am 14. 3. 1972.

[231] ref. *Herald Tribune Internat. Edition* v. 15. 2. 1971.

[232] loc. cit. 228, S. 323 ff.

[233] R. GUDERIAN, loc. cit. 234, Heft 4, S. 80.

[234] H. VAN HAUT u. H. STRATMANN, *Schriftenreihe der Landesanstalt für Immissions- und Bodennutzungsschutz des Landes Nordrhein-Westfalen*, Heft 7, S. 50, Verlag W. Girardet, Essen 1967.

[235] loc. cit. 117, S. 235 ff.

[236] Schon 1963 wurden mindestens 6 krebserzeugende polycyclische Aromaten als ständige Bestandteile von Zentrifugaten und Sedimenten des Mittelmeeres registriert; vgl. *Nachr. Chem. Techn. 11*, 293 (1963); *Inform. Inst. Küsten- u. Binnenfischerei Nr. 4*, Hamburg 1965.

[237] D. J. TILGNER, »Cancerogene Kohlenwasserstoffe in Lebensmitteln«, *Gordian 71*, Nr. 1, 2 (1971), ref. *Umw. 2*, 53 (1971).

[238] METCALF, Univ. Colorado, ref. *FAZ* v. 13. 11. 1968.

[239] L. ACKER u. E. SCHULTE, Untersuchungen des Instituts für Lebensmittelchemie der Univ. München, 1970.

[240] V. KRCMERY u. M. KETTNER, *Umschau 70*, 24 (1970).

[241] z. B. die diesbezügliche Initiative des baden-württembergischen Landwirtschaftsministers, der das *vorbeugende* Giftspritzen im südwestdeutschen Raum grundsätzlich unterbinden will.

[242] E. WENK, *Sci. Am. 221*, No. 3, 171 (1969); ref. *Umschau 71*, 305 (1972).

[243] »Man's Impact on the Global Environment«, Report of the Study of Critical and Environmental Problems (SCEP), Assessment and Recomandations for Action, sponsered by the Massachusetts Institute of Technology, 1970, S. 266 ff.

[244] Alcan Shipping Company, »Pollution and the Maritime Industrie«, Montreal 1972, Subskriptionspreis 2000,– Dollar; das Datenmaterial wurde freundlicherweise von der Alcan Aluminium GmbH Nürnberg zur Verfügung gestellt.

[245] T. LOFTAS, *N. Sci. 51*, 266 (1971).

[246] loc. cit. 5, S. 180 ff.

[247] D. SCHUBERT, *Christ und Welt* Nr. 50 (1970).

[248] J. J. C. TANIS, et al., Rep. Proc. Int. Cant. Oil Poll. Sea, Rom 1968/69, S. 67–76.

[249] loc. cit. 5, S. 181.

[250] G. OLSCHOWY, loc. cit. 109, S. 30.

[251] Alcan Shipping Company, Release Communiqué, loc. cit. 244, S. 3.

[252] TIEWS in »Protokoll über die 2. öffentliche Informationssitzung des Innenausschusses und des Ausschusses für Jugend, Familie und Gesundheit, zu Fragen des Umweltschutzes« vom 8. Februar 1971, Protokoll Nr. 30 Verlag Dr. Hans Heger, Bad Godesberg 1971, S. 15.

[253] E. J. PERKINS, *Field Studies 2*, (Suppl.), 81 (1968); s. a. loc. cit. 109, S. 89.

[254] BERNDT, loc. cit. 252, S. 16.

[255] loc. cit. 5, S. 183.

[256] *Umschau 71*, 308 (1971).

[257] G. M. WOODWELL, »Toxic Substances and Ecological Cycles«, *Sci. Am. 216*, Nr. 3 (1967).

[258] so z. B. P. EHRLICH, loc. cit. 129, S. 158 ff.

[259] P. EHRLICH, loc. cit. 129, S. 173.

[260] C. F. WURSTER, *Science 158*, 1474 (1968).

[261] loc. cit. 5, S. 182.

[262] loc. cit. 9, S. 30.

[263] R. HARRIS, I. WHITE, R. McFARLANE, *Science 170*, 736 (1971).

[264] loc. cit. 252, S. 12.

[265] TIEWS, loc. cit. 252, S. 14.

[266] G. A. PAFFENHÖFER, *Naturwiss. 58*, 625 (1971).

[267] *Chemical Week 109*, 24 (1971); s. auch loc. cit. 248.

[268] F. BEGEMANN u. W. F. LIBBY, *Geochim. Cosmochim. Acta 12*, 277 (1957).

[269] S. ZYCH u. H. DUBANIEWICZ, *Zergz. Nauk. Univ. Lodz, Riego Ger. II 32*, 3 (1969); S. GREGORY u. K. SMITH, *Weather 22*, 497 (1967).

[270] A. WOLMAN, *Sci. Am. 213*, Nr. 3, 179 (1965).

[271] loc. cit. 129, S. 190.

[272] R. E. NEWELL, *Sci. Am. 224*, Nr. 1, 32 (1971).

273 G. N. PLASS, *Am. J. Phys. 24*, 376 (1956).

274 S. MANABE u. R. T. WETHERALD, *J. Atmos. Sci. 24*, 241 (1967).

275 H. B. KLEPP, Königl. Norw. Seeakademie, ref. *N. Sci. 28*, 53 (1965).

276 I. T. PETERSON u. R. A. BRYSON, *Science 162*, 120 (1968).

277 R. A. BRYSON, *Weatherwise 21*, Nr. 2 (1968); s. a. Bericht v. Mauna Loa Observat. Hawai, ref. *N. Sci. 40*, 147 (1968).

278 »Weather and Climate Modification: Problems and Prospects«, 2 Bde., hrsg. v. d. Nat. Acad. of Sci. Nat. Res. Council, Washington, D. C., USA; *N. Sci. 37*, 9 (1968); R. H. SIMPSON, *Sci. Am. 211*, Nr. 6, 27 (1964).

279 *Umschau 71*, 307 (1971).

280 loc. cit. 243, S. 75.

281 *Umw. 6*, 54 (1971).

282 J. JOHNSTON, *Science 173*, 517 (1971).

283 loc. cit. 243, S. 63.

284 loc. cit. 243, Tabelle 1.3 auf S. 65.

285 loc. cit. 1, S. 36.

286 B. W. ATKINSON, *Trans-Pap. Inst. Brit. Geogr. Publ. Nr. 48*. 97 (1969).

287 H. E. LANDSBERG, *Science 170*, 1265 (1970).

288 R. P. AMBROGGI, *Sci. Am. 214*, Nr. 5, 21 (1966).

289 R. P. McNULTY, *Atmos. Environ, 2*, 625 (1968); R. S. CHARLSON, *Env. Sci. Techn. 3*, 913 (1969); R. O. McCALDIN, L. W. JOHNSON, N. T. STEPHENS, *Science 166*, 381 (1969); C. G. COLLIER, *Weather 25*, 25 (1970); London Borough Association press release, nach UPI 14. 1. 1970.

290 loc. cit. 172, S. 28 ff.

291 loc. cit. 243, S. 10 ff.

292 C. A. DOXIADIS, »The inhuman City«, ref. 100. CIBA-Symposium on Health of Mankind, London 1967, Dt. Übers. »Weltgesundheitsreport«, Desch-Verlag, München 1970.

293 loc. cit. 172, S. 75 ff.

294 M. BORCHERDT, »Der Konflikt zwischen Fortschreibung des Verkehrsausbaus und den Ergebnissen der Verkehrstechnologie«, in »Theorie und Praxis der Infrastrukturpolitik«, R. JOCHIMSEN u. U. E. SIMONIS (Hrsg.), Berlin 1970.

295 vgl. A. STÄCKLI, »Alle reden von Landesplanung, wer plant die Städte von morgen?«, *Die Woche*, Reportagen u. Berichte über die Zukunft der Schweiz, 1969.

296 die Werte sind dem Statistischen Jahrbuch der BRD entnommen.

297 vgl. loc. cit. 172, S. 28 ff. sowie z. B. P. CLOUD u. A. GIBOR, »The Oxygen Cycle«, *Sci. Am. 223*, 110 (1970).

298 vgl. die wissenschaftliche Studie über die »Verkehrsentwicklung in deutschen Städten« des ADAC, von K. A. SCHAECHTERLE, 1970.

299 vgl. die Entgegnung des Verbandes der öff. Verkehrsmittel zu loc. cit. 298, *Südd. Z.* v. 18. 12. 1970.

300 H. J. VOGEL auf einer Tagung der Jungsozialisten in Mannheim, zitiert in der *Südd. Z.* v. 8. 6. 1971.

301 G. LEBER in einem Interview mit M. URBAN, *Südd. Z.* v. 8. 6. 1971.

302 vgl. sbu, »Pro Umwelt – Wege aus dem Chaos«, *X-Mag. 4*, 44 (1972).

303 vgl. dagegen K. F. SCHREIBER, *Hohenheimer Arbeiten 58*, 13 (1971), (Verlag Eugen Ulmer, Stuttgart).

304 G. OLSCHOWY, *Natur und Landschaft 46*, H. 2, 34 (1971).

305 R. KRYSMANSKI, »Die Nützlichkeit der Landschaft«, Bertelsmann Univ. Verlag, 1971.

306 H. BORCHERDT, »Überlegungen zur Stadt von morgen«, München (1969/70).

307 G. ALBERS, »Struktur und Gestalt im Städtebau«, in »Beitr. zur Festschrift Hillebrecht«, Krämer Verlag, Stuttgart 1970.

308 M. S. SPAK, *Baumeister 10* (1964); *Bulletin Internat. Fed. for Housing and Planning 1967*, 114; *ibid. 1965*, 2.

309 loc. cit. 129, S. 125.

310 Luftverunreinigung und Lärmbekämpfung in München, 3. Ber. des Referats für Kreisverwaltung und öff. Ordnung, 1969.

311 *Umschau 70*, 687 (1970).

312 aus der städtebaulichen Datenerfassung des Städtebauinstituts Nürnberg (SIN) über 16 neue Siedlungen der BRD.

313 H. BORCHERDT, »Polarität in der Stadtplanung« aus der Festschrift zur Zehnjahresfeier des Dtsch.-Jap. Kulturinstituts, Kyoto, S. 124 ff.

314 »Eine Stadt geht baden«, *X-Mag. 4*, 40 (1972).

315 vgl. z. B. »Urban Renewal, 22 case studies of urban renewal projects in 14 countries«, IFHP Publ. S'Gravenhage Holland; R. GLASS sowie M. u. M. MEYERSON, »Die Städte im Jahre 1985« in R. JUNGK u. H. J. MUNDT (Hrsg.), »Unsere Welt 1985«, Desch-Verlag München 1969; N. SCHÖFFER, »die kybernetische Stadt«, München 1970; F. VESTER, loc. cit. 172, S. 22ff.

316 vgl. loc. cit. 172, S. 113ff.

317 sbu, »gutachterliche Studie zur Konzeption eines Studiums der Informatik, 1971; ibid. »Bionische Städte«, S. 185ff.

318 z. B. der von dem Münchner Wirtschafts- und Industrieplaner A. DITT entworfene »Euro-Industriepark«.

319 vgl. z. B. E. L. LEONHARDT, »Inventur und Bilanz der Bauforschung«, *Südd. Z.* v. 23. 2. 1971.

320 *Spiegel* Nr. 10 (1970).

321 P. BARON, »Verhandeln ohne zu reisen, kann Kommunikation Verkehr ersetzen?«, *Umw. 3*, 13 (1971).

322 die Stadt Toronto konnte mit einer solchen »Feedback-Ampelsteuerung« die Kapazität ihres Straßennetzes um 50% erhöhen, bei einem Kostenaufwand von einem Zehntel gegenüber einem entsprechenden Straßenneubau; andere Städte haben die Computertechnik von Toronto inzwischen übernommen, s. F. WHEELER, *N. Sci. 37* 178 (1968).

323 z. B. im Schweizer Kanton Neuenburg wird die Verschrottung bereits beim Kauf eines Neuwagens mit 50 bis 100 sfr vorfinanziert.

324 loc. cit. 9, statement Nr. 271.

325 *Auto, Motor und Sport* (ADAC) *1*, (1971).

326 S. KLATT, »Die ökonomische Bedeutung der Qualität von Verkehrsleistungen« (Habil. Schrift), Berlin 1965.

327 Prototypen der Firmen Chuba-Elektrizitätswerke und Yuasa; s. a. »fuel cells«, W. MITCHELL jr., Acad. Press, New York 1963; »Union Carbide Electronic Div.«, ref. *N. Sci. 37*, 359 (1968); *Sci. Am. 215*, 178 (1968).

328 T. EISNER, A. VAN TIENHOVEN u. F. ROSENBLATT, *Science 167*, 337 (1970).

329 errechnet aus Daten von loc. cit. 129, S. 5ff. sowie von S. MUDD (Hrsg.), »The population Crisis and the Use of World ressources, Dr. W. JUNK, Publ. Den Haag 1964.

330 loc. cit. 172, S. 65.

331 E. COOK, »The flow of Energy in an Industrial Society«, *Sci. Am. 224*, 134 (1971); E. HUTCHINSON, »The Biosphere«, *Sci. Am. 223*, 45 (1970); F. SINGER, *Sci. Am. 223*, 174 (1970); H. BROWN, »Human Materials Production as a Process in the Biosphere«, *Sci. Am. 223*, 194 (1970); M. KATZ, »Decision-Making in the production of Power«, *Sci. Am. 224*, 191 (1971).

332 Empfohlene Richtwerte der National Academy of Science, Natural Resources Council, Washington, 1953.

333 loc. cit. 9, S. 13.

334 B. COMMONER, »The Closing Circle: Confronting the Environmental Crisis«, Jonathan Cape 1971.

335 T. T. BRADSHAW, *Chem. Eng. News 50*, 22 (1972).

336 K. MÖBIUS, »Das Umweltproblem aus wirtschaftlicher Sicht«, in »Kieler Diskussionsbeiträge zu aktuellen wirtschaftlichen Fragen«, Nov. 1971.

337 D. M. KIEFER, *Chem. Eng. News 49*, 20 (1971).

338 F. VESTER, »Der blinde Phönix – Aspekte der bundesdeutschen Forschung«, in K. D. BRACHER (Hrsg.), »Nach 25 Jahren – eine Deutschland-Bilanz«, Kindler Verlag, München 1970.

339 sbu »Gutachten zum Studium der Umweltwissenschaften, I: Problemkreise und Berufe«, München 1971; sbu, loc. cit. 317.

340 D. L. MEADOWS, et al., »The Limits to Growth«, Universe Book, New York (1972); dtsch. Übers: »Die Grenzen des Wachstums«, dva Stuttgart 1972.

341 J. W. FORRESTER, »Population Dynamics«, Wright Allen Press, New York 1971.

342 loc. cit. 339, S. 47.

343 vgl. z. B. H. BROOKS u. R. BOWERS, »The Assessment of Technology«, *Sci. Am. 222*, 13 (1970).

344 loc. cit. 317, S. 7.

345 F. R. THOMANEK, »Denken und Handeln in Regelkreisen«, *Techn. Wiss. Blätter d. Südd. Z.* v. 14. 10. 1971.

346 F. VESTER, »Leben als Regelkreis«, *Konstanzer Blätter für Hochschulfragen 34*, 48ff. (1972).

347 F. WAGNER, »Weg und Abweg der Naturwissenschaft«, L. H. Beck, München 1970.

348 loc. cit. 338, S. 187.

349 vgl. loc. cit. 338.

350 loc. cit. 339, »Berufsziel und Kenntnisse«, S. 125ff.

531 loc. cit. 9, S. 22.

352 K. SMITH, »A Computer that learns like the brain«, *N. Sci. 43*, 473 (1969).

353 *N. Sci. 51*, 638 (1971).

354 R. C. GRABER, et al. *Env. Sci. Techn. 5*, 314 (1971).

355 F. VESTER, »Umweltschutz und Öffentlichkeitsarbeit«, Hörfunksendung der Europawelle Saar, 28. 12. 1971.

356 C. SCHÜTZE, *Südd. Z.* v. 20. 3. 1972.

357 *Umw. 1*, 6 (1972).

358 Gesundheitsforum der Südd. Z., 2. Podiumsdiskussion, 3. 11. 1971.

359 *Südd. Z.* v. 16. 9. 1971.

360 *Südd. Z.* v. 24. 11. 1971.

361 F. VESTER, »8 Forderungen für wiss. Fernsehfilme« auf dem Seminar »Naturwiss. u. Fernsehen« der UNESCO, Saarbrücken, März 1971.

362 Zusammengestellt aus dem Vokabular eines Umweltjuristen, vgl. E. REHBINDER, *Umw. 1*, 23 (1971).

363 F. VESTER, »Möglichkeiten ohne Grenzen?«, in »Zukunftsbezogene Politik«, *Godesberger Taschenbücher 4*, 69 (1969).

364 F. VESTER, »Welche Zukunft hat die Wissenschaft? Die Gefahren einer Tradition«, Hörfunksendung des Bayer. Rundfunks, 12. 1. 1971.

365 Funktionsablauf: Das Müllfahrzeug kippt den Müll in den Bunker ①. Über ein Förderband wird der Müll in die Raspel ② geworfen, die ihn bis auf geringe Rückstände zerkleinert und auf das nächste Förderband wirft, über den ein Magnet ③ angebracht ist, der Eisen und Blech ausscheidet. Das Förderband bringt den Müll, dessen größte Bestandteile etwa 53 mm Durchmesser aufweisen, in den Kneter ④, der das Gemisch aus Müll und Klärschlamm in den Übergabebunker ⑤ wirft, wo es durch ein Gebläse unter Dauerbelüftung gehalten wird. Über den »Atmungszellen« ⑥ ist ein Laufkran ⑦ angebracht, der das Gut aus den Bunkern transportiert. Aus dem Übergabebunker ⑧ wird der Humus schließlich über ein Förderband in ein Trommelsieb ⑨ geworfen, das zuletzt noch den letzten Abfall aus dem Fertigkompost ⑩ holt.

Sachregister

Namensregister